普通高等教育“十三五”规划教材

Experiment of polymer chemistry and physics

高分子化学与物理实验

支俊格 叶彦春 龙海涛 ◎ 编著

北京理工大学出版社
BEIJING INSTITUTE OF TECHNOLOGY PRESS

图书在版编目（CIP）数据

高分子化学与物理实验/支俊格，叶彦春，龙海涛编著. —北京：北京理工大学出版社，2019.8

ISBN 978-7-5682-7444-9

Ⅰ.①高…　Ⅱ.①支…②叶…③龙…　Ⅲ.①高分子化学-化学实验-高等学校-教材②高聚物物理学-实验-高等学校-教材　Ⅳ.①O63-33

中国版本图书馆CIP数据核字（2019）第179605号

出版发行/北京理工大学出版社有限责任公司
社　　址/北京市海淀区中关村南大街5号
邮　　编/100081
电　　话/（010）68914775（总编室）
　　　　　（010）82562903（教材售后服务热线）
　　　　　（010）68948351（其他图书服务热线）
网　　址/http://www.bitpress.com.cn
经　　销/全国各地新华书店
印　　刷/三河市华骏印务包装有限公司
开　　本/787毫米×1092毫米　1/16
印　　张/10.75
字　　数/253千字
版　　次/2019年8月第1版　2019年8月第1次印刷
定　　价/38.00元

责任编辑/王玲玲
文案编辑/王玲玲
责任校对/周瑞红
责任印制/李志强

前言

PREFACE

高分子科学是一门理论与实验结合紧密的学科，高分子化学与高分子物理实验对高分子学科的理论研究与发展起到了积极的推动作用。其中，高分子化学与物理实验是一门重要的基础课程。学生通过高分子合成实验、结构表征、性能测试等实验内容的学习与训练，系统掌握高分子实验基本原理和实验操作技能，更好地理解高聚物合成机理与实施方法、聚合物结构与性能间的构效关系，加深理解高分子化学与物理的基本科学原理，掌握高分子实验技能和实验技巧，增强解决化学实际问题的能力及思维创新能力。

本书根据作者在教学科研一线多年的工作经验，并参考了兄弟院校的高分子化学、高分子物理理论教材，高分子化学实验、高分子物理实验和高分子科学实验等实验类教材中典型实验内容，在高分子化学与物理实验内部讲义的基础上编写的。本书将高分子化学与高分子物理实验有机地结合在一起，既包括高分子合成中基础的、经典的实验，如典型的自由基聚合、共聚合、离子聚合、配位聚合、缩合聚合实验及高分子化学反应等内容；又涵盖聚合物性能测试的高分子物理实验，如结构测试的红外光谱法、X射线衍射法、相对分子质量及相对分子质量分布测定的凝胶渗透色谱法、黏度法等，聚集态结构表征的偏光显微镜法、扫面电镜法，热性能及力学性能表征的热重法、差热扫描量热法及动态黏弹谱法等；还包含了结合聚合物合成与性能测试的综合型实验，如原子转移自由基聚合及“活性”聚合机理的探讨、热致液晶共聚酯的制备及其结构与液晶性能的测试、SBS热塑性弹性体的制备及其性能测试等内容。将聚合物的设计合成、结构表征、结构与性能间构效关系研究的实验有机结合在一起，使学生对高分子科学类实验有系统、全面的认识，提高学生对高分子化学与物理学科的兴趣，使学生在科学研究方法上得到初步的综合训练，提高创新科研素质。

在本书的编写中，叶彦春负责高分子化学部分实验的收集与整理工作；龙海涛负责高分子物理部分实验的收集与整理工作；支俊格负责综合型实验及部分高分子化学和高分子物理实验的收集与整理工作，并负责全书的统稿与审定工作。本书的编写得到了北京理工大学教务处和化学与化工学院的大力支持，在此深表感谢。

由于编者水平所限，书中难免会有疏漏与不足之处，恳请大家批评指正。

目 录
CONTENTS

第1章
实验室基础知识与安全规程

1.1 高分子化学与物理实验的学习要求

高分子化学与物理实验包含高分子合成制备及高分子性能测试等方面的内容，是一门独立的具有自然科学特征的实验课程。既包括高分子合成中基础的、经典的实验，又包括聚合物性能测试的高分子物理实验，以及结合高聚物合成与性能测试的综合型实验等。因此，要求实验者必须以实事求是的科研态度对待实验中的每一个细节，如预习、实验记录、实验报告等环节，对每个环节都有不同的要求。

1.1.1 实验预习及其要求

在每次实验前，都必须要对所做的实验认真预习，撰写完整的预习报告。通过预习，了解实验的目的和意义，理解实验原理（包括聚合机理、聚合的实施方法、高分子性能的测试原理及结构与性能之间的构效关系等)，熟知实验中所用到的仪器装置的使用、药品的物化性质及使用注意事项、单体和引发剂的纯化方法等，知道每一步操作的目的及注意事项，掌握整个实验过程和操作流程及实验的关键点，并能够关注实验中可能出现的问题及相应的解决预案。

预习报告要简明扼要，具体包括：

（1）实验原理：实验基本原理的简述及反应式。

（2）仪器装置示意图：本实验的仪器装置示意图，要注意细节。

（3）实验药品：实验用到的药品理化参数要事先查阅，包括化学药品的物理化学性质、毒性与腐蚀性，着重了解其安全使用的注意事项。

（4）仪器设备：熟悉测试仪器设备的操作规程。

（5）实验步骤：实验过程的具体操作步骤，根据需要可以用框图、箭头或流程图的形式描述。注意实验操作的先后顺序、投料的先后及相应溶液的配制。

（6）实验中可能存在的危险及预防措施。

1.1.2 实验操作及记录

实验过程中，必须按照实验规程认真操作，如实记录实验条件、实验现象及实验数据，实验记录要与操作步骤一一对应，内容简明扼要，条理清晰。

（1）按照实验要求及实验预习内容装配实验装置，按拟定的步骤进行操作实验，加入原料并调节实验条件。

（2）如实记录实验时所有原料（单体、引发剂、溶剂及各种助剂等）的加入量、表观形态（颜色、形状、是否纯化处理等）及投料顺序、投料时的温度等。

（3）如实记录实验过程中出现的各种现象，如溶液颜色的变化、溶液黏度的变化、溶解性的变化等。

（4）在高分子性能测试实验中，要提前熟知实验仪器设备的操作规程、实验条件及注意事项，按照操作规程进行聚合物样品的性能测试，并如实记录各种性能测定时的实验条件及得到的实验数据。测试完成后，按照操作要求关闭仪器设备。

（5）实验过程中要仔细观察，勤于思考；认真分析实验中出现的各种现象，尤其是遇到与理论不符的实验现象时，更要积极思考，并主动与老师或同学讨论，分析其中的原因并找到合理解决方案。

（6）实验结束后，拆除实验装置，清理实验台面，清洗玻璃仪器，按要求处理废弃试剂、回收实验产品。

1.1.3 实验报告的内容及要求

实验完成后，整理实验记录和数据，分析讨论实验中遇到的问题，对整个实验过程和实验结果进行归纳总结，完成实验报告。这不仅有助于把实验中的感性认识转化为理性知识，加深理解相应的基础理论知识，还能够训练并提高学生科研论文的写作能力。

实验报告的具体内容及要求包括：

（1）实验目的：实验要求掌握的基本知识、基本理论及基本操作。

（2）实验原理：实验基本原理或主要聚合反应式及聚合机理。

（3）实验所用药品及仪器。

（4）实验过程及现象：描述实验的实际操作步骤，记录观察到的实验现象，并对实验现象进行初步的分析讨论，对实验数据进行处理，得出实验结论。

（5）实验结果分析：对实验结果进行分析、讨论和总结，并查阅相关文献，讨论实验成败的原因，提出自己的见解和对实验的改进思路。

（6）思考题：回答实验后的思考题。

【注意】 实验报告是实验工作的全面总结，是教师考核学生实验成绩的主要依据。实验报告也是学生分析、归纳、总结实验数据，讨论实验结果并把实验获得的感性认识上升为理性认识的过程。实验报告要用规定的实验报告纸书写，要求字迹工整、语言通顺、叙述简明扼要、图表清晰、分析合理、讨论深入。处理数据应由每人独立进行，不能多人合写一份报告。实验报告要真实反映实验结果，不得伪造与抄袭。应学会用电脑绘图及处理数据，掌握一些常见数据处理软件的使用。

1.2　高分子化学与物理实验安全守则

1.2.1　实验室安全守则

实验室是专门进行实验教学与科研活动的场所，必须按要求认真预习准备实验，并严格遵守实验室的安全守则，否则禁止进入实验室。

（1）实验者必须认真学习实验室安全守则和与实验操作相关的安全规定，了解仪器设备的性能及安全操作规程，了解操作中可能发生的事故及其原因，掌握预防和处理事故的方法。

（2）进入实验室前要熟悉实验室所在实验楼的安全设施，如安全通道、喷淋设施、洗眼器的位置等，并学会使用；熟悉防火门应急开关的位置。

（3）熟悉实验室内的安全用具如灭火器、砂箱、灭火毯等的放置位置及使用方法；熟悉实验室内应急电源开关的位置；发生意外时，不要惊慌，妥善采取必要的措施，并及时报告老师处理或报警。

（4）进入实验室时，要求必须穿实验服，佩戴护目镜；在实验室内进行实验操作期间，禁止穿拖鞋、凉鞋、高跟鞋、短裤、裙子，长发同学要把头发扎起来，防止长发滑落而发生危险；必要时穿戴防静电实验服，进行危险实验时，要佩戴防护用具；实验过程中必须佩戴实验用手套，实验完毕后，必须用肥皂认真洗净双手。

（5）禁止在实验室内饮食、吸烟或把餐具带进实验室，禁止用实验器皿处理食物；实验室内要保持安静，禁止大声喧哗；禁止在实验室内快走或奔跑；禁止在实验室内播放音乐、玩手机及其他电子设备。

（6）实验操作注意事项：①实验操作过程中，玻璃仪器要轻拿轻放，小心操作，防止玻璃仪器损坏并划伤实验者；②实验装置的搭建遵循从下到上、从左到右的顺序；实验结束后，拆除顺序与之相反；③实验中，要保持实验台和桌面清洁干净；公用药品使用完要放回原处，并盖好塞子（包括内塞和外盖）；废纸、废品等投入废物桶内，废酸、废碱、废试剂、废药品及回收的试剂和药品等倒入指定的容器内，严禁将废弃物、废试剂倒入水槽中，以免腐蚀和堵塞水槽及下水道，防止污染水源；④实验记录要尽可能详细，包括实验操作的时间、实验操作详细过程、实验现象、问题处理等；⑤实验结束后，要将实验仪器洗涤干净，放回原处，清理好实验台面，并在指导教师允许后离开实验室；⑥实验结束后，值日生要认真打扫实验室内卫生，妥善关闭水、电，并在指导教师检查并允许后才可离开。

【注意】 实验过程中，仪器损坏要及时通知老师，以免增加不安全因素；实验操作过程中要自始至终穿好实验服、戴好实验手套及护目镜。

1.2.2　实验室事故的预防与处理

（1）高分子实验室内经常用到水、电，因此，在使用电气设备时，应注意检查插座、电源线是否完好，实验过程中不要用湿手或手握湿物接触电源，以免发生触电危险。若发生漏水、漏电的现象，要及时关闭室内的水电总开关，并及时报告老师。

（2）实验室经常装配和拆卸玻璃仪器装置，尤其是聚合反应所用玻璃仪器因聚合物溶液黏度较大、黏附力较强而不易处理及清洗，因此，玻璃仪器在使用及清洗过程中要仔细认真，如果操作不当，会造成割伤或刺伤；若有割伤，用消毒药水清除细小的碎片，然后冲洗伤口；如果伤口粘满了细小的碎片，可用消毒药水使之浮起来，然后把浮起的玻璃碎片用自来水冲洗掉；如果伤口较大，流血较多，用纱布压住伤口，并立即送往医务室或医院治疗。

（3）酸、碱烧伤时，用大量水洗，若强酸灼伤，再用3%~5%的碳酸氢钠溶液冲洗，最后再用水洗；若强碱灼伤，再用2%的稀醋酸溶液清洗，最后用水冲洗；若严重烧伤，简单处理后立即送医院治疗。

（4）实验室着火时，切忌惊慌。少量有机试剂着火，可用湿抹布覆盖其上；火势较大且可控时，要立即移走易燃物质，关闭电源，使用灭火器灭火；若火势不可控制，要立即关闭应急电源，并迅速组织同学撤离实验楼，关闭实验楼中防火门，并及时在第一时间拨打火灾报警电话119。

（5）高分子实验常用到有机试剂及药品，许多有机试剂和药品对人体都有不同程度的毒害，因此，实验前要认真查阅每一种试剂、药品的物理化学性质，尤其是毒性及其保存与使用注意事项；在不能确认某一有机化合物的性质之前，处理时要按照有毒物质处理。使用有毒药品时，要妥善保管，不许乱堆乱放，使用过程中注意不要污染其他地方，用过的器皿应按要求及时清洗；切勿将有毒药品接触五官及伤口；若有接触，立即清洗并及时到医院处理。

1.2.3 实验仪器设备的安全使用

高分子实验经常会用到聚合反应装置、恒温装置、真空装置及无水无氧操作系统，每种装置都有各自的使用操作规程及安全注意事项。任何疏忽或违反操作规范的行为，不仅会导致实验数据的不可靠及实验的失败，甚至还会造成人员的伤害。

一、聚合反应装置

在进行高分子实验之前，首先根据反应的类型和用量选择合适类型和大小的反应器。一般高分子合成反应在常压下进行时，常使用玻璃仪器，可根据反应的要求选择合适的玻璃仪器，并使用辅助仪器安装实验装置，将不同的仪器良好、稳固地连接起来。图1-1是典型的聚合反应装置，通常包括磨口三口烧瓶或四口烧瓶、回流冷凝管、搅拌器、温度计、恒压滴液漏斗等。若是需要在高温高压下进行聚合反应，如乙烯的自由基本体聚合，需要采用不锈钢或陶瓷的反应器，使用玻璃仪器容易发生爆裂而发生意外事故。

二、聚合搅拌装置

聚合反应常常是放热反应，体系升温很快，为了使聚合体系各组分充分混合均匀，避免局部过热而影响反应的平稳进行，必须进行搅拌。常用的搅拌方式有两种：磁力搅拌和机械搅拌。磁力搅拌常用于需要惰性气氛保护的聚合体系，并且在聚合体系黏度不太大的情况下使用；机械搅拌则常用于浓度较高或黏度较大的聚合反应体系。机械搅拌需配备搅拌棒，根据材质不同，分为玻璃搅拌棒、聚四氟乙烯搅拌棒和不锈钢搅拌棒，其中最为常用的是聚四

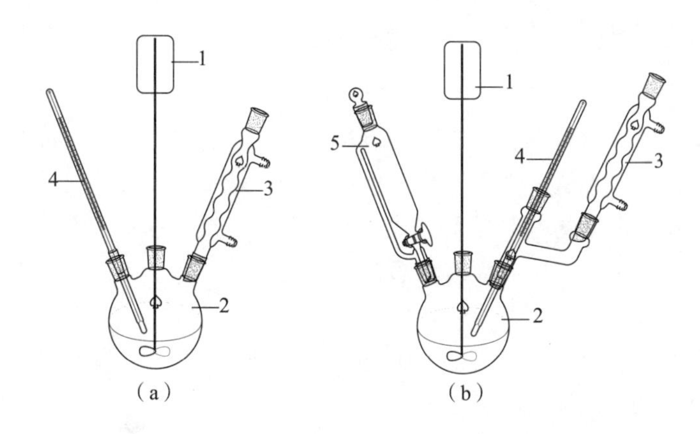

图 1－1　聚合反应装置

1—机械搅拌器；2—三口烧瓶；3—球形冷凝管；4—温度计；5—恒压滴液漏斗

氟乙烯材质的搅拌棒，主要因为聚四氟乙烯具有良好的自润滑性能、化学稳定性、坚固不易折断等优点。机械搅拌在高速运转时，有时会发生搅拌棒飞出伤人的意外，因此，机械搅拌装置及聚合反应装置一定要固定好，并且上下垂直，搅拌棒和套管之间不能有摩擦力，否则不仅会影响搅拌速度，还会发生意外。此外，要使搅拌棒的高度适中，既能够快速搅拌，使反应液混合均匀，又不会使反应液四处飞溅。

三、聚合反应加热装置及温度的控制

当聚合反应体系的温度需要准确控制时，常使用温度计直接测量聚合反应体系的温度（如图 1－1 所示）。使用温度计检测聚合反应体系温度时，不仅要注意体系温度不要超出温度计量程，还要避免搅拌棒的叶片与温度计水银球摩擦碰撞而打碎温度计，造成汞蒸气的挥发与毒害。

实验室中常配备的加热装置有水浴、油浴、沙浴和加热套，加热装置的温度都比较高，尤其是后三种，可以加热到 100 ℃以上的高温，因此，实验时要小心操作，以免烫伤。更要注意避免过热的油浴液迸溅到实验者的身上，尤其是裸露的脸上和手上。聚合反应时，根据聚合的温度选择合适的加热装置。一般水浴的温度控制不能超过 90 ℃，水浴加热介质纯净，易清洗，温度容易控制，但要需注意水易挥发，加热过程中要不断补充水，长时间水浴加热时，可在水面上盖一层液体石蜡或甲基硅油。油浴的加热介质常使用甲基硅油或苯基硅油，可在 100～200 ℃长期使用，苯基硅油比甲基硅油具有更好的耐高温性。沙浴是使用沙石作为热浴物质的热浴方法，一般使用黄沙，沙可升至很高温度，达 350 ℃以上。加热套直接加热的空气浴温度可以高达 400 ℃，并且使用方便安全、升温快、经久耐用，但是温度不易控制，温度误差范围较大，需要配置控温装置。

离子聚合常常在低于室温的条件下进行，需要低温浴。根据聚合需要，可以选择使用冰水浴（0 ℃）、冰盐浴（－5～－40 ℃）、丙酮干冰浴（－78 ℃）、丙酮液氮浴（－94.6 ℃）、液氮浴（－196 ℃）等。需要注意的是，后三种低温浴温度很低，为防止制冷剂的过度损耗，需置于保温瓶、杜瓦瓶等隔热容器中；更为重要的是，实验者在操作时，要佩戴保温手套，避免冻伤。

四、无水无氧操作系统使用及注意事项

1. 无水无氧操作系统

无水无氧操作线也称史兰克线（Schlenk Line），是一套惰性气体的净化及操作系统。通过这套系统，可以将无水无氧惰性气体导入反应系统，从而使反应在无水无氧气氛中顺利进行。无水无氧操作线最常见的是双排管方式，即一条惰气线、一条真空线，通过特殊的活塞来切换，也称为双排管操作系统或无水无氧操作系统。

2. 无水无氧操作系统的组成

无水无氧操作系统主要由除氧柱、干燥柱、Na－K 合金管、截油管、双排管、真空计等部分组成，如图 1－2 所示。

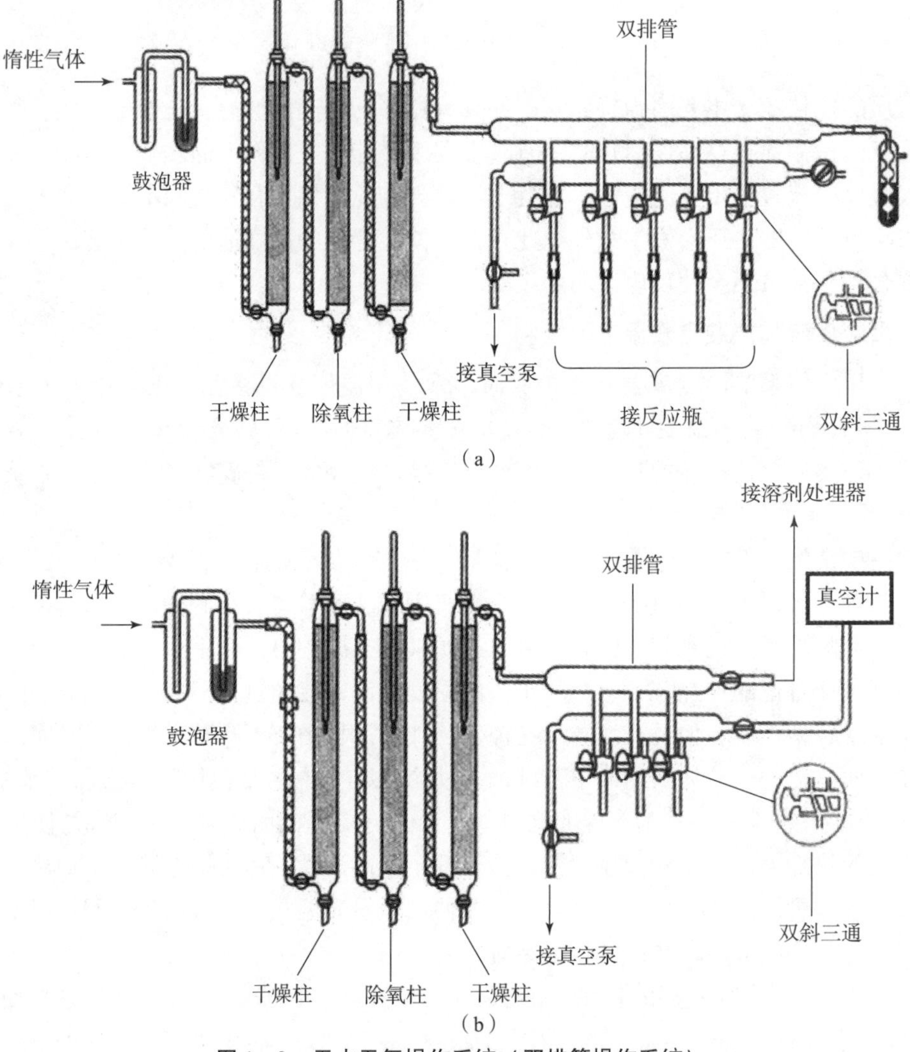

图 1－2　无水无氧操作系统（双排管操作系统）

惰性气体在一定压力下由鼓泡器导入安全管，经干燥柱初步除水，再除氧，然后除去因除氧而产生的微量水分，最后经过截油管进入双排管。在干燥柱中，常填充脱水能力强并可

再生的干燥剂，如 5A 分子筛；在除氧柱中则选用除氧效果好并能再生的除氧剂，如银分子筛；除水剂和除氧剂需要预先活化，并在使用一段时间后再生。经过这样的脱水除氧系统处理后的惰性气体就可以导入反应系统或其他操作系统了。

3. 无水无氧反应的操作

（1）安装反应装置并除氧：进行无水无氧操作时，如溶剂处理、有机反应、聚合反应，将反应瓶通过厚壁乳胶管与无水无氧操作线上的双排管相连，旋转双排管的双斜旋塞使体系与真空管相连，抽真空，此时可以将反应瓶加热烘烤，以除去里面的空气及内壁附着的潮气；待仪器冷却后，打开惰性气体阀，旋转双排管上双斜三通，使反应瓶与惰性气体管路相通，重复操作 3 次完成抽换气。加热反应瓶时，可以用酒精灯、电吹风、加热套等；通入的惰性气体是高纯氮气或氩气，实验室内常用价格低廉的高纯氮气（99. 99%）。

（2）投料：如果原料为固体药品，应先投料，再连接在无水无氧操作系统上进行“抽真空—通氮气”的循环操作；如果是液体原料，则在完成“抽真空—通氮气”的循环操作后，用注射器从翻口塞处注入反应瓶中。需要注意的是，所有的液体原料必须预先进行无水无氧处理。

（3）反应过程中，注意观察鼓泡器，保持双排管内始终有一定的正压，直到反应结束（要注意鼓泡速度，太快，会造成惰性气体的浪费；太慢，容易造成负压，使空气渗入反应系统）。

（4）实验结束后，将反应器密封，与双排管断开；及时关闭惰性气体钢瓶的阀门（先关闭气瓶上的总阀门，指针归零，再松开减压阀，同样指针归零，关闭节制阀）；转动双斜旋塞，使大气与真空管相连，关闭油泵。

4. 无水无氧操作系统的特点

（1）在惰性气体气氛下（将反应体系反复进行“抽真空—充氮气”操作），使用特制的玻璃仪器进行操作。

（2）双排管操作系统排除空气更方便实用、更安全有效，适用于对真空度要求不太高的反应操作体系。

（3）应用范围广泛，其操作量从几克到几百克，从反应的发生、样品的分离纯化及样品的干燥、储藏、转移，都可用此操作系统。

5. 注意事项

（1）如果含氧要求在 2 mL/m^3 的范围，在无水无氧操作系统中可以不用钠 - 钾合金管。

（2）用 5A 分子筛来干燥惰性气体，容量大，效果好，易再生；用银分子筛除氧容易，容量较大，可再生，经银分子筛处理后的惰性气体含氧量小于 2 mL/m^3。

（3）所用胶管宜采用厚壁橡皮管，以防抽换气时有空气渗入。

（4）如果在反应过程中要添加药品或调换仪器或要开启反应瓶时，都应在较大的惰性气流中进行操作。

（5）反应系统若需搅拌，应使用磁力搅拌。使用机械搅拌器时，应加大惰性气体气流量。

（6）若要对乙醚、四氢呋喃等用钠精制的溶剂做严格无水无氧处理，同一双排管上不可再连接含有卤代烃的反应体系，以防发生剧烈反应。

(7) 用完后要将真空管用样品管塞上，保持真空橡皮管内无水。

(8) 抽真空换氮气时，要看双排管上是否连有其他通氮气的反应体系，如有，则需暂时关闭，待换好氮气后，再将关闭的反应体系的氮气开通。

(9) 熟知双斜三通活塞的方向对应的气流走向，并在活塞上标识气流走向。

(10) 在油泵与双排管间一般要接上冷肼，以防有机气体进入并损坏油泵。

(11) 如用于抽换气的物质是很轻的粉尘状物，则需注意在抽气头或者是 Schlenk 管与真空管的连接处塞上一小团棉花，以免粉尘状物抽入双排管中造成污染。

五、高压气瓶的使用及注意事项

聚合反应体系经常需要惰性气体保护，以隔绝氧气，如使用高纯氮气、氩气等，因此，高分子实验室常配有高压气瓶。实验者使用时，要注意高压气瓶的开关顺序、气压表的读数、气流的速度等，还需注意惰性气体保护的聚合体系不能出现密闭状态。

高压气瓶安全使用操作与安全管理规定如下：

(1) 压力气瓶应存放在阴凉、干燥、远离热源和明火处，周围没有易燃易爆或其他油脂类物品。夏季须适当遮盖，防止日光暴晒。保持室内通风良好。放置气瓶的地面须平整，气瓶直立放置时，要加装固定装置，防止倾倒。避免强烈震动，不得横卧在地。气瓶存放时应旋紧安全帽，以保护开关阀，防止其意外转动和减少碰撞。

(2) 搬运气瓶时要轻拿轻放，只有当气瓶竖直放稳后方可松手脱身。可以用手平抬或垂直转动，但决不允许用手搬着开关阀移动。禁止用肩扛或横在地上滚动。远距离搬运要装好防震垫圈。

(3) 使用压力气瓶时，应站在与气瓶接口处垂直的位置上。使用时，先开启气瓶阀门(高压开关)，然后将减压器调节螺丝慢慢旋紧，缓慢地开启低压调节器使气体流出，直至符合要求。用毕先关气瓶阀门，再将减压阀的调节螺丝退出，放尽减压器内的气体后，再关减压器。切不可只关减压器，不关开关阀。操作时严禁敲打撞击，并经常检查有无漏气，应注意压力表读数。开、关减压器和开关阀时，动作必须缓慢。开关瓶嘴时，手和工具要严防沾有油污，瓶嘴上的压力表要保持准确灵敏，绝对禁油。

(4) 不得将气瓶中的气体全部用完，剩余压力不得小于 0.05 MPa。可燃性气体应剩余 0.2 ~0.3 MPa (2 ~3 kg/cm 表压)；氢气应保留 2 MPa，以防重新充气时发生危险。

(5) 对于操作装有易燃气体的气瓶，操作人员不能穿戴沾有各种油脂或易感应产生静电的服装、手套操作，非实验人员严禁接触气瓶及相关阀门。

(6) 定期检查阀门及管线，如发现损坏，要及时修理，确保无漏气现象。皮管不可和电线混在一起，使用的皮管横过通道时，上面要加以保护，避免受到机械损坏。各种气瓶须定期进行技术检查。对于充装一般气体的气瓶，需三年检验一次。

(7) 压力气瓶上选用的减压表要分类专用，安装时螺扣要旋紧，防止泄漏。安装减压表时，要冲吹开关上的灰尘，低压调节器应处于关闭状态。

(8) 充装气体应选择具有充气资质、有营业执照的单位；更换时要确保新气瓶标记清晰完整。

（9）冬季发生冻结时，只能用蒸汽或热水解冻，禁止用明火或敲击解冻。

六、性能测试仪器设备的使用及注意事项

高分子物理实验中，聚合物性能测试会用到各种仪器设备，如凝胶渗透色谱（GPC）、热重分析仪（TGA）、差热扫描量热仪（DSC）、偏光显微镜（POM）、动静态激光光散射、X 射线衍射仪等。实验者必须要学习并熟知所使用仪器设备的操作规程及安全注意事项，严格按照安全操作规程进行实验操作，避免发生仪器设备的损坏甚至人身伤害事故。

第2章
高分子化学实验

2.1　聚合反应机理

聚合物是由许多相同的、简单的结构单元通过共价键连接而成的相对分子质量很大（$10^4 \sim 10^7$ g/mol）的化合物。由低分子单体合成聚合物的反应称为聚合反应。聚合反应有如下两种重要的分类方式。

根据单体结构和反应类型，分为加成聚合（addition polymerization）、缩合聚合（condensation polymerization）、开环聚合（ring opening polymerization）。加成聚合是指烯类单体 π 键断裂后加成起来形成聚合物的反应，产物称为加聚物，如聚氯乙烯、聚苯乙烯等。缩合聚合，简称缩聚，指官能团单体多次缩合反应生成聚合物的过程，产物为缩聚物，如尼龙66、涤纶、聚碳酸酯、酚醛树脂、脲醛树脂等。开环聚合是指环状单体 σ 键断裂后生成线形聚合物的反应，如聚环氧乙烷、聚四氢呋喃等。

根据聚合机理，分为链式聚合反应（chain polymerization，连锁聚合反应）和逐步聚合反应（step polymerization）。

2.1.1　链式聚合机理

多数烯类单体的加聚反应属于链式聚合机理。链式聚合需要活性中心，如自由基、阴离子、阳离子；活性中心一旦产生，就会瞬间加成上千单体，迅速增长为大分子；单体浓度随聚合物分子数目的增加而降低。任何时刻，聚合体系中只有单体、聚合物和活性增长链。聚合反应期间，单体转化率随反应时间延长而升高，聚合物相对分子质量却不变。链式聚合包括链引发、链增长、链终止三个基元反应。

链引发：　$I \rightarrow R^*$

$R^* + M \rightarrow RM^*$

链增长：　$RM^* + M \rightarrow RM_2^*$

$RM_2^* + M \rightarrow RM_3^*$

…

$RM_{n-1}^* + M \rightarrow RM_n^*$

链终止：　$RM_n^* \rightarrow$ 聚合物

反应式中，I为引发剂，先生成活性种 R^*，再进攻单体M，与之反应生成单体活性种 RM^*，而后不断与单体反应，进行链增长；最后链终止，得到聚合物。

1. 自由基聚合

自由基聚合（free radical polymerization），活性中心是带有孤电子自由基的链式聚合反应，有链引发、链增长、链终止三个基元反应，以及链转移反应。

链引发是在引发剂、热、光或辐射的作用下形成单体自由基的过程。常用的引发剂有偶氮类、过氧化物类和氧化还原体系，如偶氮二异丁腈（AIBN）、过氧化二苯甲酰（BPO）等。引发剂分解是吸热反应，活化能高（105～150 kJ/mol）；链增长反应是放热反应，并且增长活化能低（20～34 kJ/mol），增长速率极高。在链增长反应中，受取代基的电子效应和位阻效应的影响，重复单元的键接方式有“头－尾”和“头－头”（或“尾－尾”）两种形式，因此，聚合物分子链上取代基在空间的排布是无规则的。自由基活性高，双基终止反应活化能很低（8～21 kJ/mol），终止速率很大；有偶合终止和歧化终止两种。自由基聚合反应中，链自由基会夺取单体、溶剂、引发剂或大分子链上的活泼原子而终止，同时生成新的自由基，可继续引发单体的聚合，即发生链转移反应，使聚合物的相对分子质量降低。

自由基聚合机理特征为慢引发、快增长、速终止、易转移。这一机理特点决定了自由基聚合产物呈现较宽的相对分子质量分布，相对分子质量和结构不可控，有时甚至会发生支化、交联等。

自由基聚合中，链增长对自由基浓度呈一级反应，而终止呈二级反应。根据活性聚合无终止的机理特点，如果能降低自由基的浓度，就可以减弱双基终止，有望成为活性聚合。因此，活性自由基聚合实现的关键是防止聚合过程中因链转移和链终止而产生的无活性分子链。研究发现，通过可逆的链转移或链终止，使活性种（链自由基）和休眠种（暂时休眠的链自由基）进行快速的可逆转换，使自由基暂时休眠，降低自由基浓度，双基终止得到最大限度的抑制，表现出活性聚合的特征；但这并不是真正的无终止，所以不是真正的活性聚合，称为“活性”/可控自由基聚合（“living”/control free radical polymerization）。

活性种和休眠种的可逆互变有三条途径：

（1）共价休眠种的可逆均裂：增长链自由基和稳定自由基之间形成共价休眠种，逆反应是休眠种均裂成增长链自由基，继续聚合。

$$\underset{\substack{10^{-9}\sim10^{-7}\\ \text{活性种}}}{P_n\cdot} + \underset{10^{-5}\sim10^{-2}}{\cdot X\ (Y)} \rightleftharpoons \underset{\substack{10^{-2}\sim10^{-1}\\ \text{共价休眠种}}}{P_n-X} + \underset{0\sim10^{-1}}{(Y)}$$

上式中，稳定自由基X·浓度远大于活性自由基 $P_n\cdot$ 浓度，转变成休眠种 P_n-X 后，$P_n\cdot$ 浓度降低，链终止反应减弱；休眠种均裂产生增长链自由基可继续聚合，达到可控聚合的目的。该方法有氮氧自由基法、原子转移自由基聚合（ATRP）和引发转移终止剂法。

（2）增长链自由基与链转移剂之间的蜕化转移：可逆加成－断裂转移自由基聚合（RAFT）。

$$\underset{\substack{10^{-9}\sim10^{-7}\\ \text{活性种}}}{P_n\cdot} + \underset{10^{-2}\sim1}{P_mZ} \rightleftharpoons \underset{\substack{10^{-2}\sim1\\ \text{休眠种}}}{P_n-Z} + \underset{10^{-9}\sim10^{-7}}{P_m\cdot}$$

(3) 增长链自由基和非自由基化合物可逆，形成休眠自由基。逆反应是休眠自由基均裂成增长自由基，再引发单体聚合。

$$\underset{10^{-9}\sim10^{-7}}{P_n\cdot} + \underset{10^{-2}\sim1}{Z} \rightleftharpoons \underset{\substack{10^{-2}\sim1\\ \text{休眠种}}}{P_n-Z\cdot}$$

Z 通常是有机金属化合物与配体的络合物、无机化合物，或不能聚合的乙烯基单体（1,2－二苯基乙烯）。

2,2,6,6－四甲基哌啶－1－氧基（TEMPO）属于稳定自由基，它只与增长链自由基发生偶合，生成共价键，不引发聚合，阻止活性链本身的双基终止；形成的共价键化合物高温下可再断裂，生成新的活性自由基。这样，TEMPO 捕获自由基，使自由基暂时休眠，休眠自由基与活性自由基之间有一平衡，且平衡向休眠种倾向大，所以游离自由基浓度低，有效降低双基终止，达到可控聚合的目的。TEMPO 体系的原理是增长链自由基的可逆链终止。

原子转移自由基聚合（ATRP）是 1995 年报道的，现已成为活性自由基聚合中应用最广的方法。典型的 ATRP 体系包括乙烯基单体、引发剂卤代烃、低价金属卤化物、与离子络合的配体。当引发剂卤代烃 R－X 中的 X 转移到低价金属卤化物时，低价金属被氧化，引发剂生成自由基 R·，引发聚合反应。但上述过程是可逆的，自由基又能够和氧化态的金属卤化物作用，夺取卤原子，生成休眠种卤化物（RM－X，P_n－X），且平衡向生成休眠种的倾向更大，所以自由基浓度很低，抑制了双基终止，实现了可控聚合。ATRP 反应有很宽范围的单体适应性及引发剂的可选择性，是分子设计裁剪的有力工具，除可以制备窄分布的聚合物外，还可以设计合成嵌段、接枝、无规、梯度共聚物，星形、超支化聚合物及端官能聚合物等。

RAFT 也是应用广泛的可控自由基聚合方法。RAFT 成功实现可控聚合的关键是找到了具有高链转移常数和特定结构的链转移剂——双硫酯（ZCS_2R），该链转移剂实现了增长链自由基的可逆链转移，控制体系中自由基的浓度，抑制自由基的双基终止，实现对聚合物相对分子质量及其分布的控制。RAFT 反应采用一般自由基引发，RAFT 试剂转移，单体适用范围广，分子设计能力强，可以在多种介质中聚合，但双硫酯的制备较为复杂。

2. 阳离子聚合

阳离子聚合（cationic polymerization）是活性中心为阳离子的链式聚合反应。与双键相连的碳原子上有推电子基团的烯类单体，易于进行阳离子聚合，醛类、环醚类、环酰胺类单体也可以进行阳离子聚合。阳离子聚合的引发剂都是亲电试剂，包括：①含氧酸，如高氯酸、三氟乙酸、三氟甲磺酸等，氢卤酸和硫酸因阴离子亲核性太强而易于终止，很少用于引发阳离子聚合；②路易斯酸，如 BF_3、$AlCl_3$、$TiCl_4$、$SnCl_4$ 等，大多需要共引发剂作阳离子源，如微量水、醇、氢卤酸可作为 H^+ 供给体；③其他可以产生阳离子的物质，如 I_2、Cu^{2+}。

阳离子聚合引发速率很快，引发反应生成的碳阳离子活性种与抗衡离子形成离子对，单体分子不断插到碳阳离子和抗衡离子中间，使活性链增长，因此对离子对的紧密程度、聚合速率影响显著。而离子对的紧密程度与溶剂、反离子性质、温度等直接相关。阳离子链增长反应速度快，活化能低（8.4～21 kJ/mol），与自由基聚合相近。阳离子聚合的增长中心带有相同电荷，不能双基终止，常通过向单体链转移而终止、向反离子转移而终止或自发终止。因此，阳离子聚合的链转移反应更易发生，这也是影响聚合物相对分子质量的主要因素。此外，有些单体的阳离子聚合会伴有分子内重排，发生异构化反应。

阳离子聚合机理的特点是快引发、快增长、易转移、难终止；动力学特征是低温高速，高相对分子质量。

3. 阴离子聚合

阴离子聚合（anionic polymerization）是活性中心为阴离子的链式聚合反应。具有吸电子基团的烯类单体易于进行阴离子聚合，此外，还有环醚、内酰胺等环状单体。阴离子聚合引发剂是亲核试剂，包括碱、碱金属及其氢化物、无机碱、有机金属化合物、有机金属烷氧化物等。阴离子聚合引发方式有两种：①电子转移引发：碱金属把外层电子直接或间接转移给单体，使单体形成游离基阴离子活性种；②阴离子引发：引发剂中的阴离子与单体形成活性中心。阴离子聚合无链终止，单体消耗完毕后，常加入水、醇、胺等终止剂，使聚合终止。阴离子增长种浓度较大（10^{-3} ~ 10^{-2} mol/L），远大于自由基的浓度（10^{-9} ~ 10^{-7} mol/L），因此阴离子聚合速率也远大于自由基聚合。

阴离子聚合的机理特征是快引发、慢增长、无终止，是真正的活性聚合，可以控制聚合物的相对分子质量及其分布，并且可以通过分子设计制备不同拓扑结构的聚合物，如窄分布聚合物、遥爪聚合物、嵌段共聚物等。许多阴离子活性种都有颜色，聚合过程中易于观察，如苯乙烯阴离子为红色、甲基丙烯酸甲酯阴离子为黄色，阴离子聚合活性链无终止，因此碳阴离子的颜色在整个聚合过程中都会保持不变；再加入同种单体，颜色不变，相对分子质量继续增长；当加入第二种单体时，颜色变化，相对分子质量变大，得到嵌段共聚物。

活性阴离子聚合中，从非极性溶剂到极性溶剂，阴离子活性种与抗衡离子所构成的离子对可以在极化共价键、紧密离子对、疏松离子对和自由离子之间平衡变动：

$$\underset{\text{共价键}}{Mn-A} \rightleftharpoons \underset{\text{紧密离子对}}{Mn^{+}A^{-}} \rightleftharpoons \underset{\text{松散离子对}}{Mn^{+}\parallel A^{-}} \rightleftharpoons \underset{\text{自由离子}}{Mn^{+}+A^{-}}$$

紧密离子对有利于单体的定向插入聚合，形成立构规整的聚合物，但聚合速率略低；疏松离子对和自由离子的聚合速率较高，却失去了定向能力。单体-引发剂-溶剂配合得当，才能兼顾这两方面的指标。

4. 配位聚合

配位聚合（coordination polymerization）又称络合聚合、定向聚合，是指烯烃的碳碳双键与引发剂活性中心过渡金属原子空轨道进行配位，形成络合物，进一步使单体插入金属-碳键之间。重复此过程，聚合物链慢慢增长的聚合反应。配位聚合中，单体与嗜电性金属配位形成π-络合物时，包括两个同时进行的化学过程：一是增长链端负离子对C═C双键β碳的亲核进攻，二是金属正离子对烯烃的亲电进攻，反应属阴离子性质。

Ziegler-Natta引化剂是配位聚合常用的引发体系，已经广泛用于工业生产。Ziegler-Natta引化剂由周期表中ⅣA~ⅧA族的过渡金属化合物和ⅠA~ⅢA族的金属烷基化合物或金属氧化物组成，多为异相引发剂，既提供烯烃聚合反应的活性中心，又具有特定的配位能力，可以引发α-烯烃聚合制备立构规整的聚合物。高分子工业中许多重要的产品，如高密聚乙烯、全同聚丙烯、乙丙橡胶、顺丁橡胶和异戊橡胶等，都是Ziegler-Natta引化剂引发相应单体的配位聚合制备的。

2.1.2 逐步聚合机理

大多数缩聚反应属于逐步聚合机理，其特征是低分子缓慢、逐步地变成高分子，每一步的反应速率和活化能基本相同。

按照生成聚合物的结构，缩聚分为线形缩聚和体型缩聚。聚合速率和缩聚物的相对分子质量是两大重要指标，不同缩聚物对相对分子质量有着不同的要求，同类缩聚物用作纤维和工程塑料时，对相对分子质量的要求也有差异，因此，相对分子质量的影响因素和控制是线形缩聚中的核心问题。

1. 线形缩聚

线形缩聚的机理特征是逐步和可逆。缩聚反应中，任何两个带有不同官能团的物种之间都能反应，无特定的活性种，各步反应速率常数和活化能基本相同，没有链引发、链增长、链终止等基元反应。由于许多分子可以同时反应，在缩聚早期，单体很快消失，转变成二聚体、三聚体、四聚体等低聚物，转化率很高，随后缩聚反应在低聚物之间进行，聚合度逐步上升。延长反应时间的主要目的是提高聚合物的相对分子质量。

在缩聚早期，单体转化率很高，但相对分子质量却很低，因而转化率不能准确描述缩聚反应过程，而是用反应程度（p）来描述缩聚反应进行的深度。反应程度是指参加反应的官能团数与起始官能团数的比值。在 2－2 体系的缩聚反应中，单体等摩尔配比时的数均聚合度和反应程度的关系式为

$$\overline{X}_n = \frac{1}{1-p}$$

可见，反应程度越大，聚合度越高。当两单体的官能团非等摩尔配比时，令 $r(r<1)$ 为两种官能团的摩尔比，则数均聚合度为

$$\overline{X}_n = \frac{1+r}{1+r-2rp}$$

其中，若非过量官能团的 $p=1$，则

$$\overline{X}_n = \frac{1+r}{1-r}$$

由此可知，两官能团等摩尔配比也是提高缩聚物相对分子质量的关键因素。

逐步特性是大多数缩聚反应共有的，而各类缩聚反应的可逆平衡程度有着明显的差别。平衡常数小（$K\approx4$）的缩聚反应，小分子副产物对相对分子质量影响很大，如聚酯；平衡常数中等（$K=300\sim500$）的，小分子副产物对相对分子质量有所影响，如聚酰胺；平衡常数很大的，如聚碳酸酯、聚砜，可视为不可逆反应，在封闭体系中不必排除小分子副产物，也可以得到聚合物。

因此，若要提高缩聚物的相对分子质量，需要官能团等摩尔配比投料，对于单体而言，纯度要高，称量要准确，反应程度尽可能高；对于平衡缩聚，需要选择平衡常数大的缩聚体系，或者在聚合过程中不断除去小分子副产物，使平衡右移，提高反应程度。

2. 体型缩聚

2－2 或 2 官能度体系的逐步聚合形成线形聚合物，当其中一种或多种单体官能度大

于 2，且官能团等摩尔配比缩聚时，则会交联成体型聚合物。

在体型缩聚体系中，多官能团单体使增长链中产生了支化点，随着逐步聚合的进行，支化点数目增大，最后形成凝胶。此时体系黏度突增，相应的反应程度称作凝胶点 p_c。达到凝胶点时，体系中除了不溶的交联网络部分（凝胶）外，在交联网络之间还有许多可溶性的多支链分子，即溶胶，溶胶还可以进一步交联成凝胶。因此，在凝胶点以后，交联或凝胶化作用仍在进行，溶胶不断减少，而凝胶相应增加，逐渐交联形成体型缩聚物。

3. 逐步加成聚合

绝大多数缩聚是典型的逐步聚合机理，此外，还有许多非缩聚型逐步聚合，如聚氨酯的合成。聚氨酯通常由二异氰酸酯和二元醇反应，异氰酸基和羟基之间反复加成，生成聚氨酯，无小分子副产物产生，属于逐步聚合机理，称作逐步加聚反应。此外，还有酸催化的己内酰胺开环聚合制备尼龙 -6、芳核取代制备聚砜、氧化偶合制备聚苯醚、Dields - Alder 加成反应制备梯形聚合物、芳核亲电取代制备聚苯等。

2.2　聚合反应实施方法

聚合反应实施方法是指完成一个聚合反应所采用的具体实验方法。聚合物材料的合成不仅要研究反应机理，还要选择聚合方法。聚合机理不同，所采用的聚合方法也不同；聚合机理相同而聚合方法不同时，聚合反应体系往往有不同的表现。因此，即使单体和聚合机理相同，但采用的聚合方法不同，所得产物的分子结构、相对分子质量及相对分子质量分布也会有很大差别。一种聚合物可以通过几种不同的聚合方法制备，聚合方法的选择主要取决于单体形成聚合物的反应类型（机理、催化剂）、聚合物的性质和形态、相对分子质量及其分布、聚合物的使用加工性能及经济效益等。

2.2.1　链式聚合反应实施方法

链式聚合反应实施方法有本体聚合、溶液聚合、悬浮聚合和乳液聚合。离子聚合和配位聚合所用催化剂或生成的活性链易被水破坏，因此，不选用以水为介质的悬浮和乳液聚合，只能本体聚合或选用适当有机溶剂的溶液聚合。

1. 本体聚合（bulk polymerization）

指单体在少量引发剂或者直接在热、光和辐射作用下进行的聚合反应。本体聚合速度快、产品纯度高，常用于实验室研究，如单体聚合能力的初步评价、少量聚合物的试制、聚合动力学研究、竞聚率测定等，所用仪器简单，如试管、封管、膨胀计、特制模板等。

与其他聚合方法相比，本体聚合产物可直接加工成型或挤出造粒，没有介质回收及后处理工艺，聚合装置及工艺流程简单，生产成本低。自由基聚合、离子型聚合、配位聚合大都可以采用本体聚合；气态、液态和固态单体均可进行本体聚合，其中液态单体的本体聚合最为重要。

本体聚合最主要的问题是散热困难，反应体系处于高黏度下则更为突出，解决的方法有：①低转化率（40% ~60%）下停止反应，再将残余单体循环使用，此时体系黏度较低而易于散热。例如，低密度聚乙烯的生产，采用管式反应器，控制单体单程转化率在15% ~ 30%。②分步聚合，先将单体进行预聚，控制在低转化率（10% ~ 30%）时停止反应，预聚液黏度较低，无散热问题；再将预聚液转移到合适模具中继续反应至单体全部聚合。有机玻璃板或管均采取分步聚合方法生产。③采用紫外光或辐射引发，在室温或低于室温下聚合，以利于热量散发。

2. 溶液聚合（solution polymerization）

单体和引发剂溶于适当溶剂中的聚合称为溶液聚合。与本体聚合相比，溶液聚合体系黏度较低，混合和传热容易，温度容易控制。但是单体浓度低，聚合速度较慢，设备生产能力低；容易发生向溶剂的链转移反应而使聚合物相对分子质量下降，并且难以除净的残留溶剂会直接影响聚合物的使用性能；溶剂的分离、回收、再利用费用也较高。因此，工业上溶液聚合多用于直接使用聚合物溶液的场合，如制备涂料、胶黏剂、纤维纺丝液等。

工业上，自由基溶液聚合的例子有乙酸乙烯酯在甲醇中的溶液聚合、腈纶纤维纺丝液的制备等。离子和配位溶液聚合的产品有异戊橡胶、溶聚丁苯、丁基橡胶、顺丁橡胶等。

大规模溶液聚合一般选用连续法。聚合结束后，往往有凝聚、分离、洗涤、干燥及溶剂回收等工序。因此，无毒、便宜、易除去、易循环使用的超临界 CO_2 引起大家的关注。超临界 CO_2 为低黏度液体，对自由基稳定，无链转移反应，可以溶解含氟的单体和聚合物；并且甲醛和乙烯基醚的阳离子聚合、丁氧环的开环聚合、降冰片烯的开环易位聚合，甚至缩聚反应，都可以在超临界 CO_2 中进行，发展前景良好。

3. 悬浮聚合（suspension polymerization）

悬浮聚合是借助搅拌将不溶于水的单体分散成小液滴状并悬浮在水中进行的聚合反应。一个小液滴就相当于一个小本体聚合单元。聚合体系由油溶性单体、油性引发剂、水、分散剂组成。悬浮聚合物的粒径为0.05 ~ 2 mm，主要受搅拌和分散剂的控制。

悬浮聚合的分散剂包括两大类：一种是水溶性高分子，如聚乙烯醇、聚丙烯酸钠、羟甲基纤维素、明胶等，可以附着在单体液滴表面来保护胶体，同时降低表面张力，利于液滴分散；常采用两种以上分散剂复合使用。第二种是不溶于水的无机物，如碳酸钙、碳酸镁、磷酸钙等，在单体液滴之间起到机械隔离作用。实验室常用第一类分散剂，但工业上常用第二类，易洗去。

悬浮聚合体系黏度低，有利于搅拌、散热和温度控制，因此产物相对分子质量及其分布比较稳定；产物相对分子质量比溶液聚合的高，杂质含量比乳液聚合的少；后处理简单，经过滤、洗涤、干燥即得粒状或粉状树脂，可直接用来加工。但是产品中会含有少量分散剂残留物，要生产透明、绝缘性好的产品，需要除净分散剂。

悬浮聚合在工业上得到了广泛的应用，如80% ~ 85%的聚氯乙烯、全部的离子交换树脂用交联聚苯乙烯、部分聚甲基丙烯酸甲酯等都是采用悬浮聚合制备的。因为容易黏釜，一般采用间歇法生产。

4. 乳液聚合（emulsion polymerization）

单体在水介质中由乳化剂分散成乳液状态的聚合称作乳液聚合。乳液聚合体系由油溶性单体、水、水溶性引发剂、乳化剂组成，还常常加入相对分子质量调节剂来调控相对分子质量和减少支化凝胶。乳液聚合产物的粒径为 50 ~ 200 nm（0.05 ~ 0.2 μm），比悬浮聚合小得多。

乳液聚合的单体不溶于水或微溶于水，如苯乙烯、氯乙烯、乙酸乙烯酯、甲基丙烯酸甲酯等，用量为聚合体系的 20% ~ 50%；水作分散介质，主要作用是传热，用量为聚合体系的 50% ~ 80%；引发剂采用水溶性热分解型引发剂或氧化还原体系，用量为单体的 0.5%；乳化剂的用量为单体质量的 3% ~ 5%，此浓度远大于其临界胶束浓度（CMC），因此，乳化剂在水中形成胶束，其作用是增溶单体，降低乳液聚合体系的表面张力，使单体分散成细小液滴；还能够在液滴或胶粒表面形成保护层，防止胶粒凝聚，使乳液稳定。

乳化剂分为阴离子型（羧酸型、磺酸型和硫酸型）、阳离子型（季铵盐型）和非离子型（氧化乙烯型）。传统乳液聚合多采用阴离子乳化剂，有时添加少量非离子表面活性剂配合使用。

乳液聚合有许多优点：①以水作分散介质，安全环保，黏度较低且与聚合物相对分子质量及聚合物含量无关，便于混合传热、管道输送和连续生产。②聚合速度快，同时相对分子质量大，可以在较低的温度下进行聚合；③胶乳可直接使用。但是要得到固体产品时，需经过凝聚、洗涤、脱水、干燥等复杂的后处理工序，成本较高；产品中残留的乳化剂直接影响其使用性能。

乳液聚合在合成橡胶中应用很广，如通用型丁苯橡胶、丁腈橡胶的生产均采用连续乳液聚合方法。此外，可直接使用的聚醋酸乙烯酯胶乳、丙烯酸酯类聚合物胶乳则用间歇法生产，主要应用于水乳漆、黏结剂、纸张、皮革及织物的处理剂等。

水溶性单体，如丙烯酸、丙烯酰胺、乙烯基对苯磺酸钠等，也可以进行乳液聚合，称之为反相乳液聚合。就是将水溶性单体溶于水，借乳化剂分散于非极性有机介质中形成“油包水”型乳液而进行的聚合。反相乳液聚合采用油溶性或水溶性的引发剂；分散介质是与水不互相溶的烃类、卤代烃等试剂；采用非离子型乳化剂，如 Span 系列（主要成分为脱水山梨糖醇酯）。与传统乳液聚合一样，反相乳液聚合具有较高的聚合速率和相对分子质量，得到粉状或乳状产物。

5. 淤浆聚合（slurry polymerization）

所用催化剂和生成的聚合物都不溶于溶剂中，而是混合在一起呈淤浆状，属于沉淀聚合的一种。例如，丙烯的非均相配位聚合即为淤浆聚合，以非极性的正己烷或正庚烷为溶剂，$TiCl_3-Al(C_2H_5)_3$ 为引发剂，溶剂可以溶解丙烯，却不能溶解引发剂。聚合反应在一定温度和压力下进行，生成的聚合物呈白色淤浆状出料，经过滤、洗涤、干燥、造粒后得到聚丙烯。这种方法聚合热容易排除，后处理比较简单，主要应用于固体催化剂催化合成立构规整的聚合物。

2.2.2　逐步聚合（缩聚）反应实施方法

1. 熔融缩聚（melt polycondensation）

熔融缩聚是最简单的缩聚实施方法，相当于本体聚合，是单体和聚合产物均处于熔融状态下的聚合反应。聚合体系只有单体和少量催化剂，产物纯净，分离简单。

熔融缩聚需在聚合物熔点以上温度进行，反应温度高（200～300 ℃），不适合生产高熔点的聚合物；并且反应时间长，需几小时以上；为避免高温时缩聚产物的氧化降解，常需惰性气体保护；聚合后期需要减压除去小分子副产物，以获得相对分子质量大的聚合物；反应完成后，聚合物以黏流状态从釜底流出，进行制带、冷却、切粒。

工业生产常用釜式聚合，生产设备简单。

2. 溶液缩聚（solution polycondensation）

溶液缩聚是单体溶于溶剂中进行的一种聚合反应。溶剂是纯溶剂或混合溶剂，是工业生产的重要方法，其规模仅次于熔融缩聚。用于一些耐高温聚合物的合成，如聚砜、聚酰亚胺、聚苯醚等。

溶液缩聚的聚合温度低，反应和缓平稳，有利于热交换，避免了局部过热，副产物能与溶剂形成恒沸物被带走；反应不需要高真空，生产设备简单；制得的聚合物溶液可直接用作清漆、胶黏剂等。但是溶剂的使用增加了回收工序及成本。

3. 界面缩聚（interfacial polycondensation）

界面缩聚是将两种单体溶于两种互不相溶的溶剂（通常一种为水）中，混合后在两相界面处进行的缩聚反应。工业上光气法生产聚碳酸酯就是采用界面缩聚的方法。

界面缩聚要求单体活性很高，反应速率很快，速率常数为 10^4 ～ 10^5 L/(mol·s)，可在室温下进行；对单体纯度和当量比要求不严格，反应主要与界面处的单体浓度有关。但原料酰氯较贵，溶剂回收麻烦，应用受限。

4. 固相聚合（solid phase polycondensation）

固相聚合是指在玻璃化温度以上、熔点以下的固态所进行的缩聚反应，是上述三种缩聚实施方法的有益补充。反应速率比熔融缩聚低很多，表观活化能大（110～331 kJ/mol）；因体系黏度较大，聚合过程受扩散控制，制备的聚合物相对分子质量大，产物纯度高。如，纤维用涤纶树脂用作工程塑料时，相对分子质量太小，强度不够，可以在220 ℃固相缩聚，在高真空度或惰性气流的作用下，不断排除副产物乙二醇，提高相对分子质量，满足工程塑料的性能要求。

2.3 单体与引发剂的纯化精制

烯类单体是链式聚合反应常用的单体，常常会加入少量的阻聚剂（稳定剂），以防在储存、运输过程中发生不可控制的聚合，使用前必须除去；此外，所有的聚合单体在制备过程、分装转移及存储过程中也会引入一些杂质，因此聚合前需要纯化。常用的单体纯化方法有柱色谱分离、萃取、重结晶、常压蒸馏、减压蒸馏等，遵循有机化合物纯化的一般要求。纯化后的单体需要避光低温保存，使用前取出，取用后立即密封包装好后低温保存。

链式聚合反应需要活性中心，即需要引发剂，如自由基聚合使用的热分解型引发剂过氧化二苯甲酰、偶氮二异丁腈等，使用前需要精制，以除去其中的少量杂质，获得好的晶型，提高引发剂效率。常用的引发剂多为固体，用重结晶进行提纯精制，因为引发剂受热易分解，尤其是过氧化物类引发剂，加热时易产生危险，因此需要在室温或低于室温下溶解、沉淀析出、抽滤、干燥。精制后的引发剂需要避光低温保存，存储两个月并多次取出使用后，或者期间发生颜色、状态改变时，都需要重结晶精制。

2.3.1 单体的纯化

1. 苯乙烯（St）的纯化

苯乙烯（styrene）为无色或淡黄色透明液体，沸点为145.2 ℃，闪点为31 ℃，密度为0.906 g/cm^3，折射率为1.546 9。苯乙烯不溶于水，溶于乙醇、乙醚、甲苯等有机溶剂中，暴露于空气中逐渐发生聚合及氧化反应。

苯乙烯是合成树脂、离子交换树脂及橡胶的重要单体。市售苯乙烯中通常会先行加入一些阻聚剂，常用的阻聚剂为对苯二酚或烷基邻苯二酚衍生物等，可以通过稀碱溶液洗涤除去大部分阻聚剂，然后减压蒸馏精制苯乙烯。

具体操作如下：在250 mL的分液漏斗中加入60 mL苯乙烯，用50 mL的NaOH（5%）洗涤2～3次，洗涤液呈现浅黄色后，再用去离子水洗涤至中性（用pH试纸测试），将有机相加入无水硫酸钠进行干燥，然后进行减压蒸馏，收集相应的馏分，测定其折射率。纯化后的苯乙烯需低温避光储存备用。

苯乙烯沸点与压力之间的对应关系见表2－1。

表2－1 苯乙烯沸点与压力之间的对应关系

沸点/℃	18	30.8	44.6	59.8	69.5	82.1	101.4	122.6	145.2
压力/kPa	0.67	1.33	2.66	5.32	7.89	13.3	26.6	53.2	101.0
压力/mmHg①	5	10	20	40	60	100	200	400	760

【注意】苯乙烯对眼和上呼吸道黏膜有刺激和麻醉作用。高浓度时，立即对眼及上呼吸道黏膜产生刺激，出现眼痛、流泪、咽痛、咳嗽等，继之头痛、头晕、恶心、全身乏力等；严重者可有眩晕、步态蹒跚症状。眼部受苯乙烯液体污染时，可致灼伤。慢性影响为产生神经衰弱综合征，有头痛、乏力、食欲减退、腹胀、忧郁、指颤现象等。对环境有严重危害，对水体、土壤和大气可造成污染。本品易燃，为可疑致癌物。

2. 甲基丙烯酸甲酯（MMA）的纯化

甲基丙烯酸甲酯（methyl methacrylate）为无色液体，沸点为100.3～100.6 ℃，密度为0.937 g/cm^3，闪点为10 ℃，折射率为1.413 8。甲基丙烯酸甲酯易溶于乙醇、乙醚、丙酮等多种有机溶剂，微溶于乙二醇和水。

甲基丙烯酸甲酯是一种重要的化工原料，是生产透明有机玻璃（PMMA）的单体。市售的甲基丙烯酸甲酯含有少量阻聚剂对苯二酚，使用前需要提纯。

具体操作如下：在250 mL的分液漏斗中加入100 mL甲基丙烯酸甲酯，用5%的NaOH

① 1 mmHg＝0.133 kPa。

溶液洗涤多次，直至液体变为无色，再用去离子水洗涤至中性。将有机相用无水硫酸钠进行干燥，然后减压蒸馏，收集相应的馏分，测定其折射率。纯化后的甲基丙烯酸甲酯低温避光储存备用。

甲基丙烯酸甲酯的沸点与压力之间的对应关系见表 2－2。

表 2－2　甲基丙烯酸甲酯的沸点与压力之间的对应关系

沸点/℃	10	20	30	40	50	60	70	80	90	100.6
压力/kPa	3.19	4.66	7.05	10.8	16.5	25.1	37.1	52.8	72.8	101.0
压力/mmHg	24	35	53	81	124	189	279	397	547	760

【注意】甲基丙烯酸甲酯（MMA）为无色易挥发液体，易燃，有强刺激性气味，中等毒性，应避免长期接触。在光、热、电离辐射和催化剂存在下易聚合；与空气混合可爆，遇明火、高温、氧化剂易燃；燃烧时产生刺激烟雾，与氧化剂、酸类发生化学反应。

3. 甲基丙烯酸丁酯（BMA）的纯化

甲基丙烯酸丁酯（butyl methacrylate）是一种无色、具有甜味和酯气味的液体，熔点为－75 ℃，沸点为 160～163 ℃，闪点为 41.1 ℃，相对密度为 0.895 g/cm^3（20 ℃），折射率为 1.424 0。不溶于水，可混溶于醇、醚，溶于多数有机溶剂。市售甲基丙烯酸丁酯一般加有阻聚剂。

甲基丙烯酸丁酯的纯化方法与甲基丙烯酸甲酯的类似。在 250 mL 的分液漏斗中加入 100 mL 甲基丙烯酸丁酯，用 5% 的 NaOH 溶液多次洗涤，直至变为无色，再用去离子水至中性，用无水硫酸钠干燥，然后减压蒸馏，收集相应的馏分，测定其折射率。纯化后的甲基丙烯酸丁酯低温避光储存备用。

甲基丙烯酸丁酯主要用于制造丙烯酸酯溶剂型和乳液型胶黏剂，也用于制造丙烯酸酯类聚合物和共聚物，还用作多种工业产品的乳化剂、整理剂、添加剂和黏合剂等。

【注意】甲基丙烯酸丁酯属于微毒类有机化工产品，吸入、口服或经皮肤吸收对身体有害。其蒸气或雾对眼睛、黏膜和呼吸道有刺激作用。属于危险化学品，易燃，遇明火引起燃烧爆炸。在受热、光和紫外线的作用下，易发生聚合反应，严重时会发生不规则爆发性聚合反应，放出大量热，从而引起容器破裂和爆炸事故。

4. 乙酸乙烯酯（VAc）的纯化

乙酸乙烯酯（vinyl acetate，ethenyl ethanoate）为无色液体，具有甜的醚味，沸点为 71.8 ℃，闪点为－8 ℃，密度为 0.931 2 g/cm^3，折射率为 1.305 8，微溶于水，溶于醇、丙酮、苯、氯仿等。

乙酸乙烯酯主要用于生产聚乙烯醇和合成纤维。与其他单体共聚可生产多种用途黏合剂；还能与氯乙烯、丙烯腈、丙烯酸等乙烯基单体接枝、嵌段共聚，制成不同性能的高分子合成材料。市售的乙酸乙烯酯含有少量阻聚剂对苯二酚，使用前需要提纯。

具体操作如下：在 250 mL 的分液漏斗中加入 100 mL 乙酸乙烯酯，用饱和亚硫酸氢钠（$NaHSO_3$）溶液洗涤 3 次，每次用量 20 mL，用去离子水洗涤 1 次，再用 20 mL 饱和的碳酸钠（Na_2CO_3）溶液洗涤2次，最后用去离子水洗至中性（用pH试纸测试），用无水硫酸钠进行干燥，然后减压蒸馏，收集相应的馏分，测定其折射率。纯化后的乙酸乙烯酯需低温避光储存备用。

乙酸乙烯酯的沸点与压力之间的对应关系见表2-3。

表2-3　乙酸乙烯酯的沸点与压力之间的对应关系

沸点/℃	-18	9	47	72.5
压力/kPa	1.33	6.65	39.9	101.0
压力/mmHg	10	50	300	760

【注意】乙酸乙烯酯属于低毒类；对眼睛、皮肤、黏膜有刺激性，长时间接触有麻醉作用。通过吸入、食入、经皮肤吸收而侵入。易燃，其蒸气与空气可形成爆炸性混合物，遇明火、高热能引起燃烧爆炸。与氧化剂能发生强烈反应。极易因热、光或微量的过氧化物作用而聚合，含有抑制剂的商品与过氧化物接触也能猛烈聚合。其蒸气的密度比空气的大，能在较低处扩散到相当远的地方，遇明火会引着回燃。

5. 丙烯酰胺（AAm）的纯化

丙烯酰胺（acrylamide）为白色结晶固体，无气味，熔点为84.5 ℃，沸点为125 ℃（3.33 kPa），密度为1.332 0 g/cm^3，可溶于水、乙醇、乙醚、丙酮及多种有机溶剂，不溶于苯。

丙烯酰胺是一种用途广泛的重要的精细有机化工原料，是生产聚丙烯酰胺的原料。聚丙烯酰胺主要用于水的净化处理、纸浆的加工及管道的内涂层等。市售的丙烯酰胺一般通过丙烯腈的催化水合制备，其中会含有少量的阻聚剂、水分及制备过程中带来的丙烯酸、乙酰胺、金属等杂质，实验室内一般采用重结晶的方法精制丙烯酰胺。

具体操作如下：将30 g丙烯酰胺加入100 mL氯仿中，加热回流溶解后慢慢降温使之结晶，然后过滤，所得固体用相同的方法重结晶2~3次，最后将得到的固体在40 ℃下真空干燥12 h，得到精制的丙烯酰胺，测其熔点。

【注意】丙烯酰胺为中等毒性，具有致癌性。其蒸气通过呼吸道吸入或经皮肤吸收而引起中毒，主要对神经系统有危害，对眼睛、皮肤也有强烈的刺激作用。

6. 丙烯腈（AN）的纯化

丙烯腈（acrylonitrile）为无色液体，有刺激性气味，熔点为-83.6 ℃，沸点为77.3 ℃，闪点为-1 ℃，相对密度为0.806 0 g/cm^3（20 ℃），折射率为1.331 1（20 ℃），蒸气压为11.47 kPa（20 ℃），在空气中的爆炸极限为3.05%~17.0%。微溶于水，易溶于一般有机溶剂。

将100 mL丙烯腈置于250 mL单口烧瓶中进行常压蒸馏，收集76~78 ℃的馏分，将此馏分用无水氯化钙干燥3 h，然后加几滴高锰酸钾溶液进行分馏，收集77~77.5 ℃的馏分，测其折射率。将精制后的丙烯腈在高纯氮气的保护下密封，然后低温避光保存。用于离子聚合时，还需要用新活化的4A分子筛干燥2 h以上。

丙烯腈是合成纤维、合成橡胶和合成树脂的重要单体。由丙烯腈制得聚丙烯腈纤维即腈纶，其性能极似羊毛，因此也叫合成羊毛。丙烯腈与丁二烯共聚可制得丁腈橡胶，具有良好的耐油性、耐寒性、耐磨性和电绝缘性能，并且耐多数有机溶剂，在阳光和热作用下性能比较稳定。丙烯腈与丁二烯、苯乙烯共聚制得 ABS 树脂，具有质轻、耐寒、抗冲击性能较好等优点。

【注意】丙烯腈是一种无色的有刺激性气味液体，具有可疑致癌性；不仅蒸气有毒，而且附着于皮肤上，也易被皮肤吸收而中毒。长期吸入丙烯腈蒸气，会引起恶心、呕吐、疲倦和不适等症状。丙烯腈易燃，其蒸气与空气可形成爆炸性混合物。遇明火、高热易燃烧，并放出有毒气体。与氧化剂、强酸、强碱、胺类、溴反应剧烈。

2.3.2 引发剂的精制

1. 过氧化二苯甲酰（BPO）的精制

过氧化二苯甲酰（dibenzoyl peroxide，$C_6H_5COOOOCC_6H_5$）又名过氧化苯甲酰，是一种重要的自由基聚合热分解型引发剂，广泛应用于乙烯类、苯乙烯类、丙烯酸类系、乙酸乙烯酯、甲基丙烯酸酯类及各种树脂的聚合反应。

过氧化二苯甲酰为白色结晶性粉末，略有苯甲醛气味。熔点为 103 ~ 105 ℃，温度高于 106 ℃时即分解爆炸，自燃点为 99 ℃，相对密度为 1.16 g/cm^3（25 ℃）。微溶于水，稍溶于乙醇，溶于乙醚、丙酮、氯仿和苯。BPO 极易燃烧，受撞击、热、摩擦易爆炸。

BPO 在不同溶剂中的溶解度见表 2 – 4。

表 2 – 4　BPO 在不同溶剂中的溶解度

溶剂	石油醚	甲醇	乙醇	甲苯	丙酮	苯	氯仿
溶解度（20 ℃）/（g · mL^{-1}）	0.5	1.0	1.5	11.0	14.6	16.4	31.6

常规试剂级的过氧化二苯甲酰由于长期保存，可能存在部分分解，且本身纯度不高，因此，在用于聚合引发剂时，需要进行精制，常采用重结晶法。

具体操作如下：室温下，在 100 mL 锥形瓶中加入 5 g 过氧化二苯甲酰和 25 mL 氯仿，缓慢搅拌使其溶解；将溶液过滤，然后直接将滤液慢慢加入 50 mL 用冰盐浴冷却的甲醇中，有白色针状晶体生成；减压过滤，再用冷甲醇洗涤 3 次，每次用甲醇 5 mL，抽干；放置干燥，然后将产品放在棕色瓶中，低温保存备用。

重结晶时，要注意溶解温度过高会发生爆炸，因此操作温度不宜过高，一般在室温或低于室温下操作。考虑到甲醇有毒，可以用乙醇代替；丙酮和乙醚对过氧化二苯甲酰有诱发分解作用，故不适合作重结晶的溶剂。

【注意】过氧化二苯甲酰为强氧化剂，易燃易爆，一般在室温下溶解，切勿受撞击。避免与金属粉末、活性炭和还原剂接触。禁止用金属药勺取用过氧化二苯甲酰。

2. 偶氮二异丁腈（AIBN）的精制

偶氮二异丁腈（2,2′ – azo – bis – isobutylonitrile，$C_8H_{12}N_4$）是一种重要的自由基聚合引发剂，用作氯乙烯、乙酸乙烯酯、丙烯腈的聚合引发剂，也用作橡胶、塑料的发泡剂。

偶氮二异丁腈为白色针状结晶或粉末，熔点为102～104 ℃，不溶于水，溶于甲醇、乙醇、乙醚、丙酮、石油醚和苯胺等有机溶剂。分解温度为64 ℃，室温下缓慢分解，100 ℃时熔融并急剧分解。偶氮二异丁腈常用重结晶的方法纯化精制。

具体操作如下：将5 g偶氮二异丁腈加入装有50 mL乙醇的100 mL锥形瓶中，水浴加热至50 ℃（要缓慢加热，防止爆沸），搅拌使引发剂溶解（时间长会发生严重分解），立即进行热过滤（漏斗和抽滤瓶必须提前预热），除去不溶物。滤液置于冰箱中深度冷却（或者放在冰水浴中结晶），得到白色针状晶体，过滤，得到的晶体于室温下真空干燥。精制的偶氮二异丁腈密封、避光、低温保存。

【注意】偶氮二异丁腈有毒，易燃。加热到100 ℃熔融时急剧分解，能引起爆炸着火，分解过程中放出大量的氮气和有机氰化物，对人体危害较大。

3. 过硫酸铵

过硫酸铵（ammonium persulfate，$(NH_4)_2S_2O_8$）是单斜晶系结晶或白色结晶性粉末，具有强氧化性和腐蚀性，易溶于水，0 ℃时，在水中的溶解度为58.2 g/(100 mL)，在温水中溶解度增大。其干品具有良好的稳定性，便于储存。加热至120 ℃会分解，在潮湿空气中易受潮结块。主要用作氧化剂和漂白剂，以及高分子聚合反应引发剂，特别是在乙烯基化合物的乳化聚合和氧化还原聚合体系中。

过硫酸铵的主要杂质是硫酸氢铵和硫酸铵，可用少量水反复重结晶纯化。

具体操作如下：将过硫酸铵在40 ℃的水中溶解，过滤除去不溶物，滤液用冰浴冷却结晶，过滤，得到的结晶用少量的冰水多次洗涤，直到溶液中不再有SO_4^{2-}为止（用$BaCl_2$检测），将所得到的晶体于室温下真空干燥。精制的过硫酸铵密封、避光、低温保存。

【注意】过硫酸铵属于非易燃品，但由于能释放氧气而有助燃作用，储存环境必须干燥、洁净、通风。切忌与易燃或可燃物、有机物及铁锈、少量金属等还原性物质混装，以防引起过硫酸铵的分解和爆炸。

2.4　高分子化学实验

实验一　膨胀计法测定甲基丙烯酸甲酯的本体聚合速率

一、实验目的

（1）掌握膨胀计法测定聚合反应速率的原理和方法。

（2）测定甲基丙烯酸甲酯本体聚合初期聚合速率，验证聚合速率与单体浓度间的动力学关系。

二、实验原理

根据自由基聚合反应机理，推导出聚合初期的动力学微分方程：

$$R_p = -\frac{d[M]}{dt} = k_p[M]\left(\frac{fk_d}{k_t}\right)^{1/2}[I]^{1/2}$$

由此式可知，聚合反应速率R_p与引发剂浓度$[I]^{1/2}$、单体浓度$[M]$成正比。在转化率低的情况下，可假定引发剂浓度保持恒定，将微分式积分可得：

$$\ln\frac{[\mathrm{M}]_0}{[\mathrm{M}]}=k_p[\mathrm{M}]\left(\frac{fk_d}{k_t}\right)^{1/2}[\mathrm{I}]^{1/2}t$$

$$\ln\frac{[\mathrm{M}]_0}{[\mathrm{M}]}=K[\mathrm{I}]_0[\mathrm{I}]_0{}^{1/2}t$$

$$\ln\frac{1}{1-C}=K[\mathrm{I}]_0[\mathrm{I}]_0{}^{1/2}t$$

式中，$[\mathrm{M}]_0$ 为起始单体浓度；$[\mathrm{M}]$ 为 t 时刻单体浓度；C 为转化率；K 为总速率常数。

如果从实验中测定不同时刻的单体浓度 $[\mathrm{M}]$，求出不同时刻的 $\ln[1/(1-C)]$ 的数值，并对时间 t 作图，应得一条直线，由此可验证聚合反应速率与单体浓度的动力学关系式。

聚合反应速率的测定对工业生产和理论研究具有重要的意义。实验室多采用膨胀计法测定聚合反应速率，由于乙烯基单体密度小于其相应聚合物的密度，因此，在聚合过程中聚合体系体积不断缩小，体积降低的程度依赖于单体和聚合物的密度差，即体积的变化和单体的转化率成正比。如果使用一根直径很小的毛细管来观察体积的变化，测试灵敏度将大大提高，这种方法叫膨胀计法。图 2-1 即为毛细管膨胀计。

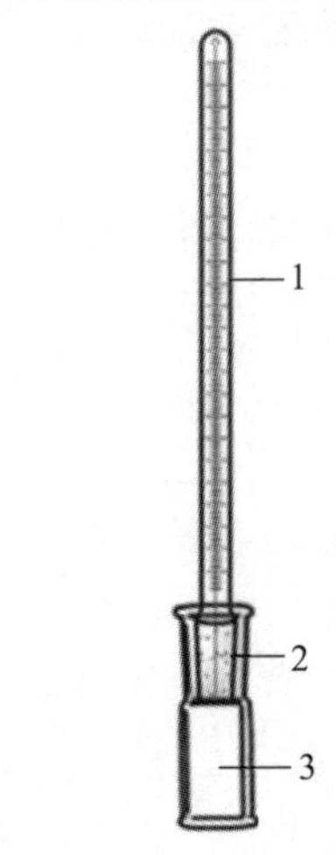

图 2-1　毛细管膨胀计

1—毛细管；2—磨口；3—聚合管

若以 ΔV 表示聚合反应 t 时刻的体积收缩值，ΔV_{max} 为单体完全转化为聚合物时的体积收缩值，$\Delta V_{max}=V_0(1-d_m/d_p)$，$V_0$ 为纯单体的起始体积，聚合 t 时刻体积收缩 ΔV 可以通过测量得到。聚合 t 时刻转化率 C 可以表示为：

$$C=\frac{\Delta V}{\Delta V_{max}}\times 100\%=\frac{\Delta V}{V_0}\times\left(1-\frac{d_m}{d_p}\right)\times 100\%$$

式中，V_0 为聚合体系的起始体积；d_p 为聚合物的密度；d_m 为单体的密度。

因此，通过测定某一时刻聚合体系液面下降高度，即可计算出此时刻的体积收缩值和转化率，进而作出转化率与时间关系曲线，根据直线斜率即可求出平均聚合反应速率。

求出不同时刻的 $\ln[1/(1-C)]$ 的数值，并对时间 t 作图，得到一条直线，根据直线斜率即可求出聚合反应总速率常数 K。

应用膨胀计法测定聚合反应速率既简单又准确。需要注意的是，此法只适用于测量转化率低于 10% 的聚合反应速率。因为，只有在引发剂浓度视为不变的阶段（转化率 $<10\%$），体积收缩与单体浓度呈线性关系，才能用上式求取平均速率。特别是在较高转化率下，体系黏度增大，导致聚合反应自动加速，用上式计算的速率已不是体系的真实速率。

三、仪器与试剂

实验仪器：膨胀计（内径待标定，$r=0.4\sim0.8$ mm，如图 2-1 所示）、恒温水浴、锥形瓶（25 mL）、注射器（1 mL、2 mL）、称量瓶、移液管（20 mL）、分析天平（最小精度

0.1 mg)。

实验试剂：甲基丙烯酸甲酯（精制）、过氧化二苯甲酰（BPO，重结晶精制）、丙酮。

四、实验步骤

（1）用移液管将 15.0 mL 纯化的甲基丙烯酸甲酯移入干净干燥的 25 mL 磨口锥形瓶中，称取 0.12 g 精制的过氧化二苯甲酰放入锥形瓶中，摇匀溶解。

（2）在膨胀计毛细管磨口处均匀涂抹真空油脂（磨口上沿往下 1/3 范围内），将毛细管口与聚合瓶旋转配合，检查是否严密，防止泄漏。再用橡皮筋把上下两部分固定好，用分析天平精确称量，记为 m_1。另外，将一个小称量瓶和一个 1 mL 注射器一起称量备用。

（3）取下膨胀计的毛细管，用注射器吸取已加入引发剂并混合均匀的单体溶液缓慢加入聚合瓶至磨口下沿往下 1/3 处（注意，不要将磨口处的真空油脂冲入单体溶液中）。再将毛细管垂直对准聚合瓶，平稳而迅速地插入聚合瓶中，使毛细管中充满液体。然后仔细观察聚合瓶和毛细管中的溶液是否残留有气泡。如有气泡，必须取下毛细管并将磨口重新涂抹真空油脂再配合好；若没有气泡，则用橡皮筋固定好，用滤纸把膨胀计上溢出的单体吸干，再用分析天平称量，记为 m_2。

（4）将膨胀计垂直固定在夹具上，让下部容器浸于已恒温的 (50 ± 0.1)℃ 水浴中。此时膨胀计毛细管中的液面由于受热膨胀而迅速上升，这时用刚才备好的 1 mL 的注射器将毛细管刻度以上的溶液吸出，放入同时备好的称量瓶中。仔细观察毛细管中液面高度的变化，当反应物与水浴温度达到平衡时，毛细管液面不再上升。记录此刻液面高度，即为反应的起始点。称量抽出的液体，记为 m_3。

（5）当液面开始下降时，聚合反应开始，记下起始时刻和此时的刻度，以后每隔 5 min 记录一次。随着反应进行，液面高度与时间呈线性关系，1 h 后结束读数。注意：反应初期，可能会有一段诱导期。

（6）从水浴中取出膨胀计，将聚合瓶中的聚合物倒入回收瓶，在小烧杯中用少量丙酮浸泡，用吸耳球将丙酮吸入毛细管中反复冲洗，重复 2 ~ 3 次，然后干燥。

（7）对于毛细管内径的标定，将毛细管洗净干燥后，用水标定其内径。

五、注意事项

（1）膨胀计在使用前必须洁净、干燥，毛细管内应当没有任何残留的液体。

（2）膨胀计磨口接头处用久后会沾有聚合物，因此会引起溶液泄漏，此时可用滤纸浸渍少量丙酮将其擦去。

（3）在插入毛细管后，若发现管内留有气泡，必须重做实验。

（4）实验结束后，及时将膨胀计洗净并干燥，以免毛细管和反应瓶黏结在一起。

（5）甲基丙烯酸甲酯 MMA 密度 $d_p = 1.179$ g/mL(50 ℃)，聚甲基丙烯酸甲酯 PMMA 密度为 $d_m = 0.94$ g/mL(50 ℃)。

六、思考题

（1）甲基丙烯酸甲酯在聚合过程中为什么会产生体积收缩现象？

（2）本实验测定聚合速率的原理是什么？

(3) 如果采用偶氮二异丁腈 AIBN 为引发剂，实验过程会发生什么现象？

实验二　甲基丙烯酸甲酯的自由基本体聚合——有机玻璃板的制备

一、实验目的

(1) 加深理解自由基本体聚合的原理和自由基聚合自动加速效应的特点。

(2) 掌握自由基本体聚合的实验方法和操作控制技术。

(3) 了解有机玻璃的制造和操作技术的特点，并测定制品的透光率。

二、实验原理

本体聚合是指单体在少量引发剂下或者直接在热、光和辐射作用下进行的聚合反应，因此本体聚合具有聚合反应速度快、产品纯度高的特点，实验室常用于聚合动力学的研究、竞聚率的测定等。工业上多用于制造板材和型材，所用设备也比较简单。本体聚合的优点是产品纯净，尤其是可以制得透明样品，缺点是散热困难，易发生凝胶效应，工业上常采用分段聚合的方式。

有机玻璃板就是甲基丙烯酸甲酯（MMA）通过本体聚合方法制成。聚甲基丙烯酸甲酯（PMMA）具有优良的光学性能和机械性能、密度小、耐候性好，在航空、光学仪器、电器工业、日用品方面有着广泛用途。

甲基丙烯酸甲酯含不饱和双键、结构不对称，易发生聚合反应，其聚合热为 56.5 kJ/mol。MMA 本体聚合的突出特点是具有“凝胶效应”，即在聚合过程中，当转化率达 10% ~20% 时，聚合速率突然加快。聚合反应体系的黏度骤然上升，以致发生局部过热现象。其原因是随着聚合反应的进行，物料的黏度增大，活性增长链移动困难，致使其相互碰撞而产生的链终止反应速率常数下降；相反，单体分子扩散作用不受影响，因此活性链与单体分子结合进行链增长的速率不变，总的结果表现为聚合总速率增加，以致发生爆发性聚合。由于本体聚合没有稀释剂，聚合热的排散比较困难，“凝胶效应”放出大量反应热，使产品中产生气泡，影响其光学性能。因此，在生产中要通过严格控制聚合温度来控制聚合反应速率，以保证有机玻璃产品的质量。

$$CH_2{=}C(CH_3)(C(=O)OCH_3) \xrightarrow{BPO} \left[CH_2{-}C(CH_3)(C{=}O)(OCH_3) \right]_n$$

(MMA)　　　　(PMMA)

甲基丙烯酸甲酯自由基本体聚合制备有机玻璃板时，常采用两段式聚合方式，首先在聚合釜内进行预聚合，然后将预聚液浇注到制品型模内，再开始缓慢聚合成型。预聚有几个好处，一是缩短聚合反应的诱导期并使“凝胶效应”提前到来，以便在灌模前移出较多的聚合热，以利于保证产品质量；二是可以减少聚合时的体积收缩，因甲基丙烯酸甲酯由单体变成聚合物时，体积要缩小 20% ~22%，通过预聚合可使收缩率小于 12%，另外，浆液黏度大，可减少灌模的渗透损失。

三、仪器和试剂

实验仪器：锥形瓶（250 mL）、模具玻璃片、夹子。

实验药品：甲基丙烯酸甲酯（MMA，精制）、过氧化二苯甲酰（BPO，重结晶精制）。

四、实验步骤

有机玻璃板的制备，一般分为下列几个主要步骤：制模、预聚合（制浆）、灌浆、聚合、脱模。

（1）制模：取3块40 mm×70 mm硅玻璃片洗净并干燥。把3块玻璃片重叠，并将中间一块纵向抽出约30 mm，其余三断面用涤纶绝缘胶带封牢，将中间玻璃抽出，做成一个模具，用作灌浆的模具。

（2）预聚合：在100 mL锥形瓶中加入纯化后的甲基丙烯酸甲酯30 g，再称量0.02～0.03 g精制的过氧化二苯甲酰（BPO），轻轻摇动至溶解；于80～90 ℃水浴中加热预聚，观察反应的黏度变化，至形成黏性薄浆（似甘油状或稍黏些，反应需0.5～1 h，转化率10%～20%）时，迅速冷却至室温。

（3）灌浆：将冷却后的预聚黏液慢慢灌入模具中，垂直放置10 min或轻轻敲打赶出气泡，然后将模口包装密封。

（4）聚合：将灌浆后的模具垂直放在50 ℃的烘箱内，低温聚合20 h，当模具内聚合物基本成为固体时，升温到90～100 ℃，保持2 h，使单体转化完全。

（5）脱模：将模具缓慢冷却到50～60 ℃，撬开硅玻璃片，得到有机玻璃板。

五、注意事项

（1）甲基丙烯酸甲酯的本体聚合所用到的仪器、模具必须干燥、洁净，避免带入水汽。

（2）为了使产品脱模方便，可在硅玻璃片表面涂一层硅油，但量一定要少，否则影响产品的透光度。

（3）预聚时要监控实验，不能使预聚超过凝胶点，使聚合液黏度过大，不易灌浆，且易产生气泡，使产品透明度下降。

六、思考题

（1）本体聚合的优缺点是什么？如何克服本体聚合中的“凝胶效应”？

（2）本实验的关键是预聚合，如果预聚反应进行得不够，会出现什么问题？

（3）为什么制备有机玻璃板引发剂一般使用BPO而不用AIBN？

七、背景知识

聚甲基丙烯酸甲酯具有优良的光学性能、密度小、机械性能好、耐候性好，在航空、光学仪器、电器行业、日用品等方面用途广泛。

甲基丙烯酸甲酯通过本体聚合方法可以制得有机玻璃，有机分子链中有庞大的侧基存在，为无定型固体，其最突出的性能是具有高度的透明性，它的相对密度小，制品比同体积无机玻璃轻巧得多，同时又具有一定的耐冲击与良好的低温性能，是航空工业与光学仪器制造业的重要原料，主要用作航空透明材料（如飞机风挡和座舱罩等）、建筑透明材料（如天窗）、仪表防护罩、车辆风挡、光学透镜、医用导光管、化工耐腐蚀透镜、设备标牌、仪表盘和罩盒、汽车尾灯灯罩、电器绝缘部件及文具和生活用品。

悬浮聚合制得的聚甲基丙烯酸甲酯的相对分子质量比浇注型的低，可以注射、模压和挤出成型，主要用于制造交通信号灯罩、工业透镜、仪表控制板和假牙、牙托、假肢及其他模具制品。

实验三　乙酸乙烯酯的溶液聚合

一、实验目的

（1）掌握乙酸乙烯酯溶液聚合的方法及其特点。

（2）掌握乙酸乙烯酯溶液聚合过程的影响因素，尤其是对聚合速度及相对分子质量的影响。

二、实验原理

溶液聚合是把单体和引发剂溶解在合适溶剂中进行的聚合反应。如果制备的聚合物能够溶解于溶剂中，称为均相溶液聚合；如果不溶于溶剂中，而是随着聚合反应的进行逐渐以沉淀物析出，则称为非均相聚合或沉淀聚合。

溶液聚合中，聚合反应成功的关键在于溶剂的选择。选择溶剂时，不仅要考虑溶剂对单体和聚合物的溶解性、是否便于回收利用、环境是否友好，更为重要的是，要考虑向溶剂的链转移常数（C_s）及其用量，因为它直接影响聚合物的聚合度、聚合速率和转化率。

链转移反应是长链自由基进行链增长反应的竞争反应，任何链转移反应都会降低聚合物的相对分子质量。向溶剂的链转移反应对聚合物相对分子质量影响的理论依据如下式所示：

$$\frac{1}{\overline{DP}} = \frac{1}{\overline{DP}_0} + C_s([S]/[M])$$

其中，$\overline{DP}_0$ 是无链转移反应时的平均聚合度；$\overline{DP}$ 为存在向溶剂的链转移反应时的平均聚合度；C_s 是向溶剂的链转移常数；［M］和［S］分别是单体和溶剂的浓度。由上式可知，因为溶剂的浓度较大，若向溶剂的链转移常数较大时，会大幅降低聚合物的平均聚合度。表 2－5 是乙酸乙烯酯溶液聚合时的链转移常数。

表 2－5　溶剂的链转移常数（乙酸乙烯酯，60 ℃）

溶剂	$C_s/(\times 10^4)$	溶剂	$C_s/(\times 10^4)$
苯	1.2	乙苯	55.2
二氯甲烷	4	异丙苯	89.9
丙酮	11.7	氯仿	150
甲苯	21.6	四氯化碳	9 600
乙醇	25	正丁硫醇	480 000

溶液聚合体系均匀，黏度低，易于散热，聚合温度保持平稳，不易出现自动加速效应；但是由于单体浓度较低，溶液聚合速率较慢；由于存在向溶剂的链转移反应，聚合物的相对分子质量较小；并且聚合物和溶剂难以彻底分离，溶剂的残留会影响聚合物的物理性质及其

使用性能。另外，设备利用率低，存在大量有机溶剂的回收再利用问题。因此，溶液聚合通常用于聚合物溶液直接使用的场合，如涂料、黏合剂、合成纤维纺丝液等。

聚乙酸乙烯酯是涂料、胶黏剂的重要成分之一，同时也是合成聚乙烯醇的聚合物前体。乙酸乙烯酯在热分解型引发剂（偶氮二异丁腈）或光照下聚合得到聚乙酸乙烯酯。通过调控聚合反应条件，如聚合温度、引发剂浓度和溶剂等，可以制备不同相对分子质量（几千至几十万）的聚合物产品。聚合方法可以采用本体聚合、溶液聚合、乳液聚合等，根据聚合物的用途采用不同的聚合方法，如作涂料和胶黏剂时，采用乳液聚合或溶液聚合；作热熔胶使用时，采用本体聚合或溶液聚合。

本实验采用自由基溶液聚合的方法制备聚乙酸乙烯酯。

$$\underset{\text{(VAc)}}{H_2C{=}CH{-}O{-}C({=}O){-}CH_3} \xrightarrow{\text{AIBN}} \underset{\text{(PVAc)}}{\left[CH_2{-}CH(O{-}C({=}O){-}CH_3)\right]_n}$$

三、仪器和试剂

实验仪器：三口烧瓶（250 mL）、回流冷凝管、机械搅拌器、恒温水浴、恒压滴液漏斗（100 mL）、量筒（100 mL）、布氏漏斗、抽滤瓶。

实验试剂：乙酸乙烯酯（精制）、偶氮二异丁腈（重结晶精制）、无水乙醇。

四、实验步骤

(1) 按图2-2所示装好聚合反应装置，在250 mL三口烧瓶中加入10 g无水乙醇、20 g乙酸乙烯酯和0.125 g偶氮二异丁腈，开始搅拌。

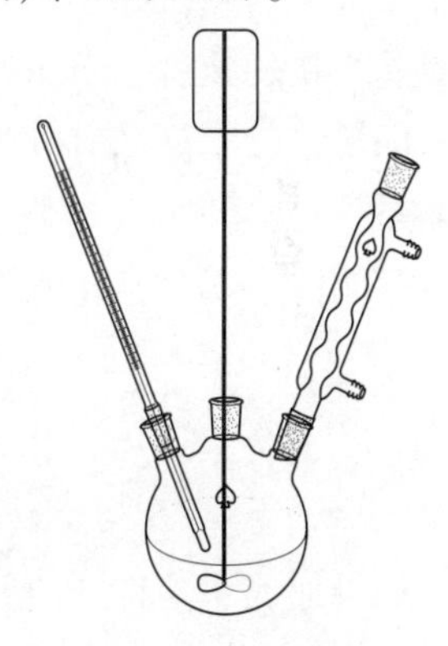

图2-2 反应装置

(2) 当偶氮二异丁腈完全溶解后，升温至60~70 ℃反应1.5~2 h，得到透明的黏状物，再通过恒压滴液漏斗加入30 g无水乙醇，继续保持搅拌回流反应0.5 h，然后冷却至室温。

(3) 准确称取5 g左右的聚合物溶液置于预先称重的培养皿中，在通风橱内加热，使大部分溶剂及残留的单体挥发，然后转入真空干燥箱中于60 ℃下干燥至聚合物恒重，得到无色玻璃状聚合物，称重计算固含量，并根据实测固含量和理论固含量来估算单体的转化率。

五、注意事项

(1) 回流反应过程中，如果黏度太大，可以提前补加乙醇。

(2) 转入烘箱干燥之前，尽可能使乙醇溶剂挥发，并打开烘箱的鼓风机，避免烘箱内乙醇蒸气浓度过大而发生危险。

(3) 乙酸乙烯酯具有麻醉性和刺激作用，高浓度蒸气可引起鼻腔发炎，实验室需保持通风。

（4）工业生产时反应时间较长，能保证高转化率。在实验教学中，因时间限制，聚合转化率不高；如果制备的聚乙酸乙烯酯溶液直接进行下一步的醇解反应制备聚乙烯醇，需要将未反应单体减压蒸除，再配成溶液进行醇解。

六、思考题

（1）溶液聚合的主要优缺点是什么？如何提高溶液聚合的平均聚合度？

（2）本实验中影响聚乙酸乙烯酯相对分子质量的主要因素是什么？

（3）如何选择乙酸乙烯酯溶液聚合的溶剂？

实验四　丙烯腈的沉淀聚合

一、实验目的

（1）理解氧化还原体系引发自由基聚合的原理和特点。

（2）掌握聚丙烯腈的自由基沉淀聚合的原理和方法。

（3）了解沉淀聚合的特点和操作技术。

二、实验原理

溶液聚合时，如果聚合物不溶于溶剂，随着聚合反应的进行，聚合物逐渐沉淀出来，称为沉淀聚合或淤浆聚合。

丙烯腈在水中有一定的溶解度（50 ℃时在水中的溶解度为8.3%），聚丙烯腈不溶于水，因此丙烯腈的水溶液聚合即为沉淀聚合。在聚合过程中，由于聚丙烯腈的长链自由基不溶于水（聚合度大于10，聚合物会沉淀出来），呈蜷曲状态，其活性端基会被包埋而大大影响双基终止的速度，自由基寿命增长，出现自动加速效应，使聚合周期缩短。

丙烯腈的水溶液沉淀聚合可以采用水溶性的热分解引发剂，也可以采用水溶性的氧化还原体系。过硫酸钾（$K_2S_2O_8$）是水溶性的引发剂，属于中温热引发剂，与过氧化二苯甲酰（BPO）相当，分解活化能为125.4 kJ · mol^{-1}，使用温度为70 ℃左右，半衰期为7.7 h（70 ℃）：

$$\mathrm{KO-\overset{\overset{\displaystyle O}{\|}}{\underset{\underset{\displaystyle O}{\|}}{S}}-O-O-\overset{\overset{\displaystyle O}{\|}}{\underset{\underset{\displaystyle O}{\|}}{S}}-OK \longrightarrow 2KO-\overset{\overset{\displaystyle O}{\|}}{\underset{\underset{\displaystyle O}{\|}}{S}}-O\cdot}$$

如果加入水溶性还原剂，组成氧化-还原体系引发剂时，可以大大降低过硫酸钾的分解温度。如过硫酸钾和亚铁离子组成的氧化还原体系时，分解活化能降为40 kJ/mol，因此可以在较低的温度下引发自由基聚合反应。

本实验采用过硫酸钾-亚硫酸氢钠-硫酸亚铁铵组成的引发体系，在水溶液中引发丙烯腈的聚合，通过下列的氧化还原反应产生自由基：

$$Fe^{2+} + S_2O_8^{2-} \longrightarrow SO_4^{-}\cdot + SO_4^{2-} + Fe^{3+}$$

$$HSO_3^{-} + S_2O_8^{2-} \longrightarrow SO_4^{-}\cdot + SO_4^{2-} + HSO_3^{\cdot}$$

若引发体系中仅有过硫酸钾-硫酸亚铁铵存在，引发反应属于双分子反应，1分子氧化剂只形成1个离子自由基；若有亚硫酸氢钠，两者反应可生成两个负离子自由基。如还原剂（亚铁离子）过量，将进一步与自由基反应，使自由基失活。因此，还原剂的用量不能超过氧化剂的用量，以避免过多的还原剂与引发剂分解后产生的自由基作用，使引发剂效率降低。

均聚丙烯腈中含有强极性的氰基，分子间作用力大，加热时不熔融，也只能溶解在少数的极性溶剂中，并且均聚物的纤维性脆，不柔软，不易着色。因此，为了改善其脆性和染色性，常加入少量其他单体共聚，如加入丙烯酸甲酯、乙酸乙烯酯可以增加腈纶纤维的柔软性和手感，加入丙烯酸、衣康酸等有助于碱性染料的染色，加入乙烯基吡啶可以增加对酸性染料的染色。共聚合的聚丙烯腈纤维外观和手感像羊毛，耐光和耐气候性好，耐磨性和保湿性也好，还是碳纤维的原料。产量仅次于涤纶和聚酰胺，在合成纤维中居第三。

三、实验仪器和试剂

实验仪器：三口烧瓶（250 mL）、球形冷凝管、温度计（200 ℃）、量筒（100 mL、10 mL）、恒温水浴、布氏漏斗、抽滤瓶。

实验试剂：丙烯腈（精制）、蒸馏水、过硫酸钾饱和水溶液、亚硫酸氢钠水溶液（1%）、硫酸（0.1 mol/L）、硫酸亚铁铵水溶液（0.005%）、碳酸钠水溶液（1%）。

四、实验操作

（1）按图 2-2 所示装好实验装置，通氮气除去三口烧瓶中的空气，加入 80 mL 预先通氮气脱氧的蒸馏水和 10 mL 精制的丙烯腈，加入 4 mL 硫酸亚铁铵水溶液和 0.8 mL 硫酸的混合液。

（2）水浴加热，达到 50 ℃时停止加热，再加入 5 mL 过硫酸钾饱和溶液和 10 mL 亚硫酸氢钠溶液，很快便有白色沉淀出现。反应初期放热量大，应注意控温，50 ℃搅拌反应 1 h 后，降至室温。

（3）加入碳酸钠溶液 5 mL，使聚合反应终止。用布氏漏斗减压过滤，所得固体产品用蒸馏水洗涤两次，于 50 ℃真空烘箱中干燥，恒重后称重，计算产率。

五、注意事项

（1）注意溶剂水需要通氮气脱氧。

（2）丙烯腈是一种无色的有刺激性气味液体，易燃，其蒸气与空气可形成爆炸性混合物。遇明火、高热易引起燃烧，并放出有毒气体。操作时室内禁止明火，并保持通风状态。

六、思考题

（1）自由基聚合反应中的自动加速现象为什么会在本实验中出现？

（2）本实验为什么会在较短的时间内完成？

（3）氧气对实验有什么影响？在实验中怎么才能避免它的影响？还有哪些因素影响聚合反应？

实验五　苯乙烯的悬浮聚合

一、实验目的

（1）了解自由基悬浮聚合方法和配方中各组分的作用。

（2）学习悬浮聚合实验的具体操作方法，了解机械搅拌的作用。

（3）通过聚合对聚合物颗粒的均匀性和大小的控制，了解分散剂、升温速度、搅拌形式与搅拌速度对悬浮聚合的重要性。

二、实验原理

悬浮聚合是单体以小液滴状悬浮在水中的聚合方法。实质上是借助于机械搅拌和分散稳定剂的作用，将不溶于水或溶解度很小的单体分散在介质水中，以小液滴的形式进行的本体聚合。在每一个小液滴内，单体的聚合过程和机理与本体聚合的相同。悬浮聚合解决了本体聚合不易散热的问题，并且聚合速度快，产物易分离与清洗，可以得到纯度较高的颗粒状聚合物，粒径在0.5～5 mm。

自由基悬浮聚合反应体系主要组分有油溶性单体、油溶性引发剂、分散介质（水）、分散剂。

（1）单体：不溶于水或微溶于水，如苯乙烯、乙酸乙烯酯、甲基丙烯酸酯类、丙烯酸酯类、氯乙烯等。

（2）分散介质：如水，也作为热传导介质。

（3）分散剂：调节悬浮聚合的表面张力、黏度，避免单体液滴在水相中黏结。常用的分散剂有：①水溶性高分子，如聚乙烯醇、马来酸酐－苯乙烯共聚物等合成高分子，明胶、淀粉等天然产物；②不溶于水的无机物，如 $BaSO_4$、$BaCO_3$、$CaCO_3$、滑石粉等。

（4）油溶性引发剂：如过氧化二苯甲酰（BPO）、偶氮二异丁腈（AIBN）、偶氮二异庚腈、偶氮二异丁酸二甲酯等。

在悬浮聚合中，影响颗粒大小的因素主要有三个，即分散介质水、分散稳定剂及搅拌速度。悬浮聚合用水作为分散介质，分散介质的量要适宜，一般水与单体的比例为2∶1～4∶1，水用量小时，不足以将油溶性单体有效的分散开；水量太多，反应器体积就要增大，会对实验和生产造成困难。分散稳定剂是悬浮聚合体系重要的组分之一，分散稳定的种类、用量都会影响稳定悬浮体系的形成，一般分散稳定剂的用量为单体用量的0.2%～2%，目前实验室多采用质量比较稳定的合成高分子，且两种以上分散剂复合使用，工业生产多采用无机分散剂，易于用稀硫酸洗去。悬浮聚合体系是不稳定的，尽管加入分散稳定剂有助于单体颗粒在分散介质中的均匀分散，稳定的高速搅拌更是悬浮聚合成功的关键，同时，搅拌速度还决定着聚合颗粒粒径的大小与分散度。一般来说，搅拌速度快，颗粒粒径小；搅拌速度慢，制备的聚合颗粒大且不均匀，甚至会在转化率略高时容易发生粘连而使实验失败。

目前悬浮聚合在工业生产上应用比较广泛，80%的聚氯乙烯（PVC）、全部离子交换树脂用的颗粒状聚苯乙烯（PSt）、部分聚甲基丙烯酸甲酯（PMMA）及丙烯酸酯类聚合物用此方法生产。悬浮聚合在单体转化率达到50%～70%时，体系黏度增大，容易发生黏釜，所以工业上悬浮聚合采用间歇式生产方式。本实验采用低温悬浮聚合工艺制备聚苯乙烯颗粒。

$$\underset{(St)}{H_2C=CH(C_6H_5)} \xrightarrow[PVA/H_2O]{BPO} \underset{(PSt)}{\left[CH_2-CH(C_6H_5) \right]_n}$$

三、主要仪器和试剂

实验仪器：三口烧瓶（500 mL）、球形冷凝管、恒温水浴、机械搅拌、温度计（0～200 ℃）、锥形瓶（100 mL）、量筒（100 mL、10 mL）、布氏漏斗、抽滤瓶、循环水泵。

实验试剂：苯乙烯（精制）、过氧化二苯甲酰（BPO，精制）、聚乙烯醇（PVA）水溶液、去离子水。

四、实验步骤

（1）按图2－2所示装好聚合反应装置，将三口烧瓶置于恒温水浴上。

（2）分别将15 mL纯化的苯乙烯和0.28 g精制的过氧化二苯甲酰加入一个干净干燥的100 mL锥形瓶中，轻轻摇动，使固体全部溶解，然后加入500 mL的三口烧瓶中。

（3）用4 mL（6%）PVA溶液和100 mL去离子水冲洗锥形瓶与量筒后，加入500 mL三口烧瓶中，搅拌均匀，控制搅拌速度，使单体分散成一定大小的油珠，随后搅拌速度不变，开始加热。

（4）在0.5 h内将温度慢慢加热至85～90 ℃，并保持此温度聚合反应2～3 h，然后用吸管吸少量反应液于装有冷水的表面皿中观察，监测聚合物小粒子的软硬程度，若聚合物粒子变硬，可结束反应。

（5）将反应液冷却至室温后，过滤分离，反复水洗后，在50 ℃下温风干燥后，称重，计算产率。

五、注意事项

（1）除苯乙烯外，可进行悬浮聚合的单体还有氯乙烯（vinyl chloride）、甲基丙烯酸甲酯（MMA）、乙酸乙烯酯（VAc）等。

（2）搅拌速度太快，过于激烈时，易生成砂粒状聚合体；搅拌太慢时，易结块，附着在反应器内壁和搅拌棒上，不易形成均匀的小球粒子。

（3）称量BPO采用塑料匙或竹匙，避免使用金属匙。

（4）能否获得均匀的珍珠状聚合物与搅拌速度密切相关；聚合过程中，不宜随意改变搅拌速度。

六、思考题

（1）影响颗粒大小的因素有哪些？

（2）搅拌速度的大小和变化对粒径有什么影响？

（3）悬浮聚合所用稳定剂有哪两大类？其作用原理是什么？本实验用的是哪一类？

实验六　乙酸乙烯酯的乳液聚合

一、实验目的

（1）掌握用乳液聚合方法制备聚乙酸乙烯酯乳液。

（2）掌握乳液聚合机理及乳液聚合中各个组分的作用。

二、实验原理

乳液聚合是以水为介质，单体在乳化剂作用下，借助机械搅拌分散于水相中，形成乳液体系的聚合实施方法。其可同时提高聚合反应速度和聚合物的相对分子质量，所生成的聚合物以微细的粒子状分散在水中形成均匀乳液。

传统的乳液聚合体系包括分散介质水、单体（不溶于水或微溶于水）、水溶性引发剂、乳化剂，根据需要，还可以添加相对分子质量调节剂、固化促进剂等助剂。

水作分散介质，主要作用是传热，用量为聚合体系质量的 50% ~ 80%，聚合前需要除氧。

单体为油溶性，不溶于水或微溶于水，如苯乙烯、氯乙烯、乙酸乙烯酯、甲基丙烯酸甲酯、丁二烯、氯代丁二烯等，聚合前需精制，用量为聚合体系的 20% ~ 50%。水溶性的单体可以进行油包水的反相乳液聚合。

引发剂采用水溶性热分解型引发剂或氧化还原引发体系，用量一般为单体的 0.5%。

乳化剂，即表面活性剂，当水溶液的浓度超过其临界胶束浓度（Critical Micelle Concentration，CMC）时形成胶束。乳液聚合体系中，乳化剂的用量为单体质量的 3% ~ 5%，远大于其临界胶束浓度，因此，乳化剂形成胶束。乳化剂对乳液聚合的作用至关重要，首先可以增加油溶性单体在水中的溶解度，即增溶单体；还能降低乳液聚合体系的表面张力，使单体分散成细小液滴，并且能够在液滴或胶粒表面形成保护层，防止胶粒凝聚，使乳液稳定。

乳化剂分为阴离子型（羧酸型、磺酸型和硫酸型）、阳离子型（季铵盐型）和非离子型（氧化乙烯型）。乳化剂的选择对稳定的乳液聚合十分重要，传统乳液聚合多采用阴离子乳化剂，有时添加少量非离子表面活性剂配合使用。

市场上的“白乳胶”就是采用乳液聚合方法制备的聚乙酸乙烯酯乳液。乳液聚合通常在装备回流冷凝管的搅拌反应釜中进行：加入乳化剂、引发剂水和单体后，一边进行搅拌一边加热，便可制得乳液。乳液聚合温度一般控制在 70 ~ 90 ℃，pH 在 2 ~ 6。由于乙酸乙烯酯聚合反应放热较大，反应温度上升显著，一次投料法要想获得高浓度的稳定乳液比较困难，一般采用分批加入引发剂或者单体的方法。乙酸乙烯酯乳液的聚合机理与一般乳液的聚合机理相似，但是由于乙酸乙烯酯在水中有较大的溶解度，并且容易水解，产生的乙酸会干扰聚合；同时，乙酸乙烯酯自由基十分活泼，链转移反应显著。因此，除了乳化剂，乙酸乙烯酯乳液生产中一般还加入聚乙烯醇来保护胶体。乙酸乙烯酯也可以与其他单体共聚合来制备性能更优异的聚合物乳液，如与丙烯酸共聚合可改善乳液的黏结性能和耐碱性。

本实验以过硫酸铵为水溶性引发剂、聚乙烯醇和 OP－10 为乳化体系进行乙酸乙烯酯的乳液聚合制备白乳胶，并测定其固含量。

$$\underset{(\text{VAc})}{H_2C{=}CH{-}O{-}C({=}O){-}CH_3} \xrightarrow[\text{PVA/OP-10/}H_2O]{(NH_4)_2S_2O_8} \underset{(\text{PVAc})}{\left[CH_2{-}\underset{\underset{\underset{\underset{CH_3}{|}}{C{=}O}}{\underset{|}{O}}}{\underset{|}{CH}} \right]_n}$$

三、仪器和试剂

实验仪器：机械搅拌器、球形冷凝管、三口烧瓶（500 mL）、恒压滴液漏斗（100 mL）、恒温水槽、温度计、广泛 pH 试纸、烘箱。

实验试剂：乙酸乙烯酯（VAc，精制）、聚乙烯醇（PVA）、OP－10、过硫酸铵、碳酸氢钠、水、邻苯二甲酸二丁酯（DBP）。

四、实验步骤

（1）聚合反应试剂用量见表 2－6。

表 2－6　聚乙酸乙烯酯乳液实验试剂用量

试剂	作用	用量
乙酸乙烯酯	单体	50 mL
聚乙烯醇	保护胶体	8 g
去离子水	溶剂	90 mL
OP－10	乳化剂	1 g
过硫酸铵	引发剂	1 g
碳酸氢钠	缓冲剂	0. 25 g
邻苯二甲酸二丁酯	增塑剂	8 mL

（2）按图 2－3 所示装好聚合反应装置，在三口烧瓶中加入 8 g 聚乙烯醇（PVA）、90 mL 去离子水、1 g OP－10，浸泡溶胀 10 min，开始搅拌，并加热到 90 ℃，使之溶解。然后降温至 65～68 ℃，加入乙酸乙烯酯 25 mL，继续搅拌。

（3）称取 1 g 过硫酸铵，溶解于 5 mL 水中，将此溶液的一半加入三口烧瓶内，维持反应温度在 66～68 ℃，搅拌反应 15 min。

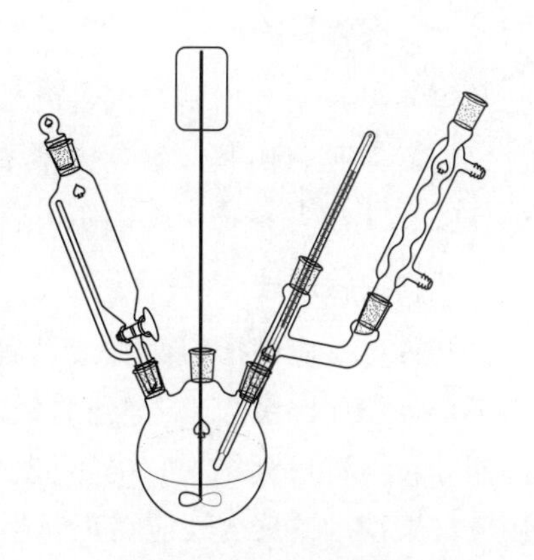

图 2－3　反应装置

（4）用恒压滴液漏斗滴加另外的 25 mL 乙酸乙烯酯（滴加速度不宜过快，滴加时间约 30 min）。滴加完毕，把余下的一半过硫酸铵水溶液加入三口烧瓶中，继续加热使之回流反应，以不产生大量泡沫为宜，最后升温到 80 ℃，至无回流为止。

（5）停止加热，冷却到 50 ℃后，加入浓度为 0. 05 g/mL 的碳酸氢钠水溶液 5 mL，再加入 8 mL 的邻苯二甲酸二丁酯，搅拌冷却后，即成白色乳液。也可以加水稀释并混入色浆制成各种颜色的油漆，即为乳胶漆。

(6) 固含量的测定：在已称好的铝箔中加入 0.5 g 左右试样，精确至 0.000 1 g，放在平面电炉上烘烤至恒重，按下式计算固含量：

$$固含量(\%)=(W_2-W_0)/(W_1-W_0)$$

式中，W_0 为铝箔质量；W_1 为干燥前试样质量 + 铝箔质量；W_2 为干燥后试样质量 + 铝箔质量。

五、注意事项

(1) 整个实验过程机械搅拌不能停顿，否则聚乙酸乙烯酯会凝结成块团析出。

(2) 选用聚乙烯醇十分重要，如果聚乙烯醇水解度过高，则乳液体系不稳定，聚乙酸乙烯酯易结块析出，水解度以 86% ~88% 为宜。

(3) PVA 先经冷水冷胀后，再升温可加速溶解过程。

(4) 反应温度一般控制在 66 ~68 ℃，并且升温速度要慢，一定要保持在缓慢回流情况下升高温度。

六、思考题

(1) 乳液聚合有哪些特点？

(2) 如何从聚合物乳液中获得固体聚合物？

(3) 在乳液聚合过程中，各组分的作用是什么？

(4) 乳液聚合和悬浮聚合体系的异同点有哪些？

【注意】 乳化剂 OP－10 的主要成分是聚氧乙烯辛基苯酚醚－10，为白色及乳白色糊状物，易溶于水，pH =6 ~7 (1% 水溶液)，HLB = 14.5，具有优良的匀染、乳化、防蜡、缓蚀、润湿、扩散、抗静电性等特性，也是乳液聚合制备丁苯橡胶采用的乳化剂。

实验七 自由基共聚竞聚率的测定

一、实验目的

(1) 加深对自由基共聚合的理解。

(2) 掌握自由基共聚合竞聚率的测定方法。

(3) 了解共聚物中不同组分含量的测定方法。

二、实验原理

共聚合反应是指由两种或两种以上不同单体进行的链式聚合反应（包括自由基聚合、离子聚合和配位聚合），得到的聚合物称为共聚物。根据不同单体单元在共聚物分子链中的排列分布（即序列结构）的不同，共聚物可分为无规共聚物、交替共聚物、嵌段共聚物和接枝共聚物。共聚合反应在工业生产中占据重要的地位。共聚合不仅可以增加聚合物品种，还是改变和提高聚合物性能的有效途径，如商品化的 ABS 工程塑料（苯乙烯－丙烯腈－丁二烯的接枝共聚物）、SBS 热塑性弹性体（苯乙烯－丁二烯－苯乙烯的三嵌段共聚物）、乙丙橡胶（乙烯和丙烯的无规共聚物）、丁苯橡胶、乙烯－乙酸乙烯酯共聚物（EVA）、苯乙烯－马来酸酐交替共聚物等。

两种单体共聚时，共聚物组成与单体配比明显不同，共聚前期和后期生成的共聚物的组成并不相同，即共聚物的组成随单体转化率而变化，存在着组成分布和平均组成的问题；有些易于均聚的单体难以共聚，少数难以均聚的单体却易于共聚。因此，发展了共聚物组成与单体组成之间的定量关系来解决单体的共聚活性及共聚物组成的问题，即共聚物组成微分方程。

以简单的二元共聚为例来分析单体的配比与共聚物组成的关系，如单体 M_1 和 M_2 的自由基共聚合。基元反应包括两种引发、四种增长和三种终止。

链引发：

$$R\cdot + M_1 \xrightarrow{k_{i1}} RM_1\cdot$$

$$R\cdot + M_2 \xrightarrow{k_{i2}} RM_2$$

链增长：

$$\sim\sim M_1\cdot + M_1 \xrightarrow{k_{11}} \sim\sim M_1\cdot \qquad R_{11} = k_{11}[M_1\cdot][M_1]$$

$$\sim\sim M_1\cdot + M_2 \xrightarrow{k_{12}} \sim\sim M_2\cdot \qquad R_{12} = k_{12}[M_1\cdot][M_2]$$

$$\sim\sim M_2\cdot + M_2 \xrightarrow{k_{22}} \sim\sim M_2\cdot \qquad R_{22} = k_{22}[M_2\cdot][M_2]$$

$$\sim\sim M_2\cdot + M_1 \xrightarrow{k_{21}} \sim\sim M_1\cdot \qquad R_{21} = k_{21}[M_2\cdot][M_1]$$

链终止：

$$\sim\sim M_1\cdot + \cdot M_1 \sim\sim \xrightarrow{k_{t11}} \sim\sim M_1M_1 \sim\sim$$

$$\sim\sim M_1\cdot + \cdot M_2 \sim\sim \xrightarrow{k_{t12}} \sim\sim M_1M_2 \sim\sim$$

$$\sim\sim M_2\cdot + \cdot M_2 \sim\sim \xrightarrow{k_{t22}} \sim\sim M_2M_2 \sim\sim$$

当得到的共聚物相对分子质量足够大时，引发和终止对共聚物的组成影响甚微，可以忽略不计。单体消耗的速度等于两单体进入共聚物的摩尔比，因此，根据链增长反应及其速率常数，推导出共聚物组成的方程：

$$\frac{d[M_1]}{d[M_2]} = \frac{-d[M_1]/dt}{-d[M_2]/dt} = \frac{k_{11}[M_1\cdot][M_1] + k_{21}[M_2\cdot][M_1]}{k_{22}[M_2\cdot][M_2] + k_{12}[M_1\cdot][M_2]} = \frac{[M_1](r_1[M_1] + [M_2])}{[M_2](r_2[M_2] + [M_1])}$$

式中，$d[M_1]$和$d[M_2]$代表两种单体在共聚物中的摩尔浓度；$[M_1]$ 和 $[M_2]$ 是两种单体在单体混合物中的摩尔浓度，因此，共聚物中的组成比并不等于单体的配料比，共聚物组成随着聚合反应体系中未反应的单体浓度的改变而不断变化；r_1 和 r_2 分别是单体 M_1 和 M_2 的竞聚率（$r_1 = k_{11}/k_{12}$，$r_2 = k_{22}/k_{21}$），是共聚合的重要参数，定义为共聚合反应中的一种活性增长链加成同种单体与其加成另一种单体（均聚与共聚链增长）的速率常数之比，描述共聚单体相对活性及共聚合倾向。参数 r_1 和 r_2 是独立的变量，将上述公式变形得：

$$r_2 = \frac{[M_1]}{[M_2]}\left[\frac{d[M_2]}{d[M_1]}\left(1 + r_1\frac{[M_1]}{[M_2]}\right) - 1\right]$$

设 $F = d[M_2]/d[M_1]$，$f = [M_1]/[M_2]$，则上式可变为：

$$\frac{f(F-1)}{F} = r_1\frac{f^2}{F} - r_2$$

由一组 $f(F-1)/F$ 对 f^2/F 作图，得到一条直线，斜率是 r_1，截距是 r_2。

通过单体 M_1 和 M_2 的共聚合物反应，测出一组单体 M_1 和 M_2 在共聚物中的摩尔浓度比及其在单体混合物中的摩尔浓度，即可求出 F 和 f，便可由作图法求出共聚单体的 r_1 和 r_2 的值。当低转率（<10%）时，[M_1] 和 [M_2] 可近似地认为是两种单体的起始浓度，此时分离出的共聚物的组成比就是 d[M_1]和 d[M_2]。

有许多方法可以测定共聚物中的各单体单元的含量，如核磁氢谱、红外光谱或紫外光谱、元素分析等。用核磁氢谱法测定共聚物组成时，找出两种单体中处于不同化学环境的典型氢质子，根据此氢质子化学位移峰的积分比求得。红外光谱采用同样的方法，根据两种单体中不同基团的典型振动峰的积分比来表示其在共聚物的组成比。采用紫外－可见吸收光谱方法时，首先两种单体的吸收带不相重叠，这样将两个均聚物按不同配比配制一组浓度递增的聚合物混合溶液，通过用紫外－可见吸收光谱仪测定在某一定波长下的摩尔消光系数，再加上纯均聚物溶液的摩尔消光系数，可以得到一条工作曲线；在相同条件下测得共聚物的摩尔消光系数，从工作曲线上找到该共聚物的组成比值。因不同的测定方法的侧重点不同，得到的共聚物的组成互有差异，可以根据实际得到的共聚合的结构特征选取合适的测定共聚组成的方法。

本实验选用苯乙烯和甲基丙烯酸甲酯的共聚合测定两单体的竞聚率。

在核磁氢谱中，苯乙烯单元苯环上氢质子的化学位移为 6.3～7.2 ppm；受无规共聚物中苯乙烯组分的影响，甲基丙烯酸甲酯单元中酯键上的甲氧基的氢质子化学位移出现在 2.5～3.8 ppm，根据两组氢质子化学位移峰的积分比求出两单体在共聚物中的组成。

三、实验仪器及试剂

实验仪器：带有恒温水浴的磁力搅拌器、试管（15 mm×200 mm）、布氏漏斗、抽滤瓶、无水无氧操作系统、核磁共振仪（400 MHz 或以上）。

实验试剂：苯乙烯（St，精制）、甲基丙烯酸甲酯（MMA，精制）、偶氮二异丁腈（AIBN，重结晶精制）、氯仿、甲醇、氘代氯仿。

四、实验步骤

（1）取 6 个干净、干燥的试管，先进行编号，然后放入不同配比的单体苯乙烯和甲基丙烯酸甲酯（总量为 70 mmol，具体投料比见表 2－7），以及 14 mg 精制的偶氮二异丁腈，塞上翻口塞，用针头连接在无水无氧操作系统上，对每一个试管进行冷冻—抽真空—常温水浴解冻—通氮气，循环三次，排净试管中的空气，保持在充氮气的状态，在反口胶塞上再插一个注射针头用作出气孔。

表 2－7　苯乙烯与甲基丙烯酸甲酯共聚投料表

样品编号	苯乙烯（M_1）		甲基丙烯酸甲酯（M_2）	
	物质的量/mmol	质量/g	物质的量/mmol	质量/g
1	10	1.04	60	6.0
2	20	2.08	50	5.0
3	30	3.12	40	4.0
4	40	4.16	30	3.0
5	50	5.20	20	2.0
6	60	6.24	10	1.0

（2）将试管置于 70 ℃恒温水浴中，搅拌反应 1 h，从无水无氧操作系统上取下来，立即浸入冰水中放置 5 min，打开翻口塞；各加入 10 mL 氯仿，充分搅拌使聚合液稀释均匀。然后在搅拌下将上述聚合液分别缓慢倒入不同编号的装有 50 mL 无水乙醇的烧杯中，得到白色沉淀，抽滤，用干净的乙醇洗涤，置于 60 ℃真空干燥至恒重，称量，计算转化率。

（3）取少量聚合物样品溶于氘代氯仿中进行^{1}H NMR 测试，确定共聚物中两组分特征峰并积分求得共聚物组成。

（4）根据公式求出苯乙烯和甲基丙烯酸甲酯的竞聚率 r_1 和 r_2。

（5）数据记录及处理见表 2－8。

表 2－8　数据记录及处理

样品编号	$F = d[M_2]/d[M_1]$	$f = [M_1]/[M_2]$	$f(F-1)/F$	f^2/F	转化率/%
1					
2					
3					
4					
5					
6					

以 $f(F-1)/F$ 对 f^2/F 作图，求出斜率和截距，求出 r_1 和 r_2 的值，并与手册上所查到的数值相比。

五、注意事项

（1）适用于低转化率（$<10\%$）下的共聚合反应，以及增长反应中没有解聚反应的体系。若单体的转化率超过 10%，需要重新设定聚合时间。

（2）单体苯乙烯和甲基丙烯酸甲酯必须除去阻聚剂进行纯化，引发剂偶氮二异丁腈需重结晶精制。

（3）排净空气后，需要在翻口塞上再插一个注射针头用作出气孔，以免出现密闭系统而存在安全隐患。

六、思考题

（1）讨论竞聚率的物理意义。

（2）为什么某些不能均聚的乙烯基单体能参加共聚合？

（3）用测定出的 r_1 和 r_2 的值作出苯乙烯、甲基丙烯酸甲酯共聚合反应的共聚物组成曲线，据此讨论该聚合反应的类型，并讨论如何控制该共聚物的组成分布。

实验八　苯乙烯与顺丁烯二酸酐（马来酸酐）的交替共聚

一、实验目的

（1）了解苯乙烯与顺丁烯二酸酐发生自由基交替共聚合的基本原理及共聚物的合成

方法。

（2）掌握自由基溶液聚合的实施方法及聚合物析出方法。

（3）掌握除氧、充氮及隔绝空气条件下的物料转移和聚合方法。

二、实验原理

顺丁烯二酸酐由于空间位阻效应，在一般条件下很难发生均聚，而苯乙烯由于共轭效应很易均聚，当将上述两种单体按一定配比混合后，在引发剂作用下却很容易发生共聚。并且共聚产物具有规整的交替结构，这与两种单体的结构有关。顺丁烯二酸酐双键两端带有吸电子能力很强的酸酐基团，使酸酐中的碳碳双键上的电子云密度降低而带部分正电荷，而苯乙烯具有 π－π 共轭体系；在缺电性的顺丁烯二酸酐的诱导下，苯环的电荷向双键移动，使苯乙烯碳碳双键上的电子云密度增加而带部分负电荷。这两种带有相反电荷的单体构成了电子受体（A）~电子给体（D）体系，在静电作用下很容易形成电荷转移配位化合物，这种配位化合物可看作一个大单体，在引发剂作用下发生自由基聚合，形成交替共聚的结构。

$$\underset{\text{电子给体}}{\mathrm{D}} + \underset{\text{电子受体}}{\mathrm{A}} \xrightleftharpoons{K} \underset{\text{配合物}}{[\mathrm{D} \rightarrow \mathrm{A}]}$$

$$n[\mathrm{D} \rightarrow \mathrm{A}] \xrightleftharpoons{[I]} [\mathrm{D} \rightarrow \mathrm{A}]_n$$

式中，K 为络合常数；$[I]$ 表示引发。

苯乙烯上苯环的给电作用使其 C ═C 电子云密度增加，显负电性，作为电子给体 D；顺丁烯二酸酐带有两个强吸电子基团羰基，使酸酐中 C ═C 上的电子云密度降低而显正电性，作为电子受体 A；二者所带电荷相反，因静电作用易形成过渡态的络合物。顺丁烯二酸酐自由基和苯乙烯单体间、苯乙烯自由基和顺丁烯二酸酐单体间的电荷转移如下：

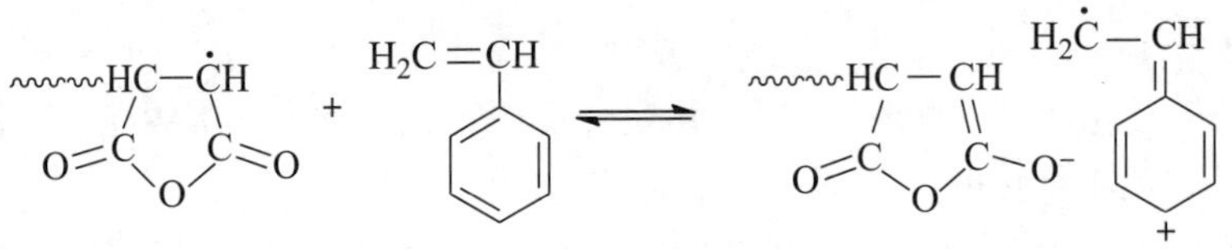

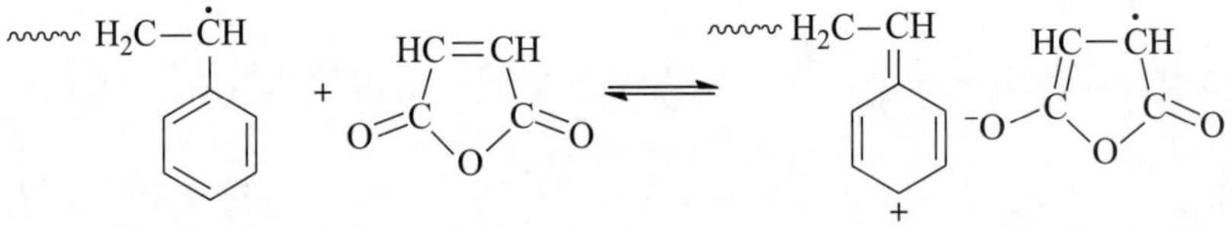

~~~HC—ĊH（O═C—O—C═O 环） + H_2C═CH（苯环） ⇌ ~~~HC═CH（O═C—O—C—O^- 环） $H_2\dot{C}$—CH═（环己二烯，+）

~~~H_2C—ĊH（苯环） + HC═CH（O═C—O—C═O 环） ⇌ ~~~H_2C—CH═（环己二烯，+） HC═ĊH（$^-$O—C—O—C═O 环）

络合物过渡态的形成将使活化能降低，增加共聚合速率。

60 ℃聚合时，苯乙烯(M_1)－顺丁烯二酸酐(M_2)的竞聚率分别为 $r_1=0.01$ 和 $r_2=0$，将 r_1 和 r_2 带入共聚组分微分方程：

$$\frac{d[M_1]}{d[M_2]}=\frac{[M_1](r_1[M_1]+[M_2])}{[M_2](r_2[M_2]+[M_1])}$$

可得：

$$\frac{d[M_1]}{d[M_2]}=1+r_1\frac{[M_1]}{[M_2]}$$

当惰性单体顺丁烯二酸酐（M_2）的用量远大于易均聚单体苯乙烯（M_1）时，则当

$r_1[M_1]/[M_2]$趋于零时，共聚反应趋于生成理想的交替结构共聚物。

苯乙烯和丁烯二酸酐的结构特点决定了二者的交替共聚物不溶于非极性或弱极性的溶剂，如四氯化碳、氯仿、苯和甲苯等，但可以溶于极性较强的四氢呋喃、二氧六环、二甲基甲酰胺和乙酸乙酯等。本实验选用乙酸乙酯作溶剂，采用溶液聚合的方法合成交替共聚物，而后加入工业乙醇使产物析出。本法适用于实验室制备。

$$H_2C{=}CH(C_6H_5) + \underset{O=C\ \ \ O\ \ \ C=O}{HC{=}CH} \xrightarrow[EAc]{BPO} \left[\underset{O=C\ \ \ O\ \ \ C=O}{HC - CH} - CH_2 - \underset{C_6H_5}{CH} \right]_n$$

三、主要仪器和试剂

实验仪器：两口烧瓶（100 mL）、恒温水浴、注射器（25 mL、1 mL）、布氏漏斗、抽滤瓶。

实验试剂：苯乙烯（St，纯化）、顺丁烯二酸酐、过氧化二苯甲酰（BPO，重结晶精制）、乙酸乙酯、无水乙醇。

四、实验步骤

（1）实验装置如图 2－4 所示。称取 0.52 g（5.3 mmol）顺丁烯二酸酐和 0.05 g 过氧化二苯甲酰放入聚合瓶中，将聚合瓶连接在无水无氧操作系统上，进行抽真空—充氮气操作，反复三次，排除瓶内的空气，然后保持在充氮气状态下。

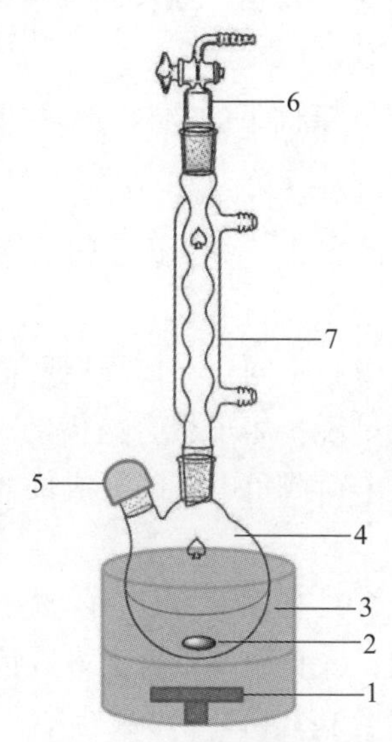

图 2－4　共聚合反应装置

1—磁力搅拌器；2—搅拌磁子；3—恒温油浴；4—两口烧瓶（聚合瓶）；
5—橡胶翻口塞；6—直型抽气接头；7—球形冷凝管

（2）用注射器量取 15 mL 乙酸乙酯（预先通氮气脱氧），注入聚合瓶中，搅拌使固体溶解，再用注射器将 0.6 mL（5.24 mmol）苯乙烯（预先纯化并通氮气脱氧）慢慢注入聚合瓶中，搅拌摇匀。保持在充氮气的状态下，在翻口胶塞上插一个细孔的注射针头用作出气孔。

(3) 将聚合瓶置于80 ℃的水浴中，在搅拌下反应1 h；将聚合瓶取出，冷却至室温。然后将瓶盖打开，将聚合液边搅拌边加入100 mL的工业乙醇中，出现大量白色沉淀，用布氏漏斗减压抽滤，用乙醇洗涤，产物置于真空烘箱中常温干燥至恒重，称重，计算产率。

五、注意事项

(1) 反应装置要干净、干燥，苯乙烯预先纯化并通氮气除氧，过氧化二苯甲酰采用重结晶精制。

(2) 保持在充氮气的状态下，在反口胶塞上插一个细孔的注射针头用作出气孔，以免反应瓶内气压过大。

(3) 用注射器取液体样品时，在将液体注入反应瓶前，需排除注射器管内的气体，以免将空气带入反应瓶内。

六、思考题

(1) 说明苯乙烯-顺丁烯二酸酐交替共聚原理及共聚物结构式；如何用化学分析和仪器分析的方法确定共聚物的结构？

(2) 如果苯乙烯、顺丁烯二酸酐不是等物质的量投料，如何计算产率？

实验九　苯乙烯的阳离子聚合

一、实验目的

(1) 加深对阳离子聚合及其机理的认识，掌握阳离子聚合反应的影响因素。

(2) 了解阳离子聚合的实验操作。

(3) 学习除氧、充氮及隔绝空气条件下的物料转移和聚合方法。

二、实验原理

离子聚合是指活性中心为离子的聚合反应，属于链式聚合反应机理，包含链引发、链增长、链终止等基元反应。

离子聚合与自由基聚合的活性中心不同，在离子型聚合反应中，作为链的引发和增长的活性中心是阳离子或阴离子。也就是说，离子聚合是借助离子型引发剂（催化剂），通过离子反应过程，使其增长链端带有正电荷或负电荷的加成聚合或开环聚合反应，其是合成高聚物的重要方法之一。

与自由基聚合相比，离子型聚合具有以下特点：①离子型聚合反应对单体具有高度的选择性；②离子型聚合反应速率很快；③自由基聚合大多数情况下为双基终止，离子型聚合只能单分子终止或无终止（阴离子聚合）；④离子型聚合中，链增长活性中心都是以离子对的形式存在于聚合体系中的（见式（1））；⑤离子型聚合具有较低的活化能，可以在低温下进行，且没有诱导期与阻聚现象；⑥离子型聚合对低浓度杂质和其他的偶发性物质极为敏感。

$$\underset{\text{共价键}}{Mn-A} \rightleftharpoons \underset{\text{紧密离子对}}{Mn^{+}A^{-}} \rightleftharpoons \underset{\text{松散离子对}}{Mn^{+} \| A^{-}} \rightleftharpoons \underset{\text{自由离子}}{Mn^{+} + A^{-}} \quad (1)$$

根据活性中心的不同，离子型聚合又分为阳离子聚合和阴离子聚合。

活性中心为阳离子的聚合反应称为阳离子聚合，一般与双键相连的碳原子上带有强给电性取代基的烯类单体只能进行阳离子聚合，因为给电子性使双键的电子云密度增加，易于碳正离子 C^+ 的亲电进攻，同时，使生成的碳正离子的电子云分散而稳定，如异丁烯、α－甲基苯乙烯、乙烯基醚等。此外，共轭二烯烃类的苯乙烯、异戊二烯、丁二烯，以及环状醚类、醛类、内酰胺等单体也可以进行阳离子聚合反应。阳离子聚合引发剂（催化剂）主要有质子酸和路易斯酸两大类。质子酸有高氯酸、三氟乙酸、三氟甲磺酸等，路易斯酸有 BF_3、$AlCl_3$、BF_3、$TiCl_4$、$SnCl_4$、$ZnCl_2$ 等。路易斯酸类催化剂大多需要共引发剂作阳离子源，如微量水、醇、氢卤酸等。例如，BF_3 作引发剂时，可用水或醇作为助引发剂，它们与 BF_3 形成络合物，然后解离出活泼正离子，引发聚合反应。

阳离子聚合的基元反应包括链引发、链增长、链终止，以及链转移。

链引发：

$$[C]+[RH]\xrightleftharpoons{K}H^{\oplus}(CR)^{\ominus}$$

$$H^{\oplus}(CR)^{\ominus}+M\xrightleftharpoons{k_i}HM^{\oplus}(CR)^{\ominus}$$

链增长：

$$HM^{\oplus}(CR)^{\ominus}+nM\xrightleftharpoons{k_p}H(M)_nM^{\oplus}(CR)^{\ominus}$$

链终止：

$$H(M)_nM^{\oplus}(CR)^{\ominus}\xrightleftharpoons{k_t}M_{n+1}+H^{\oplus}(CR)^{\ominus}$$

$$H(M)_nM^{\oplus}(CR)^{\ominus}\xrightleftharpoons{k_t}M_{n+1}R+C$$

链转移：

$$H(M)_nM^{\oplus}(CR)^{\ominus}+M\xrightleftharpoons{k_{trM}}M_{n+1}+HM^{\oplus}(CR)^{\ominus}\quad（向单体）$$

$$H(M)_nM^{\oplus}(CR)^{\ominus}+S\xrightleftharpoons{k_{trS}}M_{n+1}S+H^{\oplus}(CR)^{\ominus}\quad（向溶剂）$$

式中，C 为引发剂；RH 为助引发剂；M 为单体；S 为溶剂。

温度、溶剂和抗衡离子对阳离子聚合反应的影响较为显著。

（1）溶剂的影响：阳离子聚合一般在溶液中进行，溶剂的选择除了要考虑溶解性、极性外，溶剂不能与阳离子活性中心发生化学反应，并且沸点比较低。常用的阳离子聚合溶剂有氯代烷，如四氯化碳、氯仿、二氯甲烷；硝基化合物，如硝基甲烷和硝基苯。芳烃类化合物（如苯及甲苯等）易于被阳离子进攻发生亲电取代而发生链转移，较少使用。此外，阳离子聚合的活性中心是离子对，它常以多种平衡存在，具有不同的活性，活性顺序为自由离子 > 疏松离子对 > 紧密离子对 > 极化分子 > 共价化合物，而反应介质溶剂通过改变自由离子、松散离子对、紧密离子对的相对浓度而影响聚合反应。一般溶剂极性大，溶剂化能力提高，自由离子含量增加，反应速度大。

（2）温度的影响：温度对阳离子聚合反应的影响比较复杂。阳离子聚合反应中，聚合速率总活化能 $E_v=E_i+E_p-E_t=-21\sim41.8$ kJ/mol（E_i、E_p、E_t 分别是链引发、链增长、链终止反应活化能，一般 E_i 和 E_t 都大于 E_p），大多数阳离子聚合的聚合速率总活化能为负值，降低温度有利于提高聚合速率；此外，阳离子聚合链终止反应主要是向单体的链转移而终止，并且链转移常数（C_M）较大；温度升高，会使 C_M 增加，聚合物的相对分子质量降低，所以阳离子聚合时控制温度最为重要。

（3）抗衡离子的影响：抗衡离子的性质及其与增长活性链之间的相互作用强弱，直接影响阳离子聚合反应速率和单体的加成方式。阳离子聚合中，抗衡离子与增长链活性中心的结合是其链终止的方式之一，因此抗衡离子的亲核性越强，反应速率越慢。

阳离子聚合还易于发生异构化反应。阳离子聚合反应中，碳阳离子活性中心的稳定性顺序为三级碳阳离子 > 二级碳阳离子 > 一级碳阳离子，因此，有些阳离子聚合体系的链增长存在碳正离子的重排反应，活泼的一级和二级碳阳离子会异构化为稳定的三级碳阳离子。再加上绝大多数的阳离子聚合链转移和链终止反应多种多样，使其动力学表达较为复杂，得到的聚合物的微观结构难以控制。

此外，阳离子聚合对杂质极为敏感，杂质或加速聚合反应，或对聚合反应起阻碍作用，还能起到链转移或链终止的作用，使聚合物相对分子质量下降。因此，进行阳离子型聚合时，需要精制所用溶剂、单体和其他试剂，还需对聚合系统进行彻底干燥。

本实验以 $BF_3 \cdot Et_2O$ 为引发剂，在苯中进行苯乙烯的阳离子聚合反应：

$$\underset{(\mathrm{St})}{H_2C=CH(C_6H_5)} \xrightarrow[\text{苯}]{BF_3 \cdot Et_2O} \underset{(\mathrm{PSt})}{\left[CH_2-CH(C_6H_5) \right]_n}$$

三、主要仪器和试剂

实验仪器：两口烧瓶（100 mL）、直型冷凝管、注射器、注射针头、磁力搅拌器。

实验试剂：苯乙烯（精制）、苯、CaH_2、$BF_3 \cdot Et_2O$、甲醇。

四、实验步骤

（1）溶剂苯的纯化：400 mL 苯用 25 mL 浓硫酸洗涤两次，除去噻吩等杂环化合物，用 25 mL NaOH 溶液（5%）洗涤一次，再用蒸馏水洗至中性，加入无水硫酸钠干燥待用。

（2）引发剂 $BF_3 \cdot Et_2O$ 的精制：$BF_3 \cdot Et_2O$ 长期放置时，颜色会转变成棕色。使用前在隔绝空气的条件下进行蒸馏，收集馏分。

（3）苯乙烯的阳离子聚合：苯乙烯的阳离子聚合装置如图 2－5 所示。所用玻璃仪器包括注射器、注射针头和搅拌磁子，将这些仪器预先置于 100 ℃烘箱中干燥过夜。趁热将反应瓶用厚壁真空胶管连接到无水无氧操作系统上，体系抽真空—通氮气，反复三次，并保持反应体系为正压。分别用 50 mL 和 5 mL 的注射器先后注入 25 mL 苯和 3 mL 精制的苯乙烯（预先向溶剂中通入氮气 30 min 除氧），启动电磁搅拌，再用注射器加入 $BF_3 \cdot Et_2O$ 溶液 0.3 mL（浓度为 0.5%）。控制水浴温度在 27 ~ 30 ℃，反应 4 h，得到黏稠液体。将聚合液倒入 100 mL 的甲醇中，产生大量沉淀，用布氏漏斗过滤，用甲醇洗涤，抽干，于真空烘箱内干燥过夜，称重，计算产率。

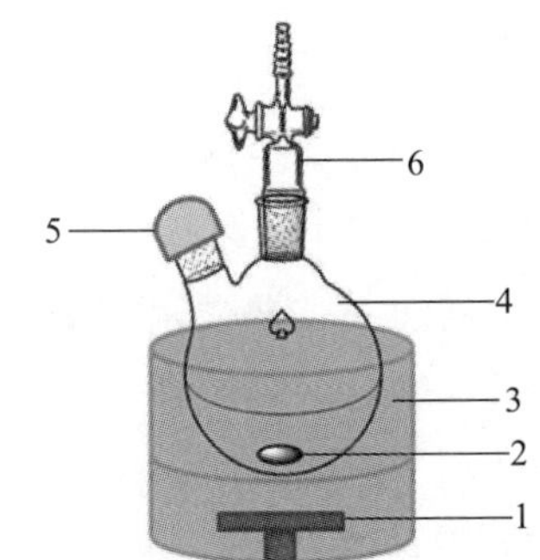

图 2－5　阳离子聚合装置

1—磁力搅拌器；2—搅拌磁子；3—恒温油浴；4—两口烧瓶（聚合瓶）；5—橡胶翻口塞；6—直型抽气接头

五、注意事项

（1）市售的 $BF_3 \cdot Et_2O$ 溶液中 BF_3 的含量为 46.6% ~47.8%，可以预先用干燥的苯稀

释至适当浓度。

（2）尽量除去体系中的氧气、水，不要引入杂质，以免影响聚合反应。

（3）苯为剧毒试剂，长期吸入会侵害人的神经系统，急性中毒会产生神经痉挛甚至昏迷、死亡，在进行与苯相关的操作时，必须在通风橱中进行。

六、思考题

（1）为什么阳离子聚合反应体系需要尽可能干燥并排尽氧气？

（2）影响阳离子聚合速率和相对分子质量的因素有哪些？

实验十　苯乙烯的阴离子聚合

一、实验目的

（1）加深对阴离子聚合反应机理及特点的认识，掌握阴离子聚合的影响因素。

（2）了解聚苯乙烯阴离子聚合的实验操作。

（3）掌握除氧、充氮及隔绝空气条件下的物料转移和聚合方法。

二、实验原理

阴离子聚合是指活性中心为阴离子的链式聚合反应。阴离子聚合的单体分为烯类和杂环（环氧、环硫、内酰胺）两大类。通常带有吸电子取代基的烯类单体易于进行阴离子聚合，因为吸电子基团使碳碳双键的电子云密度降低，有利于碳负离子 C^- 的亲核进攻，同时使生成的碳负离子电子云分散而稳定，如硝基乙烯、偏二氰乙烯、丙烯酸酯类等。带有吸电基团且是 π－π 共轭的烯类单体更易于进行阴离子聚合，共轭有利于阴离子的稳定。但像氯乙烯，带吸电子取代基并且是 p－π 共轭，是难以进行阴离子聚合的。共轭烯烃，如苯乙烯、丁二烯、异戊二烯、乙烯基吡啶等，因为电子云的流动性，可以进行阴离子、阳离子及自由基聚合。常用阴离子聚合制备相对分子质量分布窄的聚合物或端基带反应性基团的遥爪聚合物，如凝胶渗透色谱仪用的聚苯乙烯标准样品即是采用阴离子聚合制备的。

阴离子聚合的引发剂有碱金属、碱土金属及它们的有机化合物、路易斯碱、三级胺及一些亲核试剂，如 Li、Na、萘－钠复合物、RONa、KNH_2、RLi、RMgX 等。碱金属引发属于单电子转移机理，其他属于阴离子直接引发机理。阴离子聚合中，活性种的浓度高达 10^{-3} ~ 10^{-2} mol/L，聚合速度非常快，因此，阴离子聚合时，单体与引发剂的选择需要匹配，一般高活性的引发剂引发活性较低单体的阴离子聚合，活性高的单体可以选择活性较低的引发剂，保证阴离子聚合过程平稳可控。在阴离子聚合引发剂中，因为烷基锂具有较高的共价性，能够很好地溶解在非极性烃类溶剂中（甲基锂除外），在实验室和工业生产中常被用于阴离子聚合的引发剂，如用正丁基锂引发阴离子聚合可以制备热塑性弹性体 SBS（苯乙烯－丁二烯－苯乙烯三嵌段共聚物）、SIS（苯乙烯－异戊二烯－苯乙烯三嵌段共聚物）及低顺丁橡胶（LCBR）。

阴离子聚合属于真正的活性聚合，没有链终止反应，其基元反应只包括链引发和链增长，聚合特点为快引发、慢增长、不终止、无转移。下面是以正丁基锂引发苯乙烯的阴离子聚合的基元反应。

链引发，阴离子直接引发：

$$n\text{-}C_4H_9Li + CH_2{=}CH(C_6H_5) \xrightarrow{k_i} n\text{-}C_4H_9CH_2C^{\ominus}(C_6H_5)Li^{\oplus}$$

链增长：

$$n\text{-}C_4H_9CH_2C^{\ominus}(C_6H_5)Li^{\oplus} + CH_2{=}CH(C_6H_5) \xrightarrow{k_p} n\text{-}C_4H_9 \sim\sim CH_2{-}CH^{\ominus}(C_6H_5)Li^{\oplus}$$

链终止，加入甲醇终止聚合反应：

$$n\text{-}C_4H_9{-}CH_2C^{\ominus}(C_6H_5)Li^{\oplus} + CH_3OH \xrightarrow{k_t} n\text{-}C_4H_9 \sim\sim CH_2{-}CH_2(C_6H_5) + LiOCH_3$$

阴离子聚合多选用非质子性溶剂，如烷烃、苯、四氢呋喃等，不会与阴离子产生溶剂化作用或反应而影响聚合反应。溶剂的极性用介电常数表示，介电常数值越大，极性越大，阴离子聚合反应的速度常数也越大，但溶剂极性的大小会影响聚合物链的微观结构。如，常温下丁二烯和异戊二烯的自由基聚合：1,4－顺式结构占10%～20%；烷基锂（丁基锂）引发的阴离子聚合制备的聚丁二烯：1,4－顺式结构占35%，聚异戊二烯：1,4－顺式结构占94%；若增加溶剂的极性，1,4－顺式结构的含量显著降低。另外，溶剂的溶剂化能力也影响阴离子聚合速率，溶剂化能力大，有利于形成松散离子对或自由离子，聚合反应速度快。综上，在非极性溶剂中，阴离子聚合速度较慢，而极性溶剂对聚二烯烃的微观结构影响太大，因此，工业上一般采用非极性溶剂，并在加少量极性添加剂的条件下进行共轭二烯烃的阴离子聚合，以制备微观结构可控的聚合物。

在反应条件控制适当的情况下，通过阴离子聚合可以制备相对分子质量分布窄的聚合物，分布指数 d 接近1；相对分子质量可以根据消耗的单体浓度和初始引发剂浓度之比预先计算，且随着单体转化率的增加而线性增加，且实验测定值与理论值相差很小。因为阴离子聚合的活性链不终止，单体消耗完毕后，聚合物仍然具有活性链端，能够再引发单体或第二单体的聚合，据此可以制备嵌段、接枝、星形、超支化和端官能聚合物等。因此，阴离子活性聚合是一种分子设计、分子剪裁的有效手段，可以制备单分散线形聚苯乙烯、星形聚苯乙烯、单分散聚2－丁烯酸叔丁酯、功能性五嵌段共聚物、接枝位置可以任意控制的接枝共聚物、环状聚合物等。

本实验以正丁基锂为引发剂，在环己烷中进行苯乙烯的阴离子聚合。

三、反应仪器与试剂

实验仪器：三口烧瓶（250 mL）、两口烧瓶（50 mL）、分液漏斗（250 mL）、烧杯（100 mL）、量筒（10 mL、50 mL）、注射器、试管、抽滤瓶、布氏漏斗。

实验试剂：苯乙烯（精制）、金属锂丝、环己烷、氯丁烷、正己烷、无水氯化钙、甲醇、氢氧化钠。

四、实验步骤

（1）正丁基锂的制备：实验装置如图2－6所示。在氮气保护下，在干燥的250 mL三口烧瓶中加入120 mL无水正己烷（用钠丝干燥），将7 g（1 mol）新切的金属锂丝加入烧瓶中，持续通氮气15 min。同时，冰盐浴冷却至0 ℃左右。随后慢慢滴加46.3 g（0.5 mol）氯丁烷和30 mL正己烷的混合液，温度控制在15 ℃以下，反应体系变为紫灰色。滴加完后，控温15 ℃以下继续搅拌反应2 h，再升至室温搅拌1 h，然后逐渐升温回流3～4 h，冷却至室温，在氮气保护下取下三口烧瓶，瓶口用翻口胶塞塞住，置于保干器中静置沉降过夜，LiCl沉于瓶底，上清液为丁基锂的正己烷溶液，用氮气压至储存瓶中低温储存备用。使用时，直接从翻口胶塞中用注射器取样。

也可以用干燥的庚烷或石油醚为溶剂制备丁基锂。

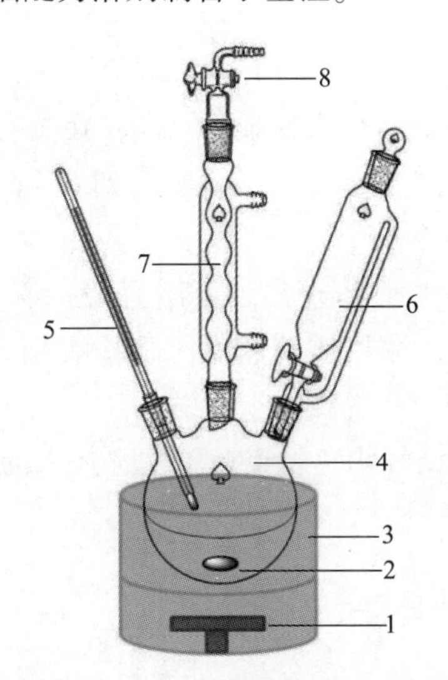

图2－6　正丁基锂制备反应装置

1—磁力搅拌器；2—搅拌磁子；3—水浴（冰浴）；4—聚合瓶（三口烧瓶）；5—温度计；6—恒压滴液漏斗；7—冷凝管；8—90°抽气接头

（2）苯乙烯的阴离子聚合：反应装置如图2－5所示，取一个干燥的50 mL两口圆底烧瓶，盖好翻口胶塞，接上双排管反应系统，进行抽真空—通氮气操作，反复三次。在氮气保护下用注射器依次且连续注入6 mL无水环己烷、1.5 mL苯乙烯，用注射器吸取0.8 mL的正丁基锂正己烷溶液，先缓缓注入0.1～0.3 mL，轻轻摇动以消除体系中的杂质，然后将剩余的正丁基锂溶液缓慢注入烧瓶中，此时溶液颜色逐渐由黄色变为橙红色，最终变为红色。室温放置1～2 h，体系逐渐变稠，有沉淀析出。反应结束后注入0.4 mL的甲醇终止反应，红色很快消失，生成白色沉淀。抽滤干燥，计算产率。

（3）用凝胶渗透色谱仪测定其平均相对分子质量及其分布指数，并与理论计算得到的相对分子质量进行对比，验证阴离子聚合的活性特征。

五、注意事项

（1）所有的仪器必须洁净并绝对干燥，整个反应体系必须保持无水、无氧。

（2）实验中所用的所有试剂必须预先进行严格的除水处理。

（3）在丁基锂制备过程中，滴加氯丁烷必须较慢进行，否则反应剧烈放热，容易冲料或反应瓶爆裂而发生危险。

六、思考题

（1）阴离子活性聚合有哪些特点？

（2）在向苯乙烯的正己烷溶液中注入正丁基锂后，为什么溶液变为红色？加入甲醇后，溶液变成无色，为什么？

（3）苯乙烯聚合结束后，若向此聚合体系中注入少量精制的甲基丙烯酸甲酯，会发生什么变化？

七、生活中的阴离子聚合

以 α－氰基丙烯酸乙酯的阴离子聚合来显示指印：在按有指印的物体表面，指印纹线附近含有人体排出的汗液，可吸附空气中的水分，在遇到 α－氰基丙烯酸乙酯时，会快速引发阴离子聚合，从而显现白色指印纹线。

取一干燥、干净的盖玻片，以食指在其表面用力按一下；取 α－氰基丙烯酸甲酯 1 mL 加入 50 mL 小烧杯中，将小烧杯加热使其蒸发；将按有指印的盖玻片放在烧杯口附近约 20 s，取下盖玻片，在空气中晾干，观察指印纹线。

α－氰基丙烯酸乙酯属于高活性阴离子聚合单体，在水的催化作用下可以发生阴离子聚合，这也是市售 502 胶的主要成分及黏合机理。

实验十一　苯乙烯的配位聚合

一、实验目的

（1）掌握 Ziegler－Natta 催化剂的组成、性质。

（2）掌握配位聚合机理及其对取代烯烃聚合物立体异构的调控。

（3）掌握无水低温操作技术。

二、实验原理

配位聚合又称络合聚合、定向聚合，是指烯烃的碳碳双键与引发剂活性中心过渡金属原子空轨道进行配位，形成络合物，进一步发生位移，使单体插入金属—碳（Mt—C）键之间，重复此过程，聚合物链慢慢增长起来。此聚合本质上是单体对增长链 Mt—C 键的插入反应，又称为插入聚合。配位聚合具有以下特点：单体首先与嗜电性金属配位形成 π－络合物，反应经过四中心的插入过程，包括两个同时进行的化学过程，一是增长链端负离子对 C═C双键 β 碳的亲核进攻，二是金属正离子对烯烃键的亲电进攻，反应属阴离子性质。α－取代烯烃在配位过程中具有立体定向性，聚合产物多具有立构规整性，称为有规立构聚合物或等规聚合物；高分子链的规整程度用等规度表示，等规度是指立构规整聚合物占总聚合物的分数，常用此值来表示引发剂在聚合反应中的定向能力。

Ziegler－Natta 引化剂是配位聚合经常采用的引发体系，已经广泛用于工业生产。Ziegler－Natta 引化剂是由周期表中第ⅣA～ⅧA 族的过渡金属（Ti、V、Mo、Zr、Cr 等）化合物和第ⅠA～ⅢA 族的金属（Li、Mg、Zn、Al 等）烷基化合物或金属氧化物构成的用于催化α－烯烃定向聚合的一类引发剂。此引发体系中，主引发剂是过渡金属化合物，最常用的是氯化物 $MtCl_n$、氯氧化物 $MtOCl_n$、乙酰丙酮物 $Mt(acac)_n$、环戊二烯（Cp）基金属氯化物 Cp_2TiCl_2 等；助引发剂为有机金属化合物，工业上常用的烷基铝为 $AlEt_3$、$Al(i-Bu)_3$、$AlEt_2Cl$ 等。在以上两个组分的基础上，进一步添加电子给体并进行负载化，可以提高引发剂的催化活性和定向能力。Ziegler－Natta 引化剂多为异相引发剂，具有高活性及定向能力强的特点，能够催化烯烃、共轭双烯烃及某些带极性基团的单体在较低压力和温度下进行定向聚合。

本实验以四氯化钛－三异丁基铝（$TiCl_4-Al(i-Bu)_3$）为催化剂进行苯乙烯的定向聚合。

$$H_2C{=}CH(C_6H_5)\ \text{(St)} \xrightarrow[n\text{-正庚烷}]{TiCl_4/Al(i\text{-}Bu)_3} \left[CH_2{-}CH(C_6H_5)\right]_n\ \text{(PSt)}$$

三、实验仪器及试剂

实验仪器：三口烧瓶（250 mL）、搅拌器、恒压滴液漏斗（100 mL）、注射器（10 mL、0.5 mL）、布氏漏斗、抽滤瓶。

实验试剂：苯乙烯、四氯化钛、三异丁基铝、正庚烷、丙酮、甲醇、丙酮溶液（含2%的 HCl）。

四、实验步骤

（1）安装聚合装置：按照图2－7所示安装好聚合反应装置，并通过90°通气弯管接在无水无氧操作系统上，所用的仪器均需要充分干燥。对反应系统抽真空—充氮气，反复三次，以除去体系中的空气。

（2）配位聚合引发剂的制备：在氮气保护下，用注射器向烧瓶中加入10 mL 无水正庚烷及0.1 mL 四氯化钛，然后用干冰－丙酮浴将反应瓶内的溶液冷却到－50 ℃以下，并在氮气保护下抽取1.4 mL 三异丁基铝及35 mL 无水正庚烷配成的溶液，通过翻口胶塞注入恒压滴液漏斗，将此混合液缓慢滴加在反应瓶中，约20 min 滴加完毕，再抽取5 mL 无水正庚烷冲洗恒压滴液漏斗。当温度降至－65 ℃以下时，撤去冷浴，使其自然升至室温，在室温下继续搅拌30 min，即完成引发剂的制备。

（3）在氮气保护下，抽取脱氧后的苯乙烯50 mL 注入恒压滴液漏斗中，然后缓慢将苯乙烯滴加入上述制备的引发体系中，约30 min 滴完，体系迅速变红并且颜色不断加深，最终变为棕色，此时升温至50 ℃并维持反应2～3 h。

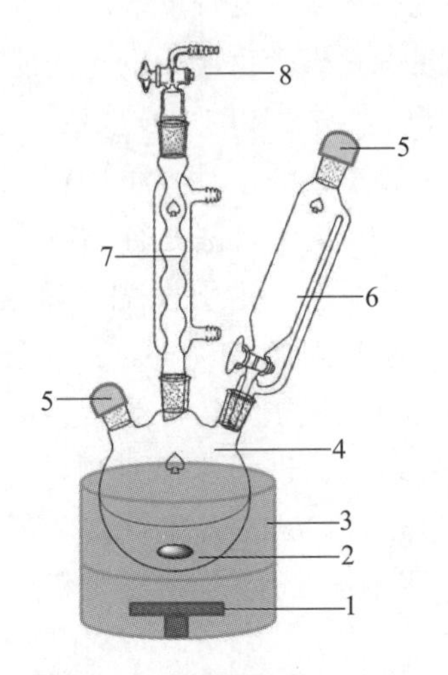

图 2-7　配位聚合实验装置

1—电磁搅拌；2—搅拌磁子；3—低温浴或水浴；4—三口烧瓶；5—翻口胶塞；
6—恒压滴液漏斗；7—球形冷凝管；8—90°通气弯管

(4) 除去热源，关闭氮气，缓慢滴加 50 mL 甲醇终止聚合反应，滴完后继续搅拌 20 min，减压过滤。

(5) 将固体产物用含 2% HCl 的丙酮溶液（150 mL）洗涤，然后再用布氏漏斗过滤，滤液浓缩后缓慢倒入甲醇中，析出沉淀。减压过滤，沉淀用甲醇洗涤，在 60 ℃真空干燥箱中干燥至恒重，称量，计算产率。

五、注意事项

(1) 本实验在苯乙烯聚合过程中用到的所有仪器必须干净、干燥。

(2) 聚合后期，体系黏度较大，也可用四口烧瓶进行机械搅拌，注意体系要尽可能排除空气和水分，注意聚合体系的密封。

(3) 苯乙烯在使用前需要除去阻聚剂，提纯精制，并在使用前通氮气脱氧。

(4) 正庚烷用金属钠干燥，精制的正庚烷应置于干燥器中或压入钠丝存放，并进行通氮气脱氧处理。

(5) 四氯化钛：无色或微黄色液体，有刺激性酸味。在空气中发烟受热或遇水分解放热，放出有毒的腐蚀性烟气，具有较强的腐蚀性。

(6) 三异丁基铝：无色澄清液体，具有强烈霉烂气味。有强烈刺激和腐蚀性，主要损害呼吸道和眼结膜。三异丁基铝不稳定，化学反应活性很高，接触空气会冒烟自燃，对微量的氧及水分反应极其灵敏，易引起燃烧爆炸，与氧化剂能发生强烈反应；遇水强烈分解，放出易燃的烷烃气体。使用时注意安全。

六、思考题

(1) 反应体系及使用的试剂为什么要充分干燥？

(2) 简述反应物颜色变深的原因。

(3) 为什么要用丙酮-HCl 溶液洗涤聚合物？

（4）可以将聚合物在索氏提取器中用丁酮提取，可分离出无定形聚合物，并计算其规整度，分析其中的原因。

实验十二　己内酰胺的阴离子开环聚合

一、实验目的

（1）掌握开环聚合的概念及特点。

（2）理解并掌握碱催化己内酰胺阴离子开环聚合机理。

（3）掌握阴离子开环聚合制备聚己内酰胺（尼龙 -6）的方法。

二、实验原理

环状单体在引发剂的作用下开环而后聚合成线形高分子的反应，称作开环聚合。能够进行开环聚合的单体多数含有杂原子。开环聚合可与缩聚反应、加聚反应并列，称为第三大类聚合反应。开环聚合得到的聚合物和单体的元素组成相同，主链含杂原子，与缩聚反应相似；与烯类单体的加聚反应相比，开环聚合无 π 键的断裂，仅由环转变成线形高分子，无副产物产生，又与加成聚合相似。开环聚合条件温和，单体保持等摩尔量，可制备相对分子质量大的聚合物；但是，开环聚合一般是可逆反应，容易达成平衡使反应不完全，剩余部分环状单体不能聚合。

环酰胺可以通过开环聚合制备线形聚酰胺，其中工业上应用最多的是己内酰胺开环聚合制备的尼龙 -6。己内酰胺可以进行酸催化（阳离子聚合）、水解聚合（逐步聚合）、碱催化（阴离子聚合）的开环聚合。工业上由己内酰胺合成尼龙 -6 纤维时，采用水解聚合，在 250 ~ 270 ℃的高温条件下，以水（0.1% ~10%）为引发剂，由己内酰胺连续聚合生成尼龙 -6，属于逐步聚合机理。己内酰胺进行阴离子开环聚合时，以碱金属为引发剂，当体系中加入乙酸酐、乙酰氯等酰基化试剂时，反应在 150 ℃下只需几分钟即可完成，因为反应放热较少(13.4 kJ/mol)，本体聚合升温不高，因此发展为单体浇铸聚合，称为铸型尼龙，可以制备大型机械零部件。铸型尼龙是广泛使用的热塑性工程塑料具有机械强度高、尺寸稳定性好、耐磨性好、自润滑作用好等优点。

己内酰胺的阴离子开环聚合常用的引发剂主要是碱金属、碱金属的氢化物、碱金属的氢氧化物、碱金属的酰胺化物及有机金属化合物等。碱金属作催化剂，己内酰胺进行阴离子聚合具有活性聚合的特征，但引发和增长都有其特殊性，其反应过程如下所示。

链引发：

NaOH, △

己内酰胺阴离子 I

二聚体胺阴离子 II

链增长：

$$\text{(C=O)N}-\underset{\|}{\overset{}{C}}\!\!-\!\!(CH_2)_5\!-\!\overset{\ominus}{N}HNa^{\oplus} + \text{己内酰胺(NH)} \xrightarrow{\text{快速}} \text{(C=O)N}-\underset{\|}{C}(O)-(CH_2)_5-NH_2 + \text{(C=O)}\overset{\ominus}{N}Na^{\oplus}$$

二聚体胺阴离子Ⅱ　　二聚体Ⅲ　　己内酰胺阴离子Ⅰ

$$\text{(C=O)}\overset{\ominus}{N}Na^{\oplus} + \text{(C=O)N}-\underset{\|}{C}(O)-(CH_2)_5-NH_2 \longrightarrow \text{(C=O)N}-\underset{\|}{C}(O)-(CH_2)_5-\underset{Na^{\oplus}}{\overset{\ominus}{N}}-\overset{O}{\overset{\|}{C}}-(CH_2)_5-NH_2$$

己内酰胺阴离子Ⅰ　　二聚体Ⅲ　　预聚体阴离子Ⅳ

$$\xrightarrow{\text{己内酰胺(NH)}} \text{(C=O)N}-\underset{\|}{C}(O)-(CH_2)_5-NH-\overset{O}{\overset{\|}{C}}-(CH_2)_5-NH_2 + \text{(C=O)}\overset{\ominus}{N}Na^{\oplus}$$

链引发，即单体阴离子的形成：己内酰胺与碱金属反应生成内酰胺阴离子活性种Ⅰ，内酰胺阴离子并不开环，而去进攻另外一个内酰胺单体，生成活泼的二聚体胺阴离子Ⅱ；二聚体胺阴离子Ⅱ无共轭效应，活性高，但是不直接引发单体，而是夺取另一个己内酰胺单体上的质子而发生链转移，形成二聚体Ⅲ和一个内酰胺阴离子Ⅰ；低活性内酰胺阴离子Ⅰ使高活性的二聚体Ⅲ开环聚合，得到预聚体阴离子Ⅳ；Ⅳ再与单体进行质子交换，得到三聚体和己内酰胺阴离子。重复上述过程，实现链增长。

由此可知，己内酰胺的阴离子开环聚合的动力学特征是速率与单体浓度无直接关系，而是取决于活化单体和内酰胺阴离子Ⅰ的浓度，这两物种的浓度取决于碱的浓度，因此速率取决于碱的浓度。当反应体系中加入一些酰基化试剂（酰氯、酸酐、异氰酸酯等）作为活化剂时，己内酰胺单体与酰化试剂反应可生成酰基化的 N－酰基内酰胺，可缩短反应诱导期，提高反应速率。

三、仪器与药品

实验仪器：两口烧瓶（50 mL）、电热套、温度计、干燥管、玻璃套管、橡皮塞。

实验药品：己内酰胺、金属钠、二甲苯。

四、实验步骤

（1）在一个 50 mL 两口烧瓶上，一口接玻璃套管，另一口塞上橡皮塞，反复抽真空—充氮气三次，以除去烧瓶中的空气。

（2）在氮气保护下加入 15 g 己内酰胺，将烧瓶加热到约 100 ℃，使己内酰胺熔融，然后将分散着金属钠细粒的二甲苯（0.1 g 金属钠分散在 5 mL 二甲苯中）溶液加入熔融的己内酰胺中，将玻璃毛细管直插瓶底，缓慢通入氮气。另一口改接干燥管（图 2－8），并将烧瓶温

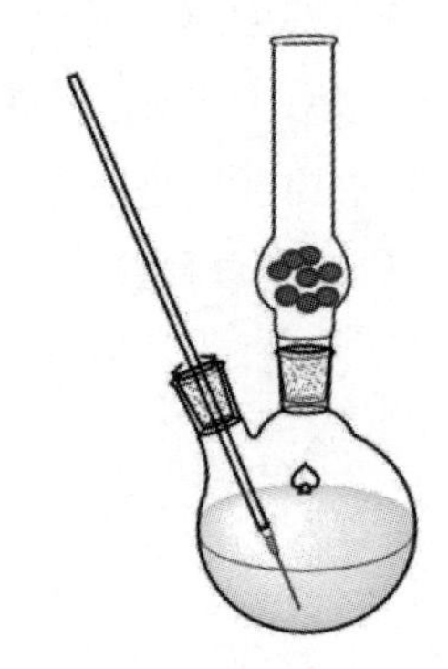

图 2－8　己内酰胺开环聚合装置

度加至约 260 ℃。聚合反应开始，约在 5 min 内完成，聚合过程可通过估计氮气泡经黏稠溶液的上升速率来进行观察。

（3）趁热将聚合物熔体迅速倒入烧杯中冷却，得到聚合物尼龙-6。

五、注意事项

（1）使用己内酰胺、金属钠时，需要注意使用安全并注意防护。

（2）实验过程中，尽可能除去体系中的水分和氧气。

（3）如果聚合物在 260 ℃下保持时间过长，则链降解会变得明显。

六、思考题

（1）比较己内酰胺水解开环聚合与阴离子开环聚合的异同。

（2）影响阴离子开环聚合的因素有哪些？

七、实验拓展

1. 己内酰胺的水解聚合

将己内酰胺用环己烷重结晶两次，室温下用五氧化二磷真空干燥处理 48 h 后使用。将机械搅拌器、温度计、导气管和直形冷凝管装配在三口烧瓶上，对反应瓶进行抽真空—充氮气操作，重复三次，除去空气。在氮气保护下，将 18 g 己内酰胺和 ω-氨基己酸（2 g）加入反应瓶中，用加热套加热至反应体系熔融。于 140 ℃下开始搅拌，缓慢升温至 250 ℃，继续反应5 h，生成几乎无色的高黏度熔融物。用玻璃棒蘸取聚合物熔体，能够慢慢拉出长丝。趁聚合物处于熔融状态，迅速将产物倒入烧杯中冷却，即得尼龙-6；少量未反应的己内酰胺和低聚物可用热水和甲醇抽提去除。

2. 铸型尼龙制备

在 50 mL 两口烧瓶中加入 25 g 己内酰胺，加热到 110 ℃，加入氢氧化钠 45 mg（单体的摩尔分数为 0.5%），并在搅拌下抽真空。升高温度至 130~140 ℃，并在此温度下保持真空 15~20 min，以保证尽量除去水分。停止抽真空，加入 0.182 g 甲苯二异氰酸酯（单体的摩尔分数为 0.3%），搅拌后迅速倒入烘箱中维持 160 ℃恒温的干燥模具（可以用试管代替）中，在烘箱中保温 15 min 即开始聚合，保温 1 h 后取出脱模，得到与模具同形状的铸型尼龙-6。

八、背景知识

尼龙-6 是己内酰胺开环聚合制备的，其结构与尼龙-66 的相似，产量仅次于尼龙-66。二者的主要区别是尼龙-6 具有较低的熔点、较大的吸湿性及优良的染色性能，并且工艺温度范围很宽。铸型尼龙-6 用于制造轴承、齿轮等制件，比尼龙-66 具有更高的冲击强度；作为热塑性工程塑料，因其高强、质轻，被用于制造家具的脚轮，且耐水、耐油。

实验十三 界面缩聚制备尼龙-66

一、实验目的

（1）学习用己二胺与己二酰氯进行界面缩聚反应生成尼龙-66 的方法。

（2）掌握缩聚反应的原理及对聚合物相对分子质量的控制。

二、实验原理

缩聚反应是一类重要的高分子合成反应，是指具有两个（或以上）官能团的小分子化合物通过多次缩合反应生成高聚物，并伴随有小分子副产物生成的聚合过程。涤纶、尼龙、聚氨酯、酚醛树脂、环氧树脂等都是通过缩聚反应制备的。

缩聚反应属于逐步聚合机理，聚合过程包含许多阶段性的重复反应，每一阶段都得到稳定化合物，聚合体系含有二聚体、四聚体、十聚体、…、n 聚体等。聚合过程中单体消失很快，但反应初期聚合物的相对分子质量很小，随着时间的增加而增加。在缩聚反应中，任何物种（单体、低聚物、共聚物）的官能团之间都能发生缩合反应，且各步反应速度常数相同；用反应程度来反映缩聚反应的真实过程；延长反应时间可以提高反应程度，从而提高聚合物的相对分子质量。

对于缩聚反应而言，相对分子质量的控制更为重要。要想得到高相对分子质量的缩聚物，要求参加反应的官能团必须等摩尔配比、反应程度高、平衡常数大。因此，要求反应原料要纯、称量要精确且不含单官能团化合物；对于平衡缩聚反应，平衡常数要大，并且不断除去小分子副产物，使平衡右移，提高相对分子质量。

界面缩聚是缩聚反应特有的方式。将两种单体分别溶解于水和一种与水互不相溶的溶剂中，然后将两种溶液混合，聚合反应只发生在两相界面上。如工业上用光气法生产聚碳酸酯即采用界面缩聚的方法。界面聚合要求单体有很高的反应活性，例如己二胺与己二酰氯制备尼龙－66是实验室常用的方法。己二胺的水溶液为水相（上层），己二酰氯的四氯化碳溶液为有机相（下层），两者混合时，由于胺基与酰氯的反应速率常数很高，在两相界面上立即就可以生成聚合物的薄膜，即为尼龙－66：

$$n\,Cl\text{-}CO(CH_2)_4CO\text{-}Cl + n\,H_2N(CH_2)_6NH_2 \longrightarrow \left[\text{-}CO(CH_2)_4CO\text{-}NH(CH_2)_6NH\text{-}\right]_n + 2n\,HCl$$

界面缩聚有下列优点：① 单体活性高，反应快，可在室温下进行；② 设备简单，操作容易；③ 制备相对分子质量大的聚合物常常不需要严格的等当量比，反应主要与界面处的单体浓度有关，产物的相对分子质量可通过选择有机溶剂来控制，大部分反应是在界面的有机溶剂一侧进行的，较良溶剂只能使相对分子质量大的级分沉淀；④ 可连续性获得聚合物。

界面缩聚方法已经应用于很多聚合物的合成，例如聚酰胺、聚碳酸酯及聚氨基甲酸酯等。这种聚合方法也有缺点，如二元酰氯单体成本高、需要使用和回收大量溶剂等。

本实验用己二酰氯和己二胺的界面缩聚来制备尼龙－66（图2－9）。

三、仪器及药品

仪器：烧杯（100 mL）、玻璃棒。

药品：己二胺、己二酰氯、水、四氯化碳、氢氧化钠、盐酸溶液（3%）。

四、实验步骤

（1）己二胺氢氧化钠水溶液的配制：将己二胺0.2 g（1.75 mmol）及氢氧化钠1.4 g放入100 mL的烧杯中，加水25 mL溶解（标记为A瓶）。（注意：夏季气温高时，加冰冷却外部，使水温保持在10～20 ℃。）

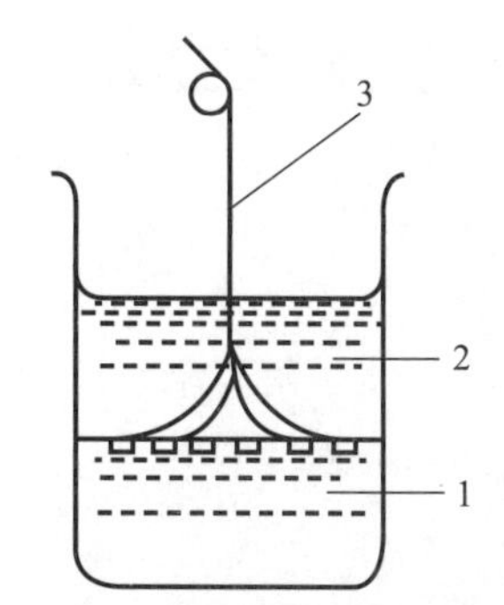

图2-9　界面缩聚制备尼龙-66

1—己二酰氯的四氯化碳溶液；2—己二胺的水溶液；3—尼龙-66丝

（2）己二酰氯的四氯化碳溶液的配制：将己二酰氯0.32 g（1.75 mmol）放入另一个干燥的100 mL烧杯中，加入25 mL干燥的四氯化碳并将其溶解（标记为B瓶）。

（3）界面缩聚：将A瓶中的溶液沿着玻璃棒徐徐倒入B瓶内，稍等片刻，在两相界面上立刻生成白色的尼龙-66薄膜。

（4）拉丝：用镊子小心地将聚合物薄膜夹起并拉成一根长丝绕在玻璃棒上，转动玻璃棒，以便连续不断地收集聚合物，直至己二酰氯反应完毕为止。

（5）聚合物的处理：用3%的盐酸溶液洗涤聚合物以终止聚合，再用蒸馏水洗涤3～4次，至洗涤液呈中性，抽滤或挤压，置于60 ℃烘箱中烘干或自然晾干，称重并计算产率。

（6）如果将己二酰氯换成辛二酰氯或癸二酰氯，则可以聚合制备尼龙-68和尼龙-610。

五、注意事项

（1）己二酰氯容易与水反应，并且对皮肤、黏膜有损伤。取用时注意安全，不可过于接近瓶口，用完及时盖好瓶盖。配好的溶液及时使用。如不小心溅到皮肤上，及时用大量水冲洗。

（2）混合备用液时要小心倾倒，以免破坏界面。此外，尽量使用小烧杯，烧杯太大，溶液少，界面的平整性会受到影响。

（3）四氯化碳可引起急性中毒、中枢神经系统和以肝、肾损害为主的全身性疾病。短期内吸入高浓度四氯化碳会迅速出现昏迷、抽搐，可因心室颤动或呼吸中枢麻痹而猝死。口服中毒时，肝脏损害明显，因此注意防护。

（4）己二胺毒性较大，主要通过吸入、食入、经皮吸收侵入。其蒸气对眼和上呼吸道有刺激作用，吸入高浓度时，可引起剧烈头痛。溅入眼内，可引起失明。当皮肤接触时，用大量流动清水彻底冲洗。误服者立即漱口、饮牛奶或蛋清。

（5）本实验所有操作都必须在通风橱中进行。

六、思考题

（1）为什么在水相中加入氢氧化钠？如果不加，对聚合反应有何影响？

（2）己二酰氯和己二胺是否一定要等摩尔配比投料？

（3）反应结束后加3% HCl的作用是什么？

实验十四　溶液缩聚制备聚己二酸乙二酯

一、实验目的

（1）通过改变己二酸乙二酯制备的反应条件，了解影响反应程度的因素。

（2）分析副产物的析出情况，进一步了解聚酯类缩聚反应的特点。

（3）通过出水量计算缩聚反应的反应程度。

二、实验原理

双官能团或多官能团的单体通过多次缩合反应，同时消除小分子副产物，生成长链高分子的反应称为缩聚反应。缩聚反应分为线形缩聚和体型缩聚，利用缩聚反应能制备很多品种的高分子材料，如聚酯、聚酰胺、聚氨酯、酚醛树脂等。

线形缩聚是可逆平衡反应，缩聚物的相对分子质量受平衡常数的影响显著。聚酯反应的平衡常数一般较小（$K=4\sim10$）。当将副产物从聚合体系中除去时，平衡反应向右移动，反应程度提高，从而提高聚合物的相对分子质量。除了单体结构和端基活性的影响外，影响聚酯反应的主要因素有配料比、反应温度、催化剂、反应时间、水除去的程度等。

平衡缩聚：

$$\mathrm{aAa + bBb \rightleftharpoons aABb + ab}$$

$$\mathrm{aABb + aAa(bBb) \rightleftharpoons aABAa(bBABb) + ab}$$

$$\mathrm{aABb + aABb \rightleftharpoons aABABa + ab}$$

$$\vdots$$

$$n-\text{聚体}+m-\text{聚体} \rightleftharpoons (n+m)-\text{聚体}+\mathrm{ab}$$

线形聚酯的平衡缩聚：

$$\mathrm{HOOC—R—COOH + HO—R'—OH} \underset{\text{水解}}{\overset{\text{聚合}}{\rightleftharpoons}} \mathrm{\lbrack OC—R—CO—O—R'—O \rbrack_{\mathit{n}}} + (2n-1)\mathrm{H_2O}$$

配料比和反应程度对聚酯的相对分子质量影响很大，任何一种单体过量，都会起封端作用，降低相对分子质量；采用催化剂可提高反应速度；升高反应温度一般也能提高反应速度，提高反应程度，但反应温度的选择需要考虑单体的沸点及单体与聚合物的热稳定性。反应中小分子副产物的存在影响了高分子产物的生成，因此去除副产物越彻底，反应程度越大，聚酯的相对分子质量越高。为了去除水分，聚酯的制备过程中可以采取提高反应温度、降低聚合体系压力、通入惰性气体等方法。此外，延长反应时间也可提高反应程度和聚合物的相对分子质量。

等摩尔配比投料时，平均聚合度 $\overline{X}_n$ 与反应程度 p 之间的关系为 $\overline{X}_n = 1/(1-p)$ ，如果要求聚合物的 $\overline{X}_n = 100$ ，则需使 $p=0.99$，因此，要获得相对分子质量较大的产品，必须提高反应程度。在缩聚反应中，反应程度可通过副产物生成量来计算：$p = n/n_0$ ，其中 n 为收集到的副产物的量，n_0 为副产物的理论产量。

聚酯反应体系中，有羧基官能团存在，还可以通过测定反应过程中酸值的变化，来了解反应进行的程度（或平衡是否达到）。

三、实验仪器和试剂

实验仪器：三口烧瓶（250 mL）、机械搅拌器、分水器、温度计、球形冷凝管、量筒（100 mL、250 mL）、培养皿。

实验试剂：己二酸、乙二醇、对甲苯磺酸、十氢萘。

四、实验步骤

（1）如图2－10（a）所示，装好聚合装置。在三口烧瓶中先后加入36.5 g（0.25 mol）己二酸、14 mL（0.25 mol）乙二醇、少量对甲苯磺酸及15 mL十氢萘，分水器内加入15 mL十氢萘。

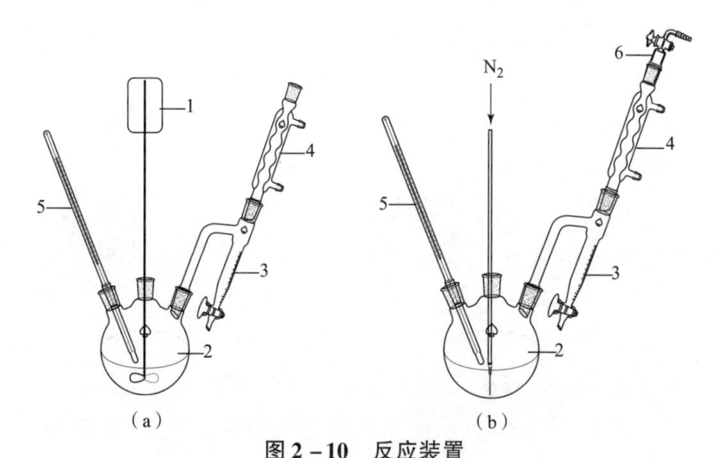

图2－10　反应装置

（a）制备装置；（b）减压装置

1—机械搅拌器；2—三口烧瓶；3—分水器；4—球形冷凝管；5—温度计，6—90°通气管

（2）用电热套加热，搅拌下15 min内升温至160 ℃，保持此温度反应1.5 h，每隔15 min记录一次析出水量。

（3）将体系升温至200 ℃，再保持此温度反应1.5 h，同时每隔15 min记录一次析出水量。

（4）将反应装置改成减压装置（图2－10（b）），放出分水器中的水，在200 ℃、13.3 kPa（100 mmHg）压力下反应0.5 h，同时记录在此条件下的析水量。

（5）反应停止，趁热倒出聚合物，冷却后，得白色蜡状固体，称重。

五、注意事项

（1）本实验由于实验设备、反应条件和时间的限制，不能获得较大相对分子质量聚合物，只能通过改变反应条件来了解缩聚反应的特点及影响反应的各种因素。

（2）本实验为高温实验，操作过程中要避免烫伤。

六、思考题

（1）与聚酯反应程度和相对分子质量大小有关的因素是什么？

（2）实验中保证等物质的量的投料配比有何意义？

（3）根据实验结果画出累积分水量与反应时间的关系图，并讨论反应特点，讨论相对分子质量与反应程度、聚合度的关系。

实验十五　线形酚醛树脂的制备

一、实验目的

（1）掌握反应物的配比和反应条件对酚醛树脂结构的影响。

（2）了解合成线形酚醛树脂的聚合方法；进一步掌握不同预聚体的交联方法。

二、实验原理

酚醛树脂和塑料是世界上最早研制成功并商品化的合成树脂和塑料，目前在热固性聚合物中仍占据重要的地位，主要用作模制品、层压板、黏结剂和涂料。

酚醛树脂是由苯酚和甲醛聚合得到的，甲醛的官能度为2；苯酚中羟基的邻对位是活性基团，官能度为3。苯酚和甲醛之间先加成，形成酚醇或羟甲基的混合物，继而酚醇间缩聚，是一种2+3体系的加成缩聚，在一定的条件下可以得到体型缩聚物。

酚醛树脂分为两种：碱性酚醛树脂和酸性酚醛树脂。

碱性酚醛树脂在强碱催化、甲醛过量条件下制备。苯酚与甲醛的摩尔配比为1∶(1.1～1.2)。将苯酚、40%的甲醛水溶液、氢氧化钠或氨气（苯酚用量的1%）混合，加热回流1～2 h，得到预聚物。若延长反应时间，将会发生交联固化，要定时取样分析产物的溶解性、苯酚含量等，使反应控制在凝胶化之前。反应结束后，中和至中性或微酸性，减压脱水。预聚物为液体或固体，相对分子质量一般为500～5 000，呈微酸性，其水溶性与相对分子质量及组成有关。碱性酚醛预聚物常在180 ℃进行交联固化，交联和预聚的化学反应相同。碱性酚醛树脂预聚物多在工厂内直接使用，与木粉混合经压机热压制合成板；或将浸有树脂的纸张热压成层压板。

酸性酚醛树脂是在酸催化、苯酚过量条件下制备的。苯酚与甲醛的摩尔配比为1∶0.8，常以草酸（用量为苯酚的1%～2%）或硫酸（用量低于苯酚的1%）作催化剂，加热回流2～4 h，反应完成。将聚合反应混合物在高温脱水、冷却后粉碎，混入5%～15%的六亚甲基四胺（交联剂），加热即迅速交联。酸性酚醛树脂因加入的甲醛量不足，只能生成相对分子质量小的线形聚合物，也称为结构预聚物。由于聚合物结构中无羟甲基生成，自身不能加热交联，称之为热塑性酚醛树脂。

酚醛树脂塑料具有高强度、尺寸稳定性好、抗冲击、抗蠕变、抗溶剂和耐湿气性能良好等优点。大多数酚醛树脂都需要加填料来增强，通用级酚醛树脂常用黏土、矿物质粉和短纤维来增强，工程级酚醛则要用玻璃纤维、石墨及聚四氟乙烯来增强，使用温度可达150～170 ℃。酚醛聚合物可作为黏结剂，应用于胶合板、纤维板和砂轮，还可作为涂料，如酚醛清漆。含有酚醛树脂的复合材料可以用于航空飞行器，它还可以做成开关、插座机壳等。

本实验以草酸为催化剂进行苯酚和甲醛的聚合，甲醛用量相对不足，得到线形酚醛树脂。线形酚醛树脂可作为合成环氧树脂原料，也可作为环氧树脂的交联剂。

$$CH_2O \xrightarrow{H^+} HOCH_2^+ \xrightarrow{C_6H_5OH} \left[\text{(OH)}C_6H_5^{\oplus}(H)CH_2OH \right] \xrightarrow{-H^+} o\text{-}HOC_6H_4CH_2OH$$

$$\xrightarrow[H^+]{C_6H_5OH} HOC_6H_4\text{-}CH_2\text{-}C_6H_4OH \xrightarrow[H^+]{HOC_6H_4CH_2OH} HOC_6H_4\text{-}CH_2\text{-}[C_6H_3(OH)\text{-}CH_2]_n\text{-}C_6H_4OH$$

三、实验仪器与试剂

实验仪器：三口烧瓶（250 mL）、球形冷凝管、机械搅拌器、恒温水浴、减压蒸馏装置。

实验试剂：苯酚、甲醛水溶液（37%）、草酸、六亚甲基四胺。

四、实验步骤

（1）线形酚醛树脂的制备：向装有机械搅拌器、回流冷凝管和温度计的三口烧瓶中加入 18.5 g 苯酚（0.21 mol）、13.8 g 浓度为 37% 的甲醛水溶液（0.17 mol）、2.5 mL 蒸馏水（若甲醛溶液浓度偏低，可按比例减少水量）和 0.3 g 水合草酸，水浴加热并开动搅拌，反应混合物回流 1.5 h。然后加入 90 mL 蒸馏水，搅拌均匀后，冷却至室温后明显出现白色黏稠状沉淀，分离出水层。

（2）减压蒸馏：将上述反应装置改装为减压蒸馏装置（图 2－11），然后逐步升温至 150 ℃，同时减压至真空度为 66.7～133.3 kPa，保持 1 h 左右，除去残留的水分，此时样品一经冷却即成固体。在产物保持可流动状态下，将其从烧瓶中倾出，得到无色脆性固体。

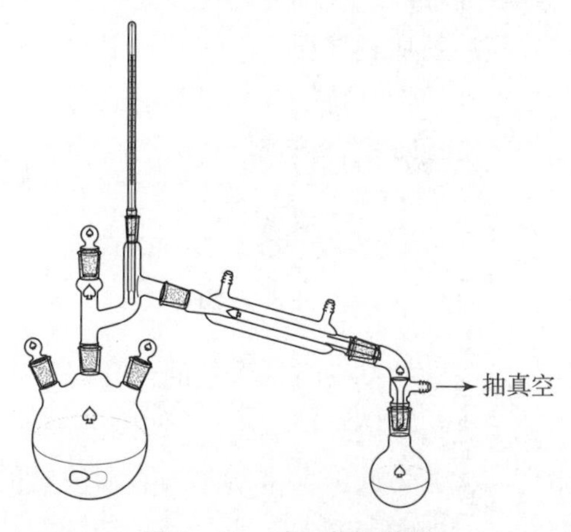

图 2－11　减压蒸馏装置

（3）线形酚醛树脂的固化：取 10 g 酚醛树脂，加入六亚甲基四胺 0.5 g，在研钵中混合均匀。将粉末混合物放入小烧杯中，小心加热使其熔融，观察混合物的流动性变化。

五、注意事项

（1）加热过程要缓慢进行，因苯酚要充分溶解，升温过快，可能会出现凝胶。

（2）实验中，苯酚为固体，且在空气中易被氧化，在实验过程中，先将苯酚融化后再加入三口烧瓶中，因此在加入苯酚时速度应快。

（3）因苯酚具有腐蚀性，注意不要碰到皮肤上。

（4）甲醛是无色、具有强烈气味的刺激性气体，其 35%～40% 的水溶液称为福尔马林。

甲醛是原浆毒物，能与蛋白质结合，吸入高浓度甲醛后，会出现呼吸道的严重刺激和水肿；皮肤直接接触甲醛，可引起皮炎、色斑、坏死。实验中注意避免吸入甲醛蒸气或与皮肤接触。

六、思考题

(1) 线形酚醛树脂和碱性酚醛树脂在结构上有什么差异？

(2) 反应结束后，加入 90 mL 蒸馏水的目的是什么？

(3) 环氧树脂能否作为线形酚醛树脂的交联剂？为什么？

实验十六　聚醚型聚氨酯弹性体的合成

一、实验目的

(1) 通过聚氨酯弹性体的制备，了解逐步加聚反应的特点。

(2) 掌握制备热塑性聚氨酯弹性体的方法和基本操作。

(3) 学习调节嵌段聚合物组分比例的方法，制备不同性能的弹性体，初步掌握 AB 型嵌段共聚物的结构特点。

二、实验原理

逐步聚合是带有不同种类官能团的两种或多种单体通过官能团之间的化学反应进行的，相对分子质量随反应时间的延长而增大。大部分的逐步聚合是缩聚反应，但也有一部分的逐步聚合是加成反应，如合成聚氨酯的加成聚合反应、制备聚苯醚的氧化偶联反应等。

聚氨酯是聚氨基甲酸酯的简称，带有特征基团氨基甲酸酯（—NHCOO—），是应用极其广泛的一类通过加成聚合反应、按逐步聚合机理制备的聚合物。

预聚：

$$n\mathrm{HO{-}R_1{-}OH} + n\mathrm{OCN{-}R_2{-}NCO} \longrightarrow \mathrm{ONC}\left[\mathrm{R_2{-}NH{-}\overset{\overset{\displaystyle O}{\|}}{C}{-}O{-}R_1{-}O{-}\overset{\overset{\displaystyle O}{\|}}{C}{-}NH}\right]_n\mathrm{R_2{-}CNO}$$

聚氨酯通常是以二异氰酸酯与末端基含有活泼氢的化合物之间的反应为基础，生成含有异氰酸根的预聚物，再与小分子进行扩链反应制得的。聚氨酯的原料选择十分广泛，其中二异氰酸酯可以是脂肪族、脂环族或芳香族的；末端基含有活泼氢的化合物多指二醇低聚物，如不同相对分子质量的聚酯二醇、聚醚二醇等；小分子扩链剂的选择更为多样，如二元醇、多醇、二元胺等。因此，聚氨酯材料的性能可以通过原料的选择及其配方在很宽的范围内进行调节。聚氨酯分子结构中大量的极性键及分子间氢键作用使之具有许多优异的性能，尤其是物理机械性能好，耐磨，附着能力强，耐高温、低温性能优良，耐腐蚀性优良，电性能良好等，可用于制造弹性纤维、弹性体、涂料、黏结剂、软/硬泡沫塑料、人造革等。

聚氨酯的分子结构可分为软段和硬段，称为软硬嵌段聚合物。相对分子质量小的聚醚或聚酯为软段，异氰酸根与扩链剂二元醇或二元胺反应生成的聚脲段形成硬段。聚醚或聚酯段使聚氨酯具有较好的柔顺性，硬段中的聚脲之间的氢键作用使高分子之间的作用力增强，内聚能增大，使聚氨酯材料表现出更加优异的力学性能。同时，通过调节软段的组成、相对分子质量及软硬段的连接方式，还可以调控聚氨酯的性能，如采用聚醚二醇制得的聚氨酯比用聚酯二醇制得的聚氨酯具有更好的抗水解性，但抗氧化性略差；采用不同的二异氰酸酯及扩链剂可以改变极性基团的性质，使聚合物的机械强度发生变化。

扩链：

$$\text{OCN}\sim\sim\sim\text{NCO} + \text{H}_2\text{N—NH}_2 \longrightarrow \sim\sim \underbrace{\text{NH}\overset{\text{O}}{\overset{\|}{\text{C}}}\text{NH—NH}\overset{\text{O}}{\overset{\|}{\text{C}}}\text{NH}}_{\text{硬段}}\underbrace{\sim\sim\sim\sim}_{\text{软段}}\text{NH}\overset{\text{O}}{\overset{\|}{\text{C}}}\text{NH—N}\overset{\text{O}}{\overset{\|}{\text{C}}}\text{NH}\sim\sim$$

本实验以 1,4 - 丁二醇为扩链剂、N,N - 二甲基甲酰胺（DMF）为溶剂，用相对分子质量为 900 的端羟基聚丙二醇与 4,4′ - 二苯基甲烷二异氰酸酯（MDI）进行逐步加成聚合制备聚氨酯弹性体。

三、仪器和药品

实验仪器：机械搅拌器、三口烧瓶（250 mL）、恒压滴液漏斗（25 mL）、回流冷凝管、滴液漏斗、恒温油浴。

实验试剂：聚丙二醇 1000（$\overline{M}_w$ = 1 000）、二苯基甲烷 - 4,4′ - 二异氰酸酯（MDI）、1,4 - 丁二醇、N,N - 二甲基甲酰胺（DMF）、2,6 - 二叔丁基对甲酚（BHT，又称抗氧剂 264）。

四、实验步骤

（1）按图 2 - 12 所示装好实验装置。在装有回流冷凝管（带有干燥管）、滴液漏斗和温度计的 250 mL 洁净、干燥的三口烧瓶中，加入 10 g（0.04 mol）二苯基甲烷 - 4,4′ - 二异氰酸酯（MDI）和 10 mL 干燥的 DMF，升温至 60 ℃，在搅拌下缓慢滴加 20 g（0.02 mol）干燥后的聚丙二醇，滴加完毕后，用少量 DMF 溶剂将滴液漏斗冲洗干净。继续保持在 60 ℃下反应 1 h，得到无色透明预聚体溶液。

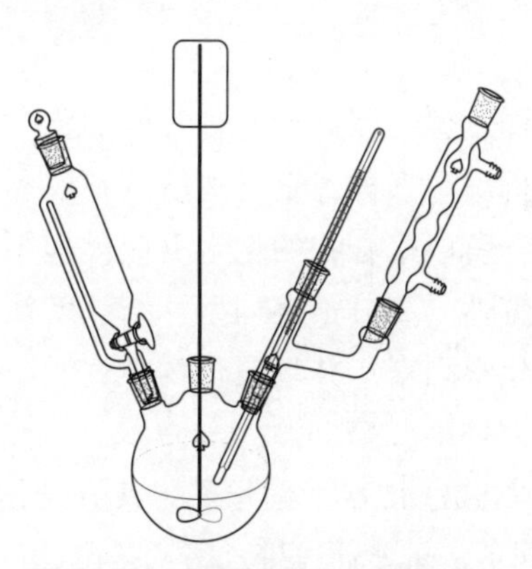

图 2 - 12　聚氨酯弹性体制备装置

（2）通过滴液漏斗向上述预聚液中滴加溶有 1,4 - 丁二醇（1.8 g，0.02 mol）的 DMF 溶液 15 mL，当聚合体系黏度增加时，适当加快搅拌速度，滴加完毕后，升温至 80 ℃反应 3 h，若反应液黏度过大，可补加适量的干燥 DMF。

（3）反应结束时，向烧瓶内加入溶有 2,6 - 二叔丁基对甲酚（0.3 g）的 DMF 溶液 5 mL，搅拌均匀；然后把反应物倒入一个事先做好的模具上，溶液层厚度为 4 ~ 5 mm，趁热将模具放入真空干燥箱中，抽真空以排除溶液内的气泡。气泡排净后拿出晾干，放入鼓风干燥箱中，于 50 ℃干燥 48 h，然后再于 80 ℃鼓风干燥箱干燥 2 h，制得聚醚型聚氨酯弹性体的薄膜。

五、注意事项

(1) 注意控制聚丙二醇的滴加速度，不能过快，防止温度突然升高。

(2) 加入扩链剂丁二醇后，若反应液黏度过大，可根据具体情况补加适量的干燥 DMF，搅拌均匀。

(3) 模具是一个 15 cm × 12 cm 的玻璃板，周围粘上较硬的纸条。

(4) 二苯基甲烷 -4,4′ - 二异氰酸酯为有毒化学品，通过皮肤吸入或误服，会对皮肤、黏膜、呼吸系统、消化系统有强烈刺激作用或造成伤害；对潮湿敏感，遇水分解放出一氧化碳、氮氧化物、氢化氰等有毒气体。

六、思考题

(1) 什么是热塑性弹性体？其特点是什么？

(2) 在合成聚氨酯过程中，如反应体系进水，会发生哪些反应？写出相关反应式。

(3) 按本实验用的原料写出与合成聚醚型聚氨酯有关的化学反应式。

实验十七　聚乙酸乙烯酯的醇解反应——聚乙烯醇的制备

一、实验目的

(1) 了解聚合物化学反应的基本特征。

(2) 掌握聚乙酸乙烯酯的醇解反应原理、特点及醇解程度的影响因素。

(3) 掌握由聚乙酸乙烯酯醇解制备聚乙烯醇的一般制备方法。

二、实验原理

聚合物和小分子化合物一样，也可以进行各种各样的化学反应。但是聚合物的相对分子质量很高，具有多分散性，结构层次多样；聚合物溶液不仅黏度较大，且发生化学反应后产物的溶解性会发生很大的变化，所以聚合物的化学反应过程更加复杂，影响因素更多，如聚合物相对分子质量的大小、溶解性、高分子链构型、结晶度及其聚集态结构等物理因素，以及概率效应和邻近基团效应等化学因素。并且聚合物中官能团的反应活性较低，因而转化率较低，得到的产物多为混合物，较难分离。

聚乙烯醇（PVA）是一种重要的水溶性高分子，其分子链中含有大量的羟基（—OH）。聚乙烯醇不能直接由单体聚合制备，只能通过聚乙酸乙烯酯的醇解或水解反应来制备，而醇解法制成的 PVA 精制容易，纯度较高，产物性能较好，因此工业上通常采用醇解法制备聚乙烯醇。

$$\underset{\text{(PVAc)}}{\left[CH_2-\underset{\underset{\underset{\underset{CH_3}{|}}{C=O}}{|}}{\overset{}{CH}}\underset{O}{}\right]_n}\ \xrightarrow[\text{MeOH}]{\text{NaOH}}\ \underset{\text{(PVA)}}{\left[CH_2-\underset{OH}{CH}\right]_n}$$

聚乙酸乙烯酯的醇解可以在酸性或碱性条件下进行。酸性条件下的醇解反应产物中的痕量酸难以除去，而残留的酸会加速 PVA 的脱水作用，使产物变黄或不溶于水，较少采用。碱性条件下醇解时，如果在完全无水条件下，主要进行醇解反应，因碱不易溶于醇中，反应速率较慢。在实际水解过程中，很难做到完全无水，当少量水存在时，NaOH 的解离度增加，催化效率提高，会加快醇解反应；但是当体系的水含量较大时，水的存在会发生副反应，产生 CH_3COONa，消耗了 NaOH，从而降低了对主反应的催化效能，使醇解反应不能完全进行。所以为了尽量避免副反应，但又不使反应速度过慢，必须将物料中的含水量严格控制在 5% 以下。除含水量外，影响醇解度的因素还有：

（1）聚合物的浓度：其他条件不变，聚合物的浓度太高，则黏度大，流动性差，醇解度降低；而浓度太低，反应速度减慢，溶剂的回收再利用的工作量大。一般为 22%。

（2）NaOH 用量：加大用量对醇解速度、醇解率影响不大，但会增加 CH_3COONa 的含量，影响反应质量。一般用量为聚乙酸乙烯酯摩尔数的 12%。

（3）反应温度：提高温度，会加快醇解速度，但是副反应增多，一般为 45 ~ 48 ℃。

（4）相变：因为聚乙酸乙烯酯可溶于甲醇，但是聚乙烯醇不溶于甲醇，因此反应进行到一定程度时会变成非均相。若析出聚乙烯醇，醇解无法继续进行，因此必须在刚出现胶冻时强烈搅拌将其打碎，才能保证醇解较为完全，提高醇解度。

三、仪器和试剂

实验仪器：三口烧瓶（250 mL）、回流冷凝管、机械搅拌器、恒温水浴、滴液漏斗（100 mL）、量筒（100 mL）、布氏漏斗、抽滤瓶。

实验试剂：聚乙酸乙烯酯、甲醇、氢氧化钠。

四、实验步骤

（1）在装有搅拌器和球形冷凝管的 250 mL 三口烧瓶中加入 90 mL 无水甲醇，并在搅拌下缓慢加入剪成碎片的聚乙酸乙烯酯 15 g，加热回流搅拌使其溶解。或者将采用溶液法制备的聚乙酸乙烯酯的甲醇溶液加适量无水甲醇稀释后进行醇解。

（2）在 25 ℃下慢慢滴加 5% 的 NaOH/甲醇溶液 3.0 mL（约 2 s/滴）。仔细观察反应体系，反应进行 1 ~ 1.5 h 发生相转变，出现胶冻现象时，立即剧烈搅拌，持续 0.5 h，打碎胶冻后再滴加 4.5 mL 5% 的 NaOH/甲醇溶液，继续反应 0.5 h；随后升温至 60 ℃搅拌反应 1 h。

（3）反应结束后降至室温，用布氏漏斗减压过滤，得到白色的聚乙烯醇（PVA），用 15 mL 甲醇洗涤 3 次。将产品放在表面皿上，捣碎并尽量散开，自然干燥后放入真空烘箱中，在 50 ℃下干燥 1 h，再称重，恒重后计算产率。

五、注意事项

（1）溶解聚乙酸乙烯酯时要先加甲醇，搅拌下缓慢将聚合物碎片加入，否则将黏成团，影响溶解。

（2）为避免醇解过程中出现胶冻甚至产物结块，NaOH/甲醇溶液的滴加速度要慢，并分两次加入。若发现可能出现胶冻时，应加快搅拌速度，并适当补加一些甲醇。

（3）甲醇有毒，可以用乙醇代替，但是转化率会略低，并且制备的聚乙烯醇会发黄。

（4）可以采取酸碱滴定的方法测定聚乙烯醇的醇解度。

六、思考题

（1）在乙酸乙烯酯的醇解过程中为什么会出现胶冻？如何解决？

（2）聚乙烯醇的制备过程中，醇解度的影响因素有哪些？为了获得较高的醇解度，实验过程中要控制哪些条件？

（3）如果聚乙酸乙烯酯干燥不彻底，仍含有未反应的单体和水，醇解过程中会发生什么现象？

七、背景知识

随着醇解度的不同，聚乙烯醇的性质与用途不同；若醇解度小于30%，主要用作黏结剂和涂料；醇解度在65%～85%时，可溶于冷水和热水，用作分散剂、表面活性剂或织物整理剂等；醇解度大于95%时，溶于热水，用于生产维尼纶纤维。

聚乙烯醇具有优良的黏结性、柔韧性、成模性及良好的机械强度，所以适用于纺织浆料，并且改变醇解度可以改变其亲水或疏水性能，从而得到适用于聚酯等憎水性纤维的聚乙烯醇，又可以得到适用于亲水性强的棉纤维的聚乙烯醇。醇解度低的聚乙烯醇适用于聚酯纤维的上浆，醇解度高的适用于棉纤维上浆。聚乙烯醇还可以用于造纸工业。

中国生产的商品化的聚乙烯醇有1799号和1788号，代表聚合度为1 700、醇解度分别是99%和88%。

实验十八　聚乙烯醇的缩醛化反应

一、实验目的

（1）加深对高分子化学反应基本原理的理解及其影响因素。

（2）了解聚乙烯醇缩醛化的基本原理及聚乙烯醇缩甲醛的制备方法。

（3）了解通过高分子反应改性聚合物的化学性能及其在工业上的应用。

二、实验原理

聚乙烯醇缩甲醛是利用聚乙烯醇与甲醛在盐酸催化作用下而制得的，其反应如下：

$$CH_2O + H^+ \longrightarrow C^+H_2OH$$

$$\sim CH_2-\underset{OH}{\underset{|}{CH}}-CH_2-\underset{OH}{\underset{|}{CH}}\sim + C^+H_2OH \underset{\text{极慢}}{\overset{\text{缓慢}}{\rightleftharpoons}} \sim CH_2-\underset{OC^+H_2}{\underset{|}{CH}}-CH_2-\underset{OH}{\underset{|}{CH}}\sim + H_2O$$

$$\sim CH_2-\underset{OC^+H_2}{\underset{|}{CH}}-CH_2-\underset{OH}{\underset{|}{CH}}\sim \underset{\text{极慢}}{\overset{\text{迅速}}{\rightleftharpoons}} \sim CH_2-\underset{O-}{\underset{|}{CH}}-CH_2-\underset{-O}{\underset{|}{CH}}\sim + H^+ \quad (O-CH_2-O)$$

由于概率效应，聚乙烯醇中邻近羟基成环后，中间往往会夹着一些无法成环的孤立的羟基，因此缩醛化反应不能完全。把已缩合的羟基量占原始羟基量的百分数称为缩醛度。聚乙烯醇缩甲醛随缩醛化程度的不同，性质和用途各有所不同。缩醛化产物能溶于甲酸、乙酸、二氧六环、氯化烃（二氯乙烷、氯仿、二氯甲烷）、乙醇/甲苯混合物中。作为维尼纶纤维用的聚乙烯醇缩甲醛，其缩醛度控制在35%左右，它不溶于水，是性能优良的合成纤维。

聚乙烯醇溶于水，而反应产物聚乙烯醇缩甲醛不溶于水，因此，随着反应的进行，逐渐由均相体系变成非均相体系。本实验是合成水溶性聚乙烯醇缩甲醛，实验中要控制适宜的缩醛度，以保持产物的水溶性，使体系保持均相。若反应过于猛烈，则会造成局部高缩醛度，导致不溶性物质存在于胶水中，影响胶水的质量。因此，在反应过程中，要特别注意严格控制催化剂用量、反应温度、反应时间及反应物比例等因素。

三、实验仪器与试剂

实验仪器：恒温水浴、机械搅拌器、温度计、三口烧瓶（250 mL）、球形冷凝管、量筒（10 mL、100 mL）。

实验试剂：聚乙烯醇 1799（PVA）、甲醛水溶液（40% 工业甲醛）、盐酸、NaOH、去离子水。

四、实验步骤

（1）按图 2－13 所示装好反应装置。

（2）在 250 mL 三口烧瓶中加入 90 mL 去离子水和 7 g 聚乙烯醇，在搅拌下升温溶解。

（3）升温到 90 ℃，待聚乙烯醇全部溶解后，降温至 85 ℃，加入 3 mL 甲醛水溶液（40%），搅拌 15 min，滴加 10% 的盐酸溶液，控制反应体系 pH＝1～3，保持反应温度 85～90 ℃。

（4）继续搅拌，反应体系逐渐变稠。当体系中出现气泡或有絮状物产生时，立即迅速加入 8% 的 NaOH 溶液 1.5 mL，调节 pH＝8～9，冷却、出料，所获得的无色透明黏稠液体即为胶水。

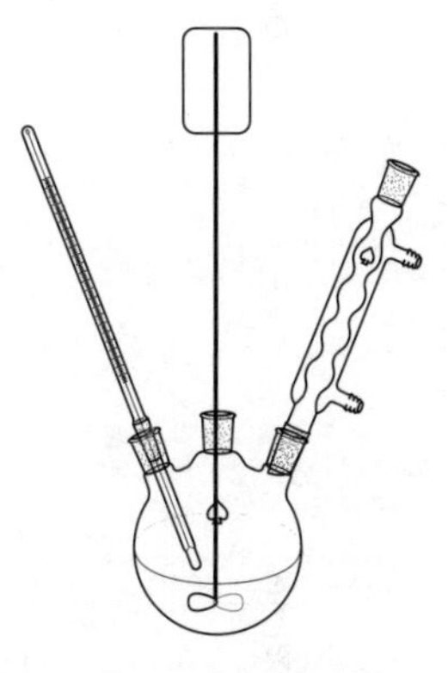

图 2－13　聚乙烯醇的缩醛化反应装置

五、注意事项

（1）甲醛有毒，水洗产物时，不要用手接触甲醛。

（2）由于缩醛化反应的程度较低，胶水中尚含有未反应的甲醛，产物会有刺激性气味。因此，工业生产胶水时，为了降低游离甲醛的含量，常在调整胶水的 pH＝7～8 后加入尿素，发生脲醛化反应。

（3）缩醛基团在碱性环境下较稳定，故要调整胶水的 pH 至碱性，同时还可以防止大分子链间形成氢键作用而使黏度过高。

六、思考题

（1）聚乙烯醇的缩醛化反应最多只能有 80% 的—OH 进行缩醛化，为什么？

（2）为什么缩醛度增加，水溶性下降？

（3）为什么以较稀的聚乙烯醇溶液进行缩醛化？

七、背景资料

早在 1931 年人们就已经研制出聚乙烯醇的纤维，但由于 PVA 具有水溶性而无法实际应用。利用缩醛化减少其水溶性，就使聚乙烯醇有了实际应用价值。用甲醛进行缩醛化反应得到聚乙烯醇缩甲醛，随着缩醛化程度不同，性质和用途有所不同。控制缩醛在35%左右，得到的是维尼纶纤维。维尼纶的强度是棉花的1.5～2.0倍，吸湿性接近天然纤维，又称为合成棉花。

如果控制聚乙烯醇缩甲醛的缩醛度在较低水平，分子中含有的羟基、乙酰基和醛基使之具有较强的黏结性能，可作胶水使用，用来黏结金属、木材、皮革、玻璃、陶瓷、橡胶等。

第3章

高分子物理实验

3.1 聚合物的多级结构

高分子的链结构是指单个分子的结构和形态，分为近程结构和远程结构。近程结构属于化学结构；远程结构包括分子的大小和形态、链的柔顺性及分子在各种环境中所采取的构象。聚集态结构是指高分子材料整体的内部结构，包括晶态、非晶态、取向态、液晶态结构等，它们描述高分子聚集体中分子之间的堆砌方式；高分子链中大量结构单元间的相互作用对其聚集态结构和物理机械性能有着十分重要的影响。织态结构和高分子在生物体中的结构则属于更高级的结构。高分子链的多层次结构分类如图3－1所示。

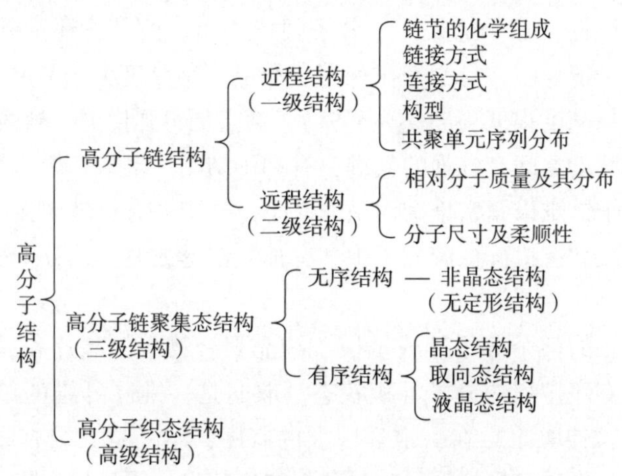

图3－1 高分子链的多层次结构分类表

近程结构又称为一级结构，是指高分子链组成单元的化学结构和立体结构，包括化学组成、键接方式、分子链构型、共聚单元的序列分布等。其中，高分子链化学结构有碳链、杂链、元素有机和无机高分子；单取代烯烃聚合物的键接方式分为头－尾、头－头（或尾－尾）键接，共轭二烯烃的聚合有1,4－、1,2－、3,4－键接方式；结构单元连接方式的不同使高分子链呈线形、支化结构或交联结构；大分子链上取代基在空间的排列方式不同，形成多种立体异构，包括等规（全同）立构、间规（间同）立构和无规立构；二烯烃的1,4－结构聚合物又有顺式和反式两种几何异构体。共聚物中共聚单元序列分布有无规、交替、嵌段和接枝四种方式。

远程结构又称二级结构，是指单个分子链的大小及高分子链的形态。高分子链的大小可以用相对分子质量来描述，聚合物的相对分子质量越大，熔点越高；机械强度也随着相对分子质量的增大而增强，但在相对分子质量达到某一数值时，机械强度增强变缓；同时，相对分子质量的增加使聚合物熔体黏度增大。高分子链的尺寸和形态用高分子链的柔顺性描述。大多数高分子主链中都含有许多单键，单键由分布轴对称的 σ 电子组成，易于发生内旋转，由单键内旋转而产生的分子在空间的不同形态称为构象；因为一个高分子链中有许多的单键，每个单键都能内旋转，因此，高分子链呈现多种构象并具有强烈蜷曲的倾向，这种特性既是高分子链的柔顺性，也是高聚物许多性能不同于小分子物质的主要原因。单键内旋转越自由，蜷曲的倾向越大，高分子链尺寸越小；反之，单键内旋转位阻越大，蜷曲的倾向较小，高分子链尺寸越大。

聚集态结构又称三级结构，是指高分子链之间的排列和堆砌结构，也称为超分子结构。高分子链结构是决定聚合物基本性质的内在因素，聚集态结构随着形成条件的改变会有很大的变化，因此，聚集态结构是直接决定聚合物性质的关键因素。聚集态影响聚合物多方面的行为和性质，如混合、相分离、结晶和其他转变行为，强度、弹性、高分子链取向等性质。同时，温度和溶剂对聚合物的影响也会因聚集态结构的不同而不同。

聚集态结构有晶态和非晶态之分。非晶态（无定形态）普遍存在于聚合物中，包括结晶聚合物的非晶区。聚合物结晶是对称性比较差的低级晶系，存在很多缺陷，主要因为高分子链长径比很大，存在严重的几何尺寸不对称性。聚合物的结晶能力与大分子链的微结构有关，涉及链结构、规整性、分子链柔性、分子间作用力，此外，还受外力作用和温度的影响。如线形聚乙烯分子链规整，易紧密排列形成结晶，结晶度大于90%，熔点高，强度大；带支链的低密聚乙烯结晶度很低（55%～65%），熔点低，强度弱。聚酰胺－66 分子结构与聚乙烯的相似，但酰胺键之间有较强的氢键，有利于结晶。聚苯乙烯、聚甲基丙烯酸甲酯等带有大体积侧基，分子链难以紧密堆砌而呈非晶态，透明的有机玻璃板即为非晶态的聚甲基丙烯酸甲酯。天然橡胶和有机硅橡胶分子中含有孤立双键或醚键，分子链柔顺性好，在室温处于无定形的高弹态。

取向态是指高分子的整个分子链或链段、结晶聚合物中的晶片和晶带等在外力的作用下，沿外力方向产生有序排列的分子堆积状态。取向是一维（纤维的单轴拉伸取向）或二维（塑料薄膜的二维拉伸取向）在一定程度上的有序，结晶是三维有序。取向使得高分子材料的力学性质、光学性质、导热性及声波传播速度等发生明显的变化。如取向高分子具有类似于晶体的双折射现象；力学性能中的抗张强度和挠曲疲劳强度在取向方向上显著增加，在垂直于取向的方向上则降低。取向通常还使材料的玻璃化温度升高，结晶聚合物的密度和结晶度也会提高，因而提高了高分子材料的使用温度。

液晶态是一种过渡态，物质在受热熔融（热致性）或被溶剂溶解（溶致性）后，失去固体的刚性，转变成液体，但其中晶态分子仍保留着有序排列，呈现各向异性，具有双折射现象，兼具晶体和液体双重性质。液晶高分子是在一定的条件下能以液晶态存在的高分子，高相对分子质量和液晶相取向有序的有机结合赋予液晶高分子鲜明的个性与特色，使之具有很高的强度和模量、较小的膨胀系数、优异的光电性能等。

3.2 聚合物的相对分子质量及其分布

聚合物与低分子化合物相比，具有两个显著的特点：相对分子质量很大（大几个数量级）、多分散性（即相对分子质量的不均一性）。同一聚合物试样往往由相对分子质量不等的同系物混合而成，相对分子质量存在一定的分布，通常所指的相对分子质量是平均相对分子质量。平均相对分子质量有多种表示方法，常用的是数均相对分子质量、重均相对分子质量和黏均相对分子质量。

（1）数均相对分子质量（number - average molecular weight, $\overline{M}_n$）：通常采用蒸气压和渗透压等依数性方法测定。相对分子质量小的部分对数均相对分子质量有较大的贡献。

$$\overline{M}_n = \frac{m}{\sum n_i} = \frac{\sum n_i M_i}{\sum n_i} = \frac{\sum m_i}{\sum (m_i/M_i)} = \sum x_i M_i$$

式中，m_i、n_i、M_i、x_i 分别为 i - 聚体的分子质量、分子数、相对分子质量、分子数分率，$i = 1 \sim \infty$。

（2）重均相对分子质量（weight - average molecular weight, $\overline{M}_w$）：通常用光散射法测定。相对分子质量大的部分对重均相对分子质量有较大的贡献。

$$\overline{M}_w = = \frac{\sum m_i M_i}{\sum m_i} = \frac{\sum n_i M_i^2}{\sum n_i M_i} = \sum w_i M_i$$

式中，w_i 为 i - 聚体的质量分率。

凝胶渗透色谱可以同时测得聚合物的数均和重均相对分子质量。

（3）黏均相对分子质量（viscosity - average molecular weight, $\overline{M}_v$）：用黏度法测定。

$$\overline{M}_v = \left(\frac{\sum m_i M_i^{\alpha}}{\sum m_i}\right)^{1/\alpha} = \left(\frac{\sum n_i M_i^{\alpha+1}}{\sum n_i M_i}\right)^{1/\alpha}$$

式中，α 是高分子稀溶液特性黏数［η］和相对分子质量 M 关系式（$[\eta] = KM^{\alpha}$）中的指数，一般在 0.5 ~ 0.9 之间。

三种平均相对分子质量的大小依次为 $\overline{M}_w > \overline{M}_v > \overline{M}_n$，所以用 $\overline{M}_w$ 或 $\overline{M}_v$ 来描述高分子的相对分子质量更准确。

（4）相对分子质量分布：合成的聚合物总存在一定的相对分子质量分布，称为多分散性。常用相对分子质量分布指数（d）表示：$d = \overline{M}_w / \overline{M}_n$。合成聚合物的分布指数可在 1.5 ~ 50 之间，随合成方法而定。比值越大，则分布越宽，相对分子质量越不均一。

3.3 聚合物的性能评价

高分子结构是复杂的、多层次的，由它决定的高分子的性能也是多种多样的。就力学性能而言，不同结构的高分子材料，其模量的变化范围可有几个数量级。从高到低，可依次满足高弹性、可塑性和成纤的要求。通过适当分子设计与加工得到的高分子材料，可具有成模性、黏合性、吸附性、绝缘性、导电性、半透性、环境敏感性乃至生物活性等，诸多优异的使用性能可满足不同的需求。

大多数聚合物材料的化学和物理性质分为三大类：结构性质、溶液性质和固态性质。结构性质包括组成（元素组成、结构单元组成）、单分子结构和聚合物聚集态结构；溶液性质包括相对分子质量及其相对分子质量分布、溶解性、流变性等；固态性质包括热性能、稳定性、力学性能等。因此，需要借助很多方法和手段对结构和性能进行分析。

1. 结构表征

聚合物化学组成及结构的测定可以采用元素分析、红外光谱、核磁共振波谱、热解－色质联用等手段。通过元素分析可以了解聚合物的元素组成。红外光谱可以测定聚合物的结构单元中的特征官能团，分析聚合物的结构特征；通过对聚合物的端基分析，来测定聚合物分子链的平均聚合度和支化度；对完全非结晶和高结晶度聚合物样品的红外光谱对比，可以测定聚合物的结晶度；聚合物分子结构的变化、链的构型变化、氧化降解等化学变化也可以用红外光谱进行测试分析。核磁共振波谱可以进行聚合物的相对分子质量测定、组成分析、动力学过程分析等，特别是聚合物的立构规整性和序列结构分析等工作。

2. 相对分子质量及其分布的测定

聚合物的相对分子质量测定可以采取多种手段，渗透压法和蒸气压渗透法可以测得聚合物的数均相对分子质量，其原理都是基于稀溶液的依数性质，是绝对法；但两种方法都有相对分子质量范围的限制。端基分析法也可以得到聚合物的数均相对分子质量，例如，用核磁共振或红外光谱法分析端基数量来测定其相对分子质量，但该方法测定的相对分子质量上限不高。光散射法是绝对法，可以测得聚合物的重均相对分子质量，适用于测试相对分子质量较大的聚合物。飞行时间质谱可同时测得聚合物的数均和重均相对分子质量，但适用于测试能够在离子源中被气化的相对分子质量比较小的聚合物。目前实验室内最为常用的凝胶渗透色谱法（体积排阻色谱）是一种相对法，需要已知相对分子质量的窄分布聚合物作为标样制作工作曲线，测得聚合物相对分子质量的数值；可以同时测定数均相对分子质量、重均相对分子质量及其相对分子质量分布指数。黏度法是一种相对方法，是测定聚合物相对分子质量的比较简便的方法，借助于 Mark－Houwink 方程 $[\eta]=KM^{\alpha}$，需要预先知道参数 K 和 α 的值。

3. 性能评价

聚合物的热分解温度、熔融温度、玻璃化温度、混合物和共聚物组成、热历史及结晶度等参数是表征聚合物的质量和性能的必要物理参数。常用热分析的方法进行表征，主要使用差示扫描量热法（DSC）和热重分析法。通过热重曲线可分析聚合物的分解温度、分解快慢及分解的程序。差示扫描量热法可以测量各转变温度、结晶度、固化、交联、氧化、分解及反应动力学参数等。X 射线衍射仪可以用于测定聚合物的聚集态结构参数，比如结晶度和取向度，也可以用于测定高分子材料的微晶大小。X 射线能谱分析仪（XPS）可以进行高分子材料表面元素组成的分析、高分子材料元素的定量分析、高分子的结构分析、高分子黏结界面的研究及高分子材料特种表面的研究。扫描电子显微镜法（SEM）和透射电子显微镜法

（TEM）可以研究聚合物大分子的形态和聚集态结构，研究纤维织物的结构及其缺陷特征，观察聚合物的粒度、表面和断面的形貌与结构，以及增强高分子材料中的填料在聚合物基体中的分布、形状及黏结情况等。

3.4　高分子物理实验

实验十九　聚合物的逐步沉淀分级

一、实验目的

（1）掌握聚合物的逐步沉淀分级法的基本原理及操作方法。

（2）用逐步沉淀分级法对聚甲基丙烯酸甲酯进行分级，制备系列窄分布聚合物。

二、实验原理

由于聚合物结构的复杂性——相对分子质量大并且具有多分散性，高分子的聚集态又有结晶态和非晶态之分，因此，聚合物的溶解比小分子的复杂得多。首先，高分子链与溶剂分子的尺寸相差悬殊，两者的分子运动速度差别很大，溶剂分子能比较快地渗透进入聚合物，而高分子链向溶剂的扩散非常慢。因此，先是溶剂分子渗入聚合物内部，使聚合物溶胀，然后在溶剂的作用下，高分子链均匀分散在溶剂中，形成完全溶解的均相体系。

高分子的溶解过程具有可逆性，温度降低时，高分子在溶剂中的溶解度减小而使溶液分成两相。图3－2是聚苯乙烯在环己烷中的溶解度曲线。由图可知，溶质的相对分子质量越大，溶液的临界共溶温度 T_c 越高，当温度降至 T_c 以下某一值时，就会分离成浓相和稀相；当体系分成两相并最终达到相平衡时，每种组分在两相间的扩散达到平衡。此时，每种组分在两相间的化学位相等。

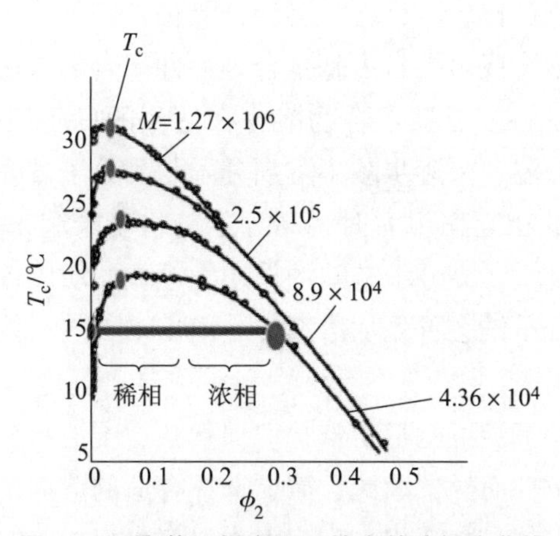

图3－2　聚苯乙烯在环己烷中的溶解度曲线

根据 Flory－Huggins 高分子溶液理论，化学位变化与溶液浓度关系为：

$$\Delta\mu_1 = RT\left[\ln(1-\phi_2) + \left(1-\frac{1}{x}\right)\phi_2 + \chi\phi_2^2\right]$$

其中，x 是聚合物与溶剂分子的体积比，与聚合物的相对分子质量成正比；ϕ_2 为聚合物在溶液中的体积分数；χ 为 Huggins 参数。当 χ 值较大时，$\Delta\mu_1$ 随 ϕ_2 的变化出现极值（即曲线的拐点，如图 3－3 所示），称为临界点，即相分离的临界条件，此时两相的浓度相等，对应的 ϕ_2 称为临界浓度，也就是出现相分离的起始浓度。

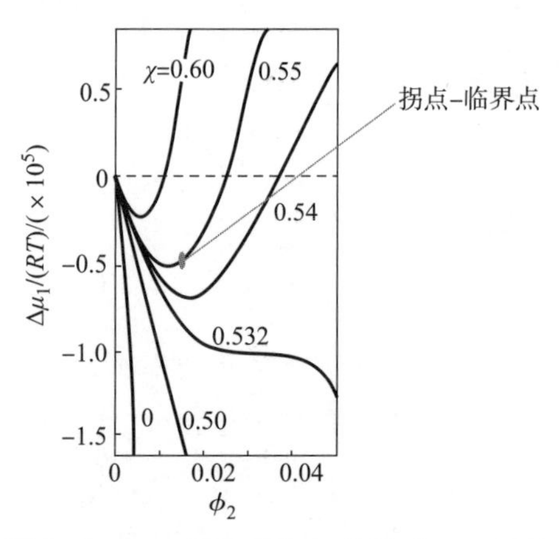

图 3－3　$\Delta\mu_1/(RT)$ 对 ϕ_2 作图（x＝1 000）

相对分子质量大的组分在浓相中所占比例较大，这就是相分离的相对分子质量依赖性。根据这一性质，可以用逐步降温的方法把聚合物按相对分子质量大小分离出来，也可以在恒温的溶液中加入与溶剂相溶的沉淀剂，使临界共溶温度上升而导致溶液分相；也可以将上述两种方法结合进行分级，以求得相对分子质量的分布。

聚合物的逐步沉淀分级就是利用聚合物的溶解性与其相对分子质量的依赖关系，将不同相对分子质量的级分样品分开的实验方法。分级可以得到系列相对分子质量分布较窄的聚合物，同时可以获得聚合物相对分子质量分布情况。目前，聚合物的相对分子质量及其分布可以直接采用凝胶渗透色谱进行检测，但是若要制备一系列不同平均相对分子质量且窄分布的聚合物样品用于各种性能测试比较时，逐步沉淀分级仍是一种简单有效的制备方法；窄分布的聚合物也可以用阴离子聚合或可控自由基聚合等活性聚合的方法制备。

沉淀分级的实际操作是将多分散聚合物溶解在适当的良溶剂中，通过不断改变溶剂条件，如滴加沉淀剂或逐步降温，来逐步减小溶剂分子与高分子链之间的相互作用，直到这种作用不足以克服高分子间的相互作用力时，高分子链将凝聚起来，并逐渐从溶剂中沉淀出来；又因为相对分子质量越大，高分子链间的作用力越大，所以逐步加入沉淀剂或逐步降温时，相对分子质量大的高分子链会首先从溶剂中分离出来，然后按照相对分子质量由大到小的次序逐步从溶液中分离出来。

产生相分离时，析出的沉淀可能是粉末状、棉絮状、凝液状和部分结晶的微粒，根据溶剂和沉淀剂的性质与分级条件而异，因此，需要选择合适的溶剂及沉淀剂。一般来说，选择溶剂、沉淀剂时，应以析出的是凝液相为宜，因为只有凝液相时的分子链才容易扩散，才能使相分离达到热力学的平衡。此外，还要求溶剂、沉淀剂有合适的沸点，既有利于样品的干燥，也能避免分级过程中溶剂的挥发。分级溶液的起始浓度对分级效率也有影响，分级效率取决于凝液相和稀液相体积比，体积比越小，分级效率越好，一般采用的起始浓度为 1%。

三、实验仪器及试剂

实验仪器：恒温水浴两套、三口烧瓶（1 L）两个、滴液漏斗、量筒、锥形瓶、2#砂芯漏斗、吸滤瓶、水浴锅。

实验试剂：聚甲基丙烯酸甲酯、丙酮、甲醇。

四、实验步骤

（1）溶解试样：称取聚甲基丙烯酸甲酯 3 g 和丙酮 100 mL 放入锥形瓶中，将锥形瓶置于 50 ℃的恒温水浴中加热，使其全部溶解。然后用装有滤纸的玻璃漏斗将溶液滤入三口烧瓶中，再量取 300 mL 丙酮，冲洗锥形瓶后经滤纸转移至烧瓶中，反复三次，再将余下的丙酮全部倒入烧瓶。

（2）滴加沉淀剂：将三口烧瓶放入 30 ℃的恒温水浴中。轻轻摇动烧瓶，向其中滴加甲醇，此时烧瓶中会出现白色浑浊，但随即消失，此时轻轻晃动烧瓶，将沉淀剂与溶液混合均匀，并使沉淀迅速消散。相同的操作下继续滴加甲醇，当滴入一滴甲醇后沉淀不能很快消失时，接近沉淀点，滴加甲醇的速度要更慢一些。当溶液再加入一滴甲醇后产生的沉淀不再消失时，再补加 2 ~ 3 滴沉淀剂使溶液出现轻微的白色浑浊即可，需要 200 ~ 250 mL 甲醇。将三口烧瓶取出，放到 50 ℃水浴中摇晃，使沉淀重新溶解，澄清后再将三口烧瓶放回 30 ℃恒温水浴中，静置。

（3）制取第一级分：上述溶液静置 24 ~ 48 h 后，当沉淀已成较坚实的胶状凝液相时，小心地将上层清液倾入另一干燥的三口烧瓶中准备继续分级。留有沉淀的烧瓶中加入 10 mL 丙酮使沉淀溶解，边搅拌边倒入 100 mL 甲醇中，产生大量白色絮状沉淀，过滤，把沉淀晾干，然后置于 50 ℃真空干燥箱中干燥至恒重，即为得到的第一级分。

（4）制取其他级分：将盛有母液的烧瓶放入 30 ℃恒温水浴中，重复上述操作，依次得到相对分子质量由大到小的各个级分。分级出 4 ~ 5 个样品后，因溶液中聚合物相对分子质量越来越小，溶液也越来越稀，需先减压除去大部分溶剂，再用甲醇沉淀出聚合物，过滤、洗涤，得到最后一个级分。

各级分编好序号，干燥至恒重后，分别测定特性黏数。

五、实验数据记录及处理

（1）将各级分聚合物样品干燥后称重，计算各级分的质量分数和分级损失：

$$分级损失 = (原试样质量 - 各级分质量)/原试样质量$$

根据实验数据，把分级损失平均分配于每一级分，可以算出各级分的质量分数 $w_i = W_i / \sum W_i$。

（2）用黏度法测定每一级分聚合物的黏均相对分子质量，根据 Mark - Houwink 方程 $[\eta] = KM^{\alpha}$ 求得每一级分样品的相对分子质量。

（3）以各级分的质量分数对相对分子质量作图，得到阶梯形曲线，再由阶梯形状曲线得到相对分子质量分布曲线及微分分布曲线。

六、注意事项

（1）在滴加沉淀剂时，尤其是滴加到后期时，一定要缓慢，注意观察溶液的沉淀情况，当溶液生成乳白色沉淀时，停止滴加沉淀剂。

（2）沉淀剂甲醇可以换成乙醇或蒸馏水，但用量略有差异。

（3）聚合的沉淀分级是一个操作时间冗长，需特别仔细的耗时实验。一般若要获取五个级分的分级样品，需要持续一周。目前聚合物的相对分子质量及其分布可以采用凝胶渗透色谱（GPC）进行测试，窄分布的聚合物可以采用活性聚合的方法制备。尽管如此，沉淀分级也是大量制备窄分布聚合物级分的一种简单有效方法。

七、思考题

（1）在沉淀分级实验操作中，如何使体系尽可能达到热力学平衡？

（2）沉淀剂的加入速度及环境温度对分级有无影响？

【附注】根据实验结果，以各级分的质量分数对相对分子质量作图，得到阶梯形曲线，根据习惯法作积分相对分子质量分布曲线和微分分布曲线。用此方法有两个基本假设，即每一级分的相对分子质量对应于它的平均相对分子质量；相邻级分相对分子质量分布没有交叠。根据这两个假定，通过阶梯形分级曲线各个阶梯高度中点，连成一光滑曲线，即为聚合物相对分子质量累积质量分布曲线。累积质量分数表示为：

$$M_i = \frac{1}{2}w_i + \sum_{j=1}^{j=i-1} w_i$$

取积分分布曲线上各点的斜率对相对分子质量作图，所得曲线即为习惯法微分分布曲线。

实验二十　黏度法测定聚合物的相对分子质量

一、实验目的

（1）掌握黏度法测定聚合物相对分子质量的原理及实验技术。

（2）掌握乌氏黏度计测定聚合物稀溶液黏度的实验技术及数据处理方法。

二、基本原理

聚合物溶液的特性之一是黏度比较大，并且其黏度值与相对分子质量有关，利用这一特性可以测定聚合物的相对分子质量。黏度法尽管是一种相对的方法，但因其仪器设备简单，操作方便，相对分子质量适用范围大，又有相当好的实验精确度，在生产和科研中得到广泛的应用。

用黏度法（viscometry）测定聚合物相对分子质量借助于 Mark – Houwink 方程：

$$[\eta] = KM^{\alpha}$$

式中，$[\eta]$ 为特性黏度（intrinsic viscosity）；M 为相对分子质量。在一定的相对分子质量范围内，K 和 α 是与相对分子质量无关的常数。只要知道 K 和 α 的值，即可根据 $[\eta]$ 计算试样的相对分子质量。Mark – Houwink 方程是一个经验方程，只有在相同溶剂、相同温度、相同分子形状的情况下才可以用来比较聚合物相对分子质量的大小。对于大多数聚合物来说，α 值一般在 0.5 ~ 1.0 之间，良溶剂中 α 值较大，接近于 0.8；溶剂的溶解能力减弱时，α 值降低；在 θ 溶液中，$\alpha = 0.5$。

用黏度法测定聚合物相对分子质量时，不是用溶液的绝对黏度，而是用溶液的黏度随高分子溶液浓度的增加快速上升的黏度值。表示聚合物溶液黏度和浓度关系的经验公式很多，

Huggins 提出溶液的黏度和浓度的关系式（Huggins 方程）：

$$\frac{\eta - \eta_0}{\eta_0 C} = [\eta] + k_H[\eta]^2 C \tag{1}$$

式中，η 为溶液的黏度；η_0 为溶剂的黏度；k_H 为 Huggins 常数；$[\eta]$为特性黏度，它与浓度无关，也称为特性黏数，单位是浓度的倒数。

溶液黏度增加的分数用增比黏度 η_{sp}（specific viscosity）来表示：

$$\eta_{sp} = \frac{\eta - \eta_0}{\eta_0} = \frac{\eta}{\eta_0} - 1 = \eta_r - 1$$

式中，$\eta_r = \eta/\eta_0$，称为相对黏度（relative viscosity）。代入式（1）可得：

$$\frac{\eta_{sp}}{C} = [\eta] + k_H[\eta]^2 C \tag{2}$$

式中，$\frac{\eta_{sp}}{C}$ 称为比浓黏度。将比浓黏度取自然对数并展开得 Kraemer 方程：

$$\frac{\ln\eta_r}{C} = [\eta] + k'_H[\eta]^2 C \tag{3}$$

式中，$\frac{\ln\eta_r}{C}$ 称为比浓对数黏度。如果用比浓黏度 $\frac{\eta_{sp}}{C}$ 和比浓对数黏度 $\frac{\ln\eta_r}{C}$ 对浓度 C 作图（图3-4），则它们外推到 $C\to0$（即无限稀释）时，会在纵坐标上交于一点，即二者的截距应该重合于一点，其值就等于特性黏数 $[\eta]$。

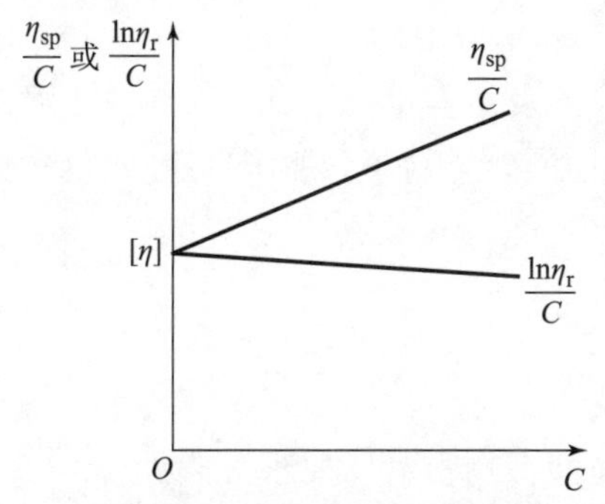

图3-4　$\frac{\eta_{sp}}{C}$ 或 $\frac{\ln\eta_r}{C}$ 对 C 的图，由截距求得 $[\eta]$

通常式（2）和式（3）只有在 $\eta_r = 1.2 \sim 2.0$ 范围内为直线关系。当溶液浓度太大或相对分子质量太大时，均得不到直线，只能降低浓度重新测定。

影响聚合物特性黏度 $[\eta]$ 大小的因素有：①相对分子质量大小：线形或轻度交联的聚合物相对分子质量增大，$[\eta]$ 增大；②分子形状：相对分子质量相同时，支化分子的形状趋于球形，$[\eta]$ 比线形分子的小；③溶剂特性：聚合物在良溶剂中，大分子较伸展，$[\eta]$ 较大，在不良溶剂中，大分子较蜷曲，$[\eta]$ 较小；④温度：在良溶剂中，温度升高，对 $[\eta]$ 影响不大，而在不良溶剂中，若温度升高使溶解度增大，则 $[\eta]$ 增大。

用外推法测定特性黏数 $[\eta]$ 时，每个样品至少要测定5个点，较为费时，有时采用一点法来快速测定聚合物的相对分子质量。一点法计算 $[\eta]$ 的理论基础，是在线形柔性链高分子良溶剂体系中，k_H 的值为 0.3～0.4，且 $k_H + k'_H = 0.5$。这样，式（2）和式（3）联立，得出一点法求［η］的公式：

$$[\eta] = \frac{\sqrt{2(\eta_{sp} - \ln\eta_r)}}{C} \tag{4}$$

即由聚合物溶液在某个浓度 C 时的 η_r 和 η_{sp} 可直接求出聚合物的［η］。

在求算特性黏数［η］时，只需要知道相对黏度 η_r 和增比黏度 η_{sp} 即可。溶液黏度一般用毛细管黏度计来测定，最常用的是乌氏黏度计（图 3－5）。其特点是溶液的体积对测量没有影响，所以可以采取稀释法。乌氏黏度计的核心部分是一根毛细管和它上面的小球，小球的体积固定，实验室测定小球中溶液流经毛细管所需要的时间。若聚合物溶液很稀时，液体为牛顿流体，根据 Poiseuille 定律，固定体积液体流经毛细管的时间与黏度成正比，可以利用溶液和溶剂的流出时间 t 和 t_0 来计算 η_r 和 η_{sp}，即

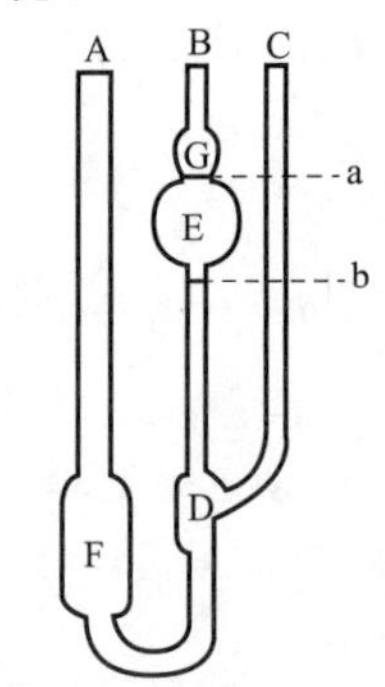

图 3－5　乌氏黏度计

$$\eta_r = \frac{t}{t_0} \quad \eta_{sp} = \frac{t}{t_0} - 1$$

不过，此两式的成立是有条件的，一般选用合适的乌氏黏度计使待测溶液和溶剂流出时间大于 100 s，动能校正项可忽略。这样，测定溶液和溶剂的流出时间 t 和 t_0，就可求出特性黏数［η］，再根据 Mark－Houwink 方程计算得到聚合物的相对分子质量。

三、仪器与样品

实验仪器：乌氏黏度计、秒表、容量瓶（100 mL）、分析天平、恒温槽装置（配 50 ℃十分之一刻度的温度计）、3#玻璃砂芯漏斗、加压过滤器、移液管（5 mL、10 mL）。

实验试剂：聚乙二醇、蒸馏水。

四、实验步骤

（1）装配恒温槽及调节温度。

温度的控制对实验的准确性影响很大，要求准确到 ±0.05 ℃。水槽温度调节到（25 ± 0.05）℃。

（2）高分子溶液的配制。

配制的浓度一般为 1～10 mg/mL，以便控制相对黏度 η_r 在 1.2～2.0。准确称取聚乙二醇0.4～0.5 g（使用万分之一刻度天平），在烧杯中用少量水使其溶解，移入 100 mL 容量瓶中，用水洗涤烧杯 3～4 次，洗液一并转入容量瓶中，并稍稍摇晃做初步混匀，然后将容量瓶置于恒温水槽（置于 25 ℃恒温水槽）中，恒温下用水稀释至刻度，摇匀溶液定容。

（3）把配制的溶液用干燥的 3#玻璃砂芯漏斗过滤到 100 mL 容量瓶中，放入恒温槽中备用；把 50 mL 溶剂同样放入恒温槽中恒温备用。

（4）溶液流出时间的测定。

把预先经严格洗净并检查过的洁净黏度计的 B、C 管分别套上清洁的医用胶管，垂直夹持于恒温槽中，然后用移液管吸取 10 mL 溶液从 A 管注入，恒温 15 min 后，用一只手捏住

C上的胶管，用针筒从B管把液体缓慢地抽至G球，停止抽气，把连接B、C管的胶管同时放开，让空气进入D球，B管溶液就会慢慢下降，至弯月面降到刻度a时开始计时，弯月面到刻度为b时，再按停表，记下流经a、b间的时间 t_1。如此重复，记录流出时间相差不超过0.2 s的连续3次数值，取平均值。有时相邻两次之差虽不超过0.2 s，但连续所得的数据是递增或递减（表明溶液体系未达到平衡状态），这时所得的数据是不可靠的，可能是温度不恒定，或浓度不均匀，应重新测定。

（5）稀释法测一系列溶液的流出时间。

因液柱高度与A管内液面的高低无关，因而流出时间与A管内试液的体积没有关系，可以直接在黏度计内对溶液进行一系列的稀释。用移液管加入5 mL溶剂，此时黏度计中溶液的浓度为起始浓度的2/3。加溶剂后，必须用针筒鼓泡并抽上G球3次，使其浓度均匀（注意，不能有气泡抽上去），待温度恒定时进行测定。用同样方法依次再加入5、10、15 mL的溶剂，使溶液浓度变为起始浓度的1/2、1/3、1/4，分别进行测定。

（6）纯溶剂的流经时间测定。

倒出全部溶液，用溶剂洗涤数遍，黏度计的毛细管要用针筒抽洗。洗净后加入恒温的溶剂，用如上操作测定溶剂的流出时间，记作 t_0。

五、数据处理

（1）记录数据。

实验恒温槽温度：________；溶剂密度：____________；纯溶剂密度 ρ_0：________；溶剂流出时间 t_0：________；试样名称：____________；试样浓度 c_0：______________；查阅聚合物手册，聚合物在该溶剂中的 K、α 值为______________、______________。

把溶剂的加入量、测定的流出时间列成表格，见表3－1。

表3－1 数据处理

序号		1	2	3	4	5	
溶剂体积/mL							
$C/(\mathrm{g \cdot mL^{-1}})$							
t/s	1						
	2						
	3						
	平均						
$\eta_r = \dfrac{\overline{t}}{\overline{t_0}}$							
$\ln\eta_r$							
$\ln\eta_r/C/(\mathrm{mL \cdot g^{-1}})$							
η_{sp}							
$\eta_{sp}/C/(\mathrm{mL \cdot g^{-1}})$							

（2）用 $\frac{\eta_{sp}}{C}$ 和 $\frac{\ln\eta_r}{C}$ 对 C 作图，外推至 $C\to 0$，求［η］：以浓度 C 为横坐标，分别以 $\frac{\eta_{sp}}{C}$ 和 $\frac{\ln\eta_r}{C}$ 为纵坐标，根据表 3－1 中的数据作图，两条直线于纵坐标上相交一点处的截距即为特性黏数［η］。

（3）将求出的特性黏数［η］代入方程式［η］$= KM^{\alpha}$ 中，算出聚合物的相对分子质量 M，称为黏均相对分子质量。

六、注意事项

（1）乌氏黏度计为玻璃材质，容易破碎，操作要特别小心；黏度计安装前必须用洗液和蒸馏水洗净、烘干，注意防止灰尘、纤维、油污等堵塞毛细管。

（2）用黏度法测聚合物相对分子质量，所用溶剂要求稳定、易得、易于纯化、挥发性小、毒性小。所用的溶剂、溶液必须过滤，纯净，无颗粒状杂质，以免堵塞。

（3）所用溶剂必须先在溶液所处的恒温槽中恒温，然后用移液管准确量取并混合均匀方可测定。抽吸溶液时，注意控制抽吸速度，不要在毛细管内形成气泡。

（4）高聚物在溶剂中溶解缓慢，配制溶液时，必须保证其完全溶解，否则会影响溶液起始浓度，而导致结果偏低。

（5）乌氏黏度计的洗涤：先用经砂芯漏斗过滤的水洗涤黏度计，倒挂干燥后，用新鲜温热的铬酸洗液（滤过）浸泡黏度计数小时后，再用蒸馏水（经砂芯漏斗过滤）洗净，干燥后待用。

七、思考题

（1）用黏度法测定聚合物相对分子质量的依据是什么？

（2）从手册上查 K、α 值时，要注意什么？为什么？

（3）外推求［η］时，两条直线的张角与什么有关？

（4）黏度法测定聚合物相对分子质量是相对方法吗？为什么？

实验二十一　凝胶渗透色谱法测定聚合物相对分子质量及相对分子质量分布

一、实验目的

（1）了解凝胶渗透色谱（GPC）法测定聚合物相对分子质量及其分布的原理。

（2）初步掌握 GPC 法测聚合物相对分子质量和相对分子质量分布的数据处理方法。

（3）测定聚苯乙烯样品的相对分子质量及其分布。

二、实验原理

与小分子相比，聚合物的显著特征之一是相对分子质量很大、相对分子质量具有多分散性。聚合物相对分子质量大小及其多分散性直接影响着聚合物材料的物理机械性能。因此，聚合物相对分子质量及其分布的测定，不仅可以用于研究聚合反应机理及其动力学，还为聚合物材料的加工、使用提供重要的物理参数。聚合物的相对分子质量及其分布可以采用凝胶渗透色谱 GPC 测定。

凝胶渗透色谱也称体积排除色谱（SEC），是利用高分子溶液通过填充有特种凝胶的柱子，把聚合物分子按尺寸大小进行分离的方法，是一种液相色谱。其核心作用是分离，分离对象是同一聚合物中不同相对分子质量的高分子组分。在色谱柱内装填多孔性的填料作分离介质，将聚合物溶液引入柱中，用溶剂洗脱，把聚合物分子按分子尺寸大小分开，经过检测和数据处理系统，从而得到聚合物的相对分子质量和相对分子质量分布的数据，其工作流程如图 3－6 所示。

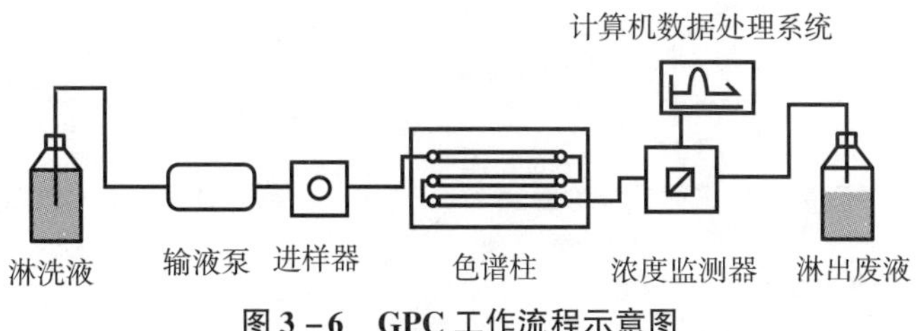

图 3－6　GPC 工作流程示意图

GPC 分离核心部件是色谱柱，内装有多孔性填料（如交联聚苯乙烯、多孔硅球、多孔玻璃、葡萄糖和琼脂的凝胶等），其孔径大小有一定的分布，并可与待测聚合物分子尺寸相比拟。假定填料颗粒内部的孔穴体积为 V_i，颗粒间的体积为 V_0，则色谱柱内的空间体积是 V_i+V_0。溶剂分子较小，可以填充颗粒内的整个空间，其淋出体积 $V_e=V_i+V_0$。对于聚合物而言，如果高分子链的体积很小，能够进入颗粒内部的孔穴，其淋出体积与小分子的相同，即 $V_e=V_i+V_0$；如果高分子链的体积中等大小，则高分子只能进入较大的孔穴，而不能进入较小的孔，这样，它不仅可以在颗粒间扩散，还能够进入部分大体积的孔穴中，其淋出体积 V_e 大于 V_0 而小于 V_i+V_0；如果高分子链的体积更大，则只能在颗粒间扩散，其淋出体积 V_e 就接近 V_0。这说明淋出体积 V_e 仅仅由高分子尺寸和颗粒的孔穴的尺寸决定，因此高分子的分离完全是由于体积排除效应所致。这样，相对分子质量大小（高分子体积）不均一的聚合物被溶剂带着流经色谱柱时，就会逐渐按其体积大小进行分离。

为了测定聚合物的相对分子质量分布，不仅要把聚合物按相对分子质量大小分离，还要测定各级分的含量。各级分含量就是淋出液浓度，可以采用示差折光检测器、紫外吸收检测器、红外吸收检测器等测定。如果在测定淋出液浓度的同时测定其黏度或光散射，可直接求出相对分子质量。否则，需要事先对分离柱作标定曲线。实验证明，相对分子质量的对数值与淋出体积之间存在线性关系：$\ln M = A - BV_e$，其中 A、B 均为常数。

标定曲线的作法：用一组已知相对分子质量且窄分布的标准样品（活性阴离子聚合制备的窄分布聚苯乙烯，分布指数小于 1.05），在相同测试条件下测定其淋出体积，然后将各峰值位置的淋出体积 V_e 对相应样品的 $\ln M$ 作图而得到，如图 3－7 所示。由图可知，当相对分子质量大于 M_a、小于 M_b 时，直线发生偏离，说明淋洗液体积与相对分子质量基本无关，所以，标准曲线只对相对分子质量在 $M_a \sim M_b$ 之间的聚合物适用。M_a 和 M_b 称为填料颗粒的分离范围，其值取决于颗粒的孔径及其分布。

浓度检测器不断检测淋洗液中高分子级分的浓度。常用的浓度检测器为示差折光仪，其浓度响应是淋出液的折光指数与纯溶剂（淋洗溶剂）的折光指数之差 Δn。由于在稀溶液范围内，Δn 与溶液浓度成正比，所以直接反映了淋洗液的浓度，即各级分的含量。GPC 谱图如图 3－8 所示，图中纵坐标表示淋出液与纯溶剂的折光指数差 Δn，相当于淋洗液的浓度；横坐标表示淋出液体积 V_e，表征高分子尺寸的大小。

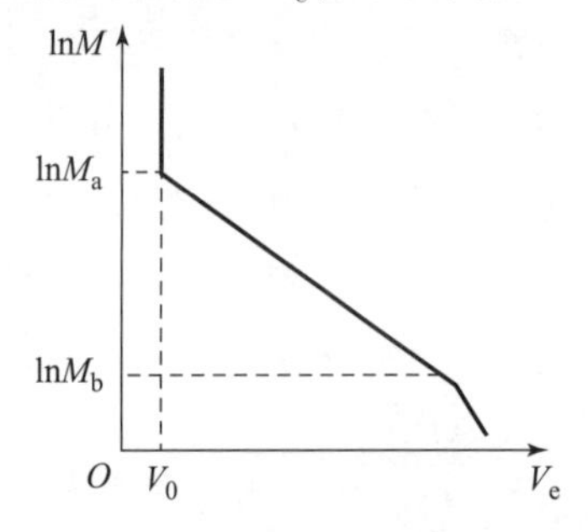

图 3－7　相对分子质量－淋出体积标准曲线

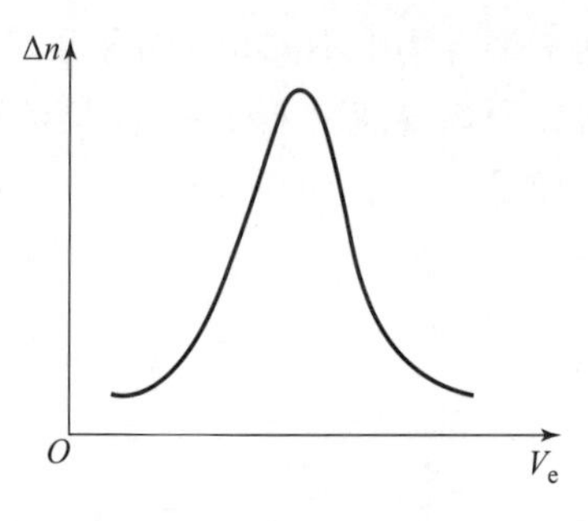

图 3－8　GPC 谱图

三、实验仪器及试剂

实验仪器：Waters1515 凝胶渗透色谱仪（包括进样系统、色谱柱、示差折光仪、级分收集器等）。

实验试剂：聚苯乙烯、四氢呋喃（色谱级）。

四、实验步骤

（1）仪器观摩：观察并了解凝胶渗透色谱仪（GPC）各组成部分及其作用，了解实验操作要点，了解数据处理系统的工作过程。

（2）开启稳压电源，等仪器稳定后设定淋洗液流速为 1.0 mL/min，柱温和检测温度为 30 ℃。

（3）将 2 mg 待测聚苯乙烯溶于 2 mL 色谱级四氢呋喃，用聚四氟乙烯过滤膜（0.45 μm）把溶液过滤到专用样品瓶中待用。

（4）待仪器基线稳定后，用进样针筒将待测样品溶液注入进样口，进样量为 100 μL，等待色谱柱淋洗，最后得到完整的 GPC 曲线。

（5）根据测得的 GPC 曲线，讨论聚苯乙烯样品的相对分子质量及其分布。

五、思考题

（1）GPC 测定相对分子质量是绝对方法还是相对方法？为什么？

（2）为什么在凝胶渗透色谱实验中，样品溶液浓度不必准确配制？

（3）同样相对分子质量样品，支化度大的分子和线形分子哪种先流出色谱柱？为什么？

实验二十二　红外光谱法测定聚合物的结构

一、实验目的

（1）掌握红外光谱法的基本原理及谱图的分析方法。

（2）掌握红外光谱样品的制备和红外光谱仪的使用方法。

（3）掌握红外光谱法在聚合物结构检测中的应用。

二、基本原理

红外光谱法是分子吸收光谱的一种，根据物质有选择性地吸收红外光区的电磁辐射进行结构分析，是对能够吸收红外光的各种化合物进行定量和定性分析的一种方法。

红外光谱与物质的结构之间存在密切的关系，是研究结构与性能关系的基本手段之一。红外光谱法具有检测速度快、取样量小、灵敏度高，并能分析各种状态的样品等特点，广泛应用于高分子领域。如研究共聚物的序列分布、支化程度、聚集态结构、高聚物的聚合过程反应机理和老化，还可以对聚合物力学性能进行研究。红外光谱属于振动光谱，其光谱区域可进一步细分为近红外区（12 800 ~ 4 000 cm^{-1}）、中红外区（4 000 ~ 200 cm^{-1}）和远红外区（200 ~ 10 cm^{-1}）。最常用的是 4 000 ~ 400 cm^{-1}，大多数化合物的化学键振动能的跃迁发生在这一区域。

图 3 - 9 是聚苯乙烯的红外光谱，横坐标为波数（cm^{-1}）或波长（μm），纵坐标为透光率或吸光度。

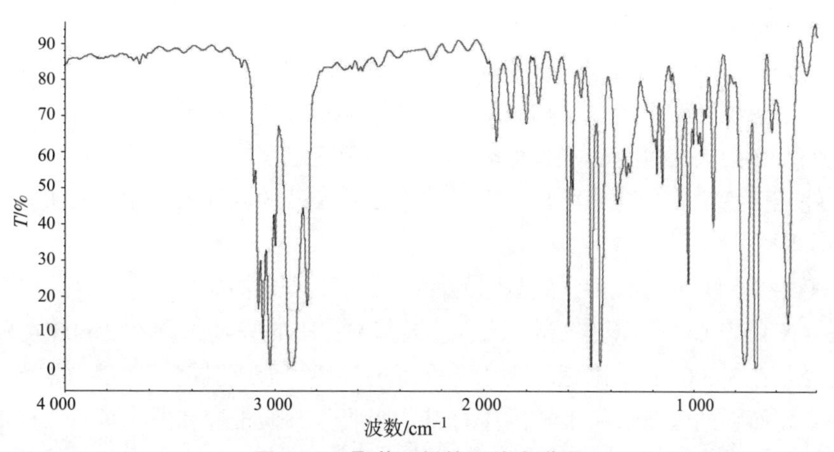

图 3 - 9　聚苯乙烯的红外光谱图

在分子中存在着许多不同类型的振动，这些振动可分为两类：一类是原子沿键轴方向伸缩，使键长发生变化的振动，称为伸缩振动，用 υ 表示。这种振动又分为对称伸缩振动（υ_s）和不对称伸缩振动（υ_{as}）。另一类是原子垂直于键轴方向的振动，此类振动会引起分子的内键角发生变化，称为弯曲（或变形）振动，用 δ 表示，这种振动又分为面内弯曲振动（包括面内摇摆及剪式两种振动）和面外弯曲振动（包括非平面摇摆及弯曲摇摆两种振动）。图 3 - 10 为聚乙烯中—CH_2—基团的几种振动模式。

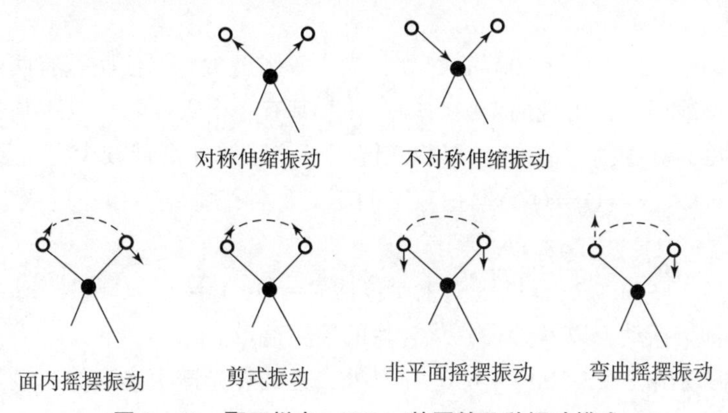

图 3 - 10　聚乙烯中—CH_2—基团的几种振动模式

原子或分子中有多种振动形式，每一种简谐振动都对应一定的频率，但并不是每一种振动都会和红外辐射发生相互作用而产生红外吸收光谱，只有能引起分子偶极矩变化的振动才能产生红外吸收光谱。即当分子振动引起分子偶极矩变化时，就能形成稳定的交变电场，其频率与分子振动频率相同，和相同频率的红外辐射发生相互作用，使分子吸收红外辐射能量跃迁到高能态，产生红外吸收光谱。

红外吸收谱带的强度与分子数有关，但也与分子振动时偶极矩变化有关。变化率越大，吸收强度也越大，因此，极性基团如羧基、氨基等均有很强的红外吸收带。

按照光谱和分子结构的特征，可将整个红外光谱大致分为两个区，即官能团区（4 000 ~ 1 300 cm^{-1}）和指纹区（1 300 ~ 400 cm^{-1}）。官能团区，即化学键和基团的特征振动频率区，区内的峰主要是由伸缩振动产生的吸收带，比较稀疏，容易辨认，常用于鉴定官能团。指纹区的吸收光谱很复杂，除单键的伸缩振动外，还有因弯曲振动产生的谱带。这种振动与整个分子的结构有关。当分子结构稍有不同时，该区的吸收就有细微的差异，并显示出分子特征，即指纹区。指纹区对于指认结构类似的化合物很有帮助，还可作为化合物存在某种基团的旁证。此外，在指纹区也有一些特征峰，也可用于鉴定官能团。

利用红外光谱鉴定化合物的结构，需要熟悉红外光谱区域基团和频率的关系。通常将红外区分为四个区：

（1）4 000 ~ 2 500 cm^{-1}，为含氢基团的伸缩振动区，通常称为“氢键区”。主要是 X—H 伸缩振动区（X 代表 C、O、N、S 等原子），羟基 O—H 的吸收出现在 3 600 ~ 2 500 cm^{-1}。游离氢键的羟基在 3 600 cm^{-1}附近，为中等强度的尖峰。形成氢键后，键力常数减小，移向低波数，产生宽而强的吸收。一般羧酸中羟基的吸收频率低于醇和酚，可从 3 600 cm^{-1}移至 2 500 cm^{-1}，为宽而强的吸收。需要注意的是，水分子在 3 300 cm^{-1}附近有吸收。样品或压片用的溴化钾晶体含有微量水分时，会在该处出峰。

C—H 吸收出现在 3 000 cm^{-1}附近。不饱和的 C—H 在大于 3 000 cm^{-1}处出峰，饱和 C—H 出现在小于 3 000 cm^{-1}处。CH_3 有两个明显的吸收带，出现在 2 962 cm^{-1}和 2 872 cm^{-1}处，前者对应于不对称伸缩振动，后者为对称伸缩振动。分子中 CH_3 数目多时，上述位置呈现强吸收峰。CH_2 的不对称伸缩和对称伸缩振动分别出现在 2 926 cm^{-1}和 2853 cm^{-1}处。脂肪族和无扭曲的脂环族化合物的这两个吸收带位置变化在 10 cm^{-1}以内。部分扭曲的脂环族化合物的—CH_2吸收频率增大。

N—H 吸收出现在 3 500 ~ 3 300 cm^{-1}处，为中等强度尖峰。伯胺基有两个 N—H 键，具有对称和不对称伸缩振动，出现两个吸收峰；仲胺基有一个吸收峰，叔胺基无吸收。

（2）2 500 ~ 2 000 cm^{-1}，三键和累积双键区。该区红外谱带较少，主要包括三键的伸缩振动和 C═C═C、N═C═O 等累积双键的不对称伸缩振动。CO_2 的吸收在 2 300 cm^{-1}左右。

（3）2 000 ~ 1 500 cm^{-1}，双键区。主要包括 C═O、C═C、C═N、N═O 等双键的伸缩振动及苯环的骨架振动，以及芳香族化合物的倍频谱带。

C═O 伸缩振动出现在 1 900 ~ 1 650 cm^{-1}处，是红外光谱中典型的、最强的吸收，依此很容易判断酮、醛、酸、酯类及酸酐等有机化合物。酸酐的羰基吸收带由于振动耦合而呈现双峰。

烯烃 C ═C 伸缩振动出现在 1 680 ~ 1 620 cm^{-1}处，一般很弱。单环芳烃的 C ═C 伸缩振动出现在 1 600 cm^{-1}和 1 500 cm^{-1}附近，有两个峰，属于芳环的骨架结构，用于确认有无芳环的存在。

苯衍生物泛频谱带出现在 2 000 ~ 1 650 cm^{-1}处，是 C—H 面外和 C ═C 面内变形振动的泛频吸收，虽然强度弱，但是对表征芳环取代类型是有用的。

（4）小于 1 500 cm^{-1}的区域是单键的弯曲振动区。CH_3 在 1 375 cm^{-1}和 1 450 cm^{-1}附近同时有吸收，分别对应于对称弯曲振动和不对称弯曲振动。CH_2 剪式弯曲振动峰出现在 1 465 cm^{-1}，当 CH_2 与羰基相连时，剪式弯曲吸收带移向低波数 1 439 ~ 1 399 cm^{-1}，并且强度增大，如戊酮 – 3。

两个甲基连在同一碳原子上的偕二甲基有其特征吸收峰。如异丙基在 1 385 ~ 1 380 cm^{-1}和 1 370 ~ 1 365 cm^{-1}有两个不同强度的吸收峰（原 1 375 cm^{-1}的吸收峰分叉）。叔丁基 1 375 cm^{-1}的吸收峰也分成两个峰，分别在 1 395 ~ 1 385 cm^{-1}和 1 370 cm^{-1}，且低波数吸收峰强度大于高波数的。分叉的原因在于两个甲基同时连在同一碳原子上，因此有同位相和反位相的对称弯曲振动的相互耦合。

C—O 单键振动在 1 300 ~ 1 050 cm^{-1}，如醇、酚、醚、羧酸、酯等，为强吸收峰。醇的强吸收峰在 1 100 ~ 1 050 cm^{-1}，酚的在 1 250 ~ 1 100 cm^{-1}；酯在此区间有两组吸收峰：1 240 ~ 1 160 cm^{-1}（不对称）和 1 160 ~ 1 050 cm^{-1}（对称）。C—C、C—X（卤素）也在此区间出峰。将此区域的吸收峰与其他区间的吸收峰对照，更便于谱图解析。

频率范围在 910 cm^{-1}以下为苯环面外 C—H 弯曲振动区、环弯曲振动区。如果在此区间内无强吸收峰，一般表示无芳香族化合物。此区域的吸收峰常常与环的取代位置有关。此外，900 ~ 650 cm^{-1}区域的某些吸收峰可用来确认化合物的顺反构型。

三、仪器与样品

实验仪器：红外光谱仪。

实验试剂：光谱纯 KBr、聚苯乙烯、聚乙烯、聚酯类聚合物。

四、实验步骤

1. 制样

（1）溴化钾压片法：分别取 1 ~ 2 mg 的样品和 20 ~ 30 mg 干燥的溴化钾晶体，于玛瑙研钵中研磨成粒度约 2 μm 且混合均匀的细粉末，装入模具内，在红外压片机上压制成片，压片不可以太厚。

（2）溶液制膜法：将聚合物样品溶于适当溶剂中，然后均匀地浇涂在溴化钾片或洁净的载玻片上，待溶剂挥发后，形成的薄膜可以用手或刀片剥离后进行测试。若在溴化钾晶片上成膜，可以直接测试。薄膜需在红外灯下烘烤至溶剂彻底挥发完才可进行测试。

此外，还可以用热压薄膜法、切片法、溶液法、石蜡糊法等制样。

2. 测试

（1）打开红外光谱的电源，待其稳定后（30 min），运行光谱仪程序，进入操作软件界面，设定仪器参数（选取适当方法、测量范围、存盘路径、扫描次数和分辨率等）。

（2）进行背景扫描。如果采用溴化钾压片法，需要压制一个不含样品的空白片进行背景扫描。

（3）将样品固定在样品夹上，放入样品室，开始样品扫描。

（4）处理谱图，如基线拉平、曲线平滑、取峰值等。

五、图谱分析

（1）根据被测基团的红外特征吸收谱，确定聚合物中存在的基团。

（2）将试样谱图与文献谱图对照或根据所提供的结构信息，来确定红外图谱中主要吸收峰的归属，并推测聚合物的结构。

六、注意事项

（1）压片时，应先将样品研细后再加入 KBr 再次研细研匀，这样比较容易混匀。研磨时，应按同一方向（顺时针或逆时针）均匀用力，如不按同一方向研磨，有可能在研磨过程中使试样产生转晶，从而影响测定结果。研磨力度不用太大，研磨到试样中不再有肉眼可见的小粒子即可。

（2）KBr 使用前应适当研细，并在 120 ℃以上烘 4 h 以上后，置于干燥器中备用。如发现结块，则应重新干燥。制备好的空 KBr 片应透明。

（3）用完压片模具后，应立即把各部分擦干净，必要时用水清洗干净并擦干，置于干燥器中保存，以免锈蚀。

七、思考题

（1）理论上讲，每个振动自由度代表一个独立的振动，在红外光谱区就将产生一个吸收峰，但是实际上，峰的数目往往少于基本振动的数目，为什么？

（2）样品的用量对检测有何影响？

（3）样品及所用 KBr 不干燥，或者使用溶液制模法时溶剂没有完全挥发干净，对图谱的检测有什么影响？

实验二十三　X 射线衍射法测定聚合物的晶体结构

一、实验目的

（1）掌握 X 射线衍射分析基本原理。

（2）了解 X 射线衍射仪的操作与使用方法。

（3）根据实验结果，计算聚合物结晶度和晶粒度，并进行物相分析。

二、基本原理

1. X 射线衍射基本原理

X 射线衍射作为电磁波投射到晶体中时，会受到晶体中原子的散射，而散射波就像从原子中心发出，每个原子中心发出的散射波类似于球面波。由于原子在晶体中是周期排列的，这些散射球波之间存在固定的相位关系，会导致在某些散射方向的球面波相互加强，而在某些方向上相互抵消，从而出现衍射现象。每种晶体内部原子排列方式是唯一的，因此对应的衍射花样是唯一的，类似于人的指纹，可以进行物相分析。

晶体具有周期性结构，如图 3－11 所示。一个立体的晶体结构可以看成是一些完全相同的原子平面网（晶面）按一定的距离 d 平行排列而成，也可看成是另一些原子平面按另一距离 d' 平行排列而成。故一个晶体必存在着一组特定的 d 值（如图 3－11 中的 d，d'，d''，…）。结构不同的晶体的 d 值都不相同，因此，当 X 射线通过晶体时，每一种晶体都有自己特定的衍射花样，其特征可以用衍射面间距 d 和衍射光的相对强度来表示。面间距 d 与晶胞的大小、形状有关，相对强度则与晶胞中所含原子的种类、数目及其在晶胞中的位置有关。可以用它进行相分析，测定结晶度、结晶取向、结晶粒度、晶胞参数等。

晶体中某一方向上晶面之间的距离为 d、波长为 λ 的 X 射线以夹角 θ 射入晶体，如图 3－12 所示。在同一晶面上，入射线与散射线所经过的光程相等；在相邻的两个晶面上散射出来的 X 射线有光程差，只有当光程差等于入射波长的整数倍时，才能产生被加强了的衍射线，即

$$2d\sin\theta = n\lambda$$

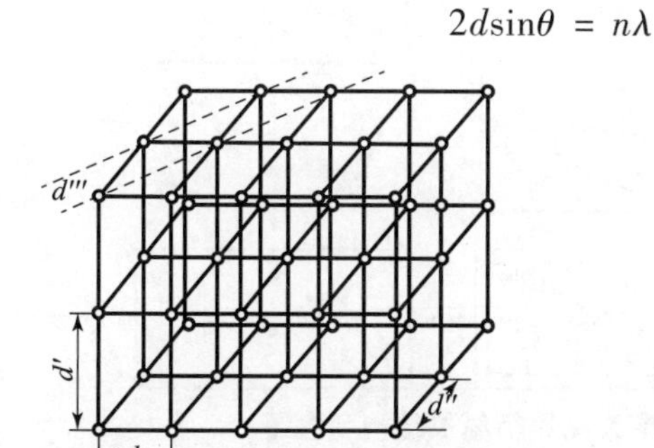

图 3－11　晶体中原子的周期性排列

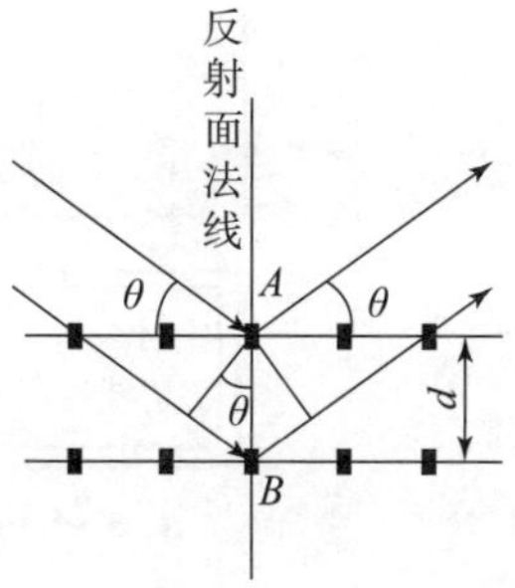

图 3－12　晶面对 X 射线的衍射

这就是布拉格（Bragg）公式，式中 n 是整数。知道了入射 X 射线的波长，并且实验测得了夹角，就可以算出晶面间距 d。

图 3－13 所示的单个晶粒的某晶面所处方位正好符合 Bragg 公式，产生衍射。多晶体是许多小晶粒的聚集体（图 3－14），各晶粒取向随机分布，则相当于图 3－14（b）的晶面绕入射 X 射线束转动的任意情况都存在，产生圆锥形的衍射线组，如图 3－14（c）所示。如果用一个探测器沿赤道转动，当转动到 2θ 角度时，就可以探测到此衍射线。在粉末多晶样品中，晶体取向随机分布，存在着各种可能的晶面取向，因此，当衍射仪的探测器绕样品扫描一周时，就可以依次将各个衍射峰记录下来。

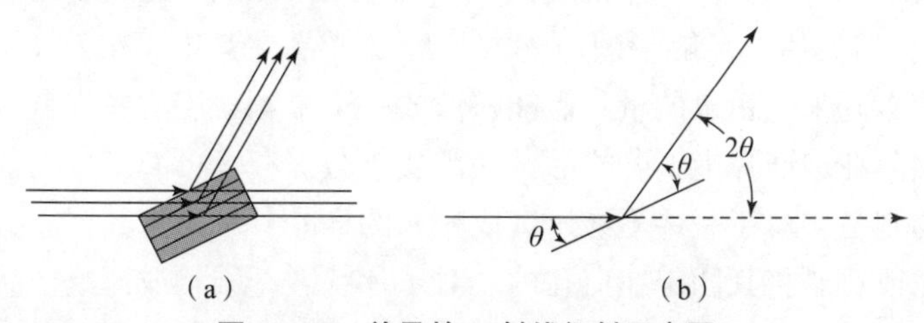

图 3－13　单晶的 X 射线衍射示意图

2. 多晶 X 射线衍射仪的构造

多晶 X 射线衍射仪主要由以下几部分构成：X 射线发生器（X 光管）、测角仪、X 射线检测器（检测器）、X 射线数据处理系统和各种电气系统、保护系统。如图 3－15 所示。

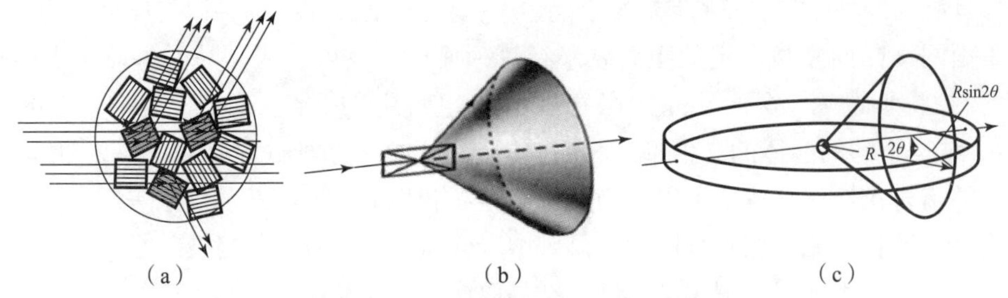

图 3-14　多晶的 X 射线衍射示意图

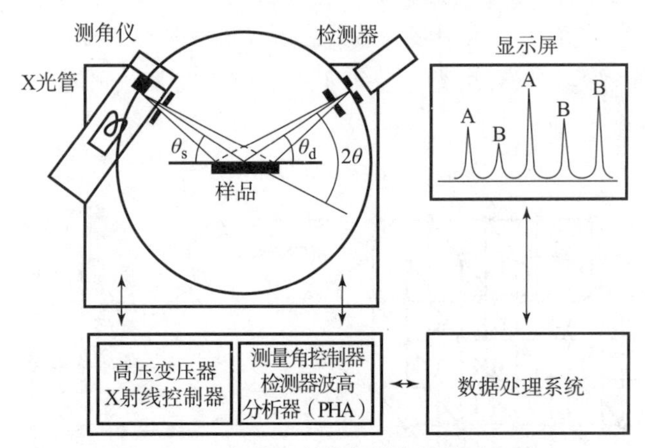

图 3-15　多晶 X 射线衍射仪结构示意图

3. X 射线衍射的实验方法

（1）样品制备。

①粉晶样品的制备：对于粉末衍射仪，适宜的粉末颗粒大小应在 0.1 ~ 10 μm，可以用玛瑙研钵把样品研磨后过筛。

通常用“压片法”来制作试片。先把衍射仪所附的制样框用胶纸固定在平滑的玻璃片上，然后把样品粉末尽可能均匀地撒入（最好是用 360 目筛子筛入）制样框的窗口中，再用小抹刀的刀口轻轻剁紧，使粉末在窗孔内摊匀堆好，然后用小抹刀把粉末轻轻压紧，最后用保险刀片把多余凸出的粉末削去，再小心地把制样框从玻璃平面上拿起，便能得到一个很平的样品粉末的平面。此法所需样品粉末量较多，约需 0.4 cm^3。

“涂片法”所需样品量最少。把粉末撒在一片边长约 25 mm 的载玻片上（撒粉的位置为制样框窗孔位置），然后加上足够量的丙酮或乙醇（样品在其中不溶解），使粉末成为薄层浆液状，均匀地涂布开来，粉末的量只需能够形成一个单颗粒层的厚度就可以，待丙酮或乙醇蒸发后，粉末黏附在玻璃片上；若样品试片需要永久保存，可滴上一滴稀的胶黏剂。

②特殊样品的制备：对于一些不易研磨成粉末的样品，可先将其锯成窗孔大小，磨平一面后，再用橡皮泥或石蜡将其固定在窗孔内。对于片状、纤维状或薄膜样品，也可取窗孔大小直接嵌固在窗孔内，但固定在窗孔内的样品的平整表面必须与样品板面平齐，并对着入射的 X 射线。

（2）测量方式和实验参数的选择。

①X 射线波长的选择：选靶原则是避免使用能被样品强烈吸收的波长，否则将使样品激

发出强的荧光辐射，增高衍射图的背景。X射线管靶材的原子序数要比样品中最轻元素（钙及比钙更轻的元素除外）的原子序数小或相等，最多不宜大于1。

②狭缝的选择：狭缝的大小对衍射强度和分辨率都有影响。大狭缝可得到较大的衍射强度，但会降低分辨率；小狭缝能够提高分辨率，但会损失强度；尤其是接收狭缝对分辨率的影响更大。每台衍射仪都配有各种狭缝以供选用。其中，发散狭缝是为了限制光束不要照射到样品以外的其他地方，以免引起大量附加的散射或线条；接收狭缝是为了限制待测角度附近区域上的X射线进入检测器，其宽度对衍射仪的分辨力、线的强度及峰高与背底之比起着重要作用；防散射狭缝是光路中的辅助狭缝，能够限制由于不同原因所产生的附加散射进入检测器。

③测量方式的选择：衍射仪测量方式有连续扫描法和步进扫描法。定速连续扫描是指试样和接收狭缝按角速度比为1∶2的固定速度转动。在转动过程中，检测器连续地测量X射线的散射强度，各晶面的衍射线依次被接收。连续扫描的优点是工作效率较高，有较高的分辨率、灵敏度和精确度。定时步进扫描是指试样每转动一定的角度就停止，然后测量记录系统开始工作，测量一个固定时间内的总计数，并将此总计数与此时的 2θ 角即时打印出来，或转换成计数率用记录仪记录；然后试样转动一定的角度进行测量；如此一步步进行下去，完成衍射图的扫描。不论是哪一种测量方式，快速扫描情况下都能相当迅速地给出全部衍射花样，适用于物质的预检，特别适用于对物质进行鉴定或定性估计。对衍射花样局部做非常慢的扫描适用于精细区分衍射花样的细节和进行定量测量，如混合物相的定量分析、精确的晶面间距测定、晶粒尺寸和点阵畸变的研究等。

④结晶聚合物分析：在结晶高聚物体系中，结晶和非结晶两种结构对X射线衍射的贡献不同。结晶部分的衍射只发生在特定的 θ 角方向上，衍射光有很高的强度，出现很窄的衍射峰，其峰位置由晶面距 d 决定；非晶部分会在全部角度内散射。把衍射峰分解为结晶和非结晶两部分，结晶峰面积与总面积之比就是结晶度 f_c：

$$f_c = \frac{I_c}{I_0} = \frac{I_c}{I_c + I_a}$$

式中，I_c 为结晶衍射积分强度；I_a 为非晶散射的积分强度；I_0 为总面积。

聚合物很难得到足够大的单晶，多数为多晶体，晶胞对称性不高，得到的衍射峰都较宽，又与非晶态的弥散峰混在一起，因此不易测定晶胞参数。聚合物结晶的晶粒较小，当小于10 nm时，晶体的X射线衍射峰就开始弥散变宽，随着晶粒变小，衍射线越来越宽，晶粒大小和衍射线宽度间的关系可由谢乐（Scherrer）方程计算：

$$L_{hkl} = \frac{K\lambda}{\beta_{hkl}\cos\theta_{hkl}}$$

式中，L_{hkl} 为晶粒垂直于晶面hkl方向的平均尺寸，即晶粒度，单位为nm；β_{hkl} 为该晶面衍射峰的半峰宽，单位为弧度；K 为常数（0.89～1），其值取决于结晶形状，通常取1；θ 为衍射角。根据此式可算出晶粒大小、不同的退火条件及结晶条件对晶粒大小有影响。

三、仪器与样品

实验仪器：BDX 3200型X射线衍射仪一台、铜靶、波长 $\lambda = 0.154$ nm。

实验试剂：无定形聚丙烯、等规聚丙烯。

四、实验步骤

1. 样品制备

①无定形聚丙烯的制备：用乙醚溶解，过滤除去不溶物，加入沉淀剂析出、过滤、干燥、除尽溶剂，备用。

②高温淬火结晶聚丙烯：将等规聚丙烯在240 ℃热压成1～2 mm厚的试片，在冰水中急冷，干燥备用。

③160 ℃退火结晶聚丙烯：取②样品在160 ℃油浴中恒温30 min。

④105 ℃退火结晶聚丙烯：取②样品在105 ℃油浴中恒温30 min。

⑤高温结晶聚丙烯，将等规聚丙烯在240 ℃热压成1～2 mm厚，恒温30 min后，以每小时10 ℃的速率冷却。

2. 衍射仪操作

（1）测试之前，仔细阅读仪器的安全操作使用手册及注意事项。

（2）将准备好的试样插入衍射仪样品架，盖上顶盖，关闭好防护罩。开启水龙头，使冷却水流通。检查X光管电源，打开稳压电源。

（3）开机操作：开启衍射仪总电源，启动循环水泵。待准备灯亮后，接通X光管电源。缓慢升高电压、电流至需要值。设置适当的衍射条件。打开记录仪和X光管窗口，使计数管在设定条件下扫描。

（4）停机操作：测量完毕后，关闭X光管窗口和记录仪电源。利用快慢旋转使测角仪计数管恢复至初始状态。缓慢降低管电流电压至最小值，关闭X光管电源，取出试样。15 min后关闭循环水泵，关闭水龙头。关闭衍射仪总电源、稳压电源及线路总电源。

（5）衍射仪控制及衍射数据采集分析系统：通过分析操作系统，对衍射图谱进行图谱处理。

五、实验记录及数据处理

本实验要求测量两个不同结晶条件的等规聚丙烯样品和一个无规聚丙烯样品的衍射谱，对谱图做如下处理。

（1）结晶度计算：对于α晶型的等规聚丙烯，近似地把（110）、（040）两峰间的最低点的强度值作为非晶散射的最高值，由此分离出非晶散射部分，因而实验曲线下的总面积就相当于总的衍射强度I_0。此总面积减去非晶散射下面的面积I_a就相当于结晶衍射的强度I_c，从而求得结晶度f_c。

（2）晶粒度计算：由衍射谱读出晶面衍射峰半高宽β及峰位θ，计算出该晶面方向的晶粒度。讨论结晶条件对结晶度、晶粒大小的影响。

六、思考题

（1）影响聚合物结晶度的主要因素有哪些？

（2）X射线在晶体上产生衍射的条件是什么？

（3）除了X射线衍射法外，还可以使用哪些手段来测定高聚物的结晶度？

实验二十四　偏光显微镜法观察聚合物结晶形态

一、实验目的

(1) 了解偏光显微镜的基本结构和原理。

(2) 掌握偏光显微镜的使用方法和目镜分度尺的标定方法。

(3) 用偏光显微镜观察球晶的形态，估算聚乙烯试样球晶的大小。

二、实验原理

球晶是高聚物结晶的一种最常见的特征形式，当结晶性的高聚物从熔体冷却结晶时，在不存在应力或流动的情况下，都倾向于生成球晶。

球晶的生长过程如图3－16所示。球晶的生长以晶核为中心，从初级晶核生长的片晶，在结晶缺陷点发生分叉，形成新的片晶，它们在生长时发生弯曲和扭转，并进一步分叉形成新的片晶，如此反复，最终形成以晶核为中心，三维向外发散的球形晶体。实验证实，球晶中分子链垂直于球晶的半径方向。

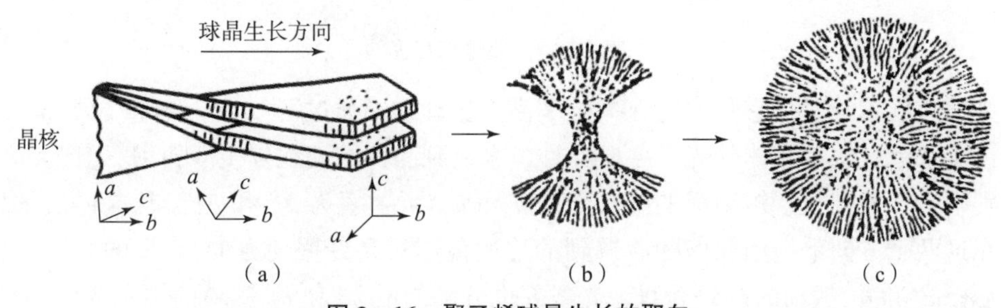

图3－16　聚乙烯球晶生长的取向

(a) 晶片的排列与分子链的取向（其中a、b、c轴表示单位晶胞在各方向上的取向）；(b) 球晶生长；(c) 长成的球晶

聚合物球晶具有双折射性和对称性，可用偏光显微镜观察球晶的结构。当一束光线进入各向同性的均匀介质中时，光速不随传播方向而改变，因此，各方向都具有相同的折射率。而对于各向异性的晶体来说，其光学性质是随方向而异的。当光线通过它时，就会分解为振动平面互相垂直的两束光，它们的传播速度除光轴外，一般是不相等的，于是就产生两条折射率不同的光线，这种现象称为双折射。晶体的一切光学性质都和双折射有关。

偏光显微镜是研究晶体形态的有效工具之一，许多重要的晶体光学研究都是在偏光镜的正交场下进行的，即起偏镜与检偏镜的振动平面相互垂直。在正交偏光镜间可以观察到球晶的形态、大小、数目及光性符号，以及结晶形成的过程等。

当聚合物处于熔融状态时，即处于黏稠可以流动的液体状态时，呈现光学各向同性，入射光自起偏镜通过熔体时，只有一束与起偏镜振动方向相同的光波，此光波无法通过与起偏镜呈90°相交的检偏镜，显微镜的视野为暗场。高聚物自熔体冷却结晶后，成为光学各向异性体，当结晶体的振动方向与上下偏光镜振动方向不一致时，通过起偏镜的线偏振光在结晶的双折射作用下，在与检偏镜平行的方向上会产生光波分量，因此视野明亮，可以观察到晶体。

图3－17 画出了一轴晶、一个平行于它的光轴 Z 的切面。这类晶体有最大和最小两个主折射率。假设光波振动方向平行于 Z 轴时，相应的折射率为最大主折射率，垂直于 Z 轴时，相应折射率为最小主折射率，分别用 N_g 和 N_p 表示。那么，当入射光振动方向与 Z 轴斜交时，折射率递变于 N_g 和 N_p 之间。不难理解，在这个晶体切面上可以用长、短半径各为 N_g 和 N_p 的一个椭圆（图3－17）来表示在该切面上各个不同方向的光振动的折射率，也可以用类似的方法处理其他方向的切面。

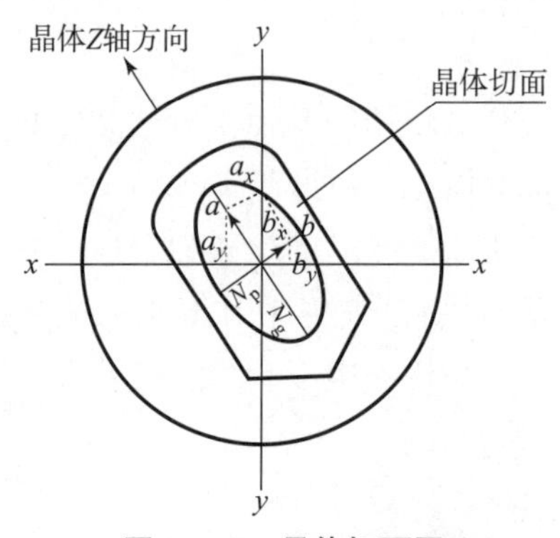

图3－17　晶体切面图

当光通过起偏镜时，它只允许在一定平面内振动的光通过（如图3－17中的 yy 面）；光从起偏镜出来后，因为晶体的光学各向异性，入射到晶体的光线发生双折射，分解形成振动方向分别平行于椭圆长、短半径的两条光线 a 和 b，折射率为 N_g 和 N_p。从晶体出来后，光线继续在这两个方向上振动，但随后遇到的检偏镜却只允许振动方向为 xx 的光线通过，光 a 分解为沿 a_x 和 a_y 振动的两条光线，光线 b 也分解为沿 b_x 和 b_y 振动的两条光线，a_y 和 b_y 为检偏镜所消光，而 a_x 和 b_x 通过检偏镜能发生相互干涉。

因为合成光的强度与合成光振幅的平方成正比：

$$I = A^2\sin^2 2\alpha\sin^2\frac{\delta}{2}$$

式中，A 为入射光的振幅；α 是晶片内振动方向与起偏镜方向的夹角，转动载物台可以改变 α，当 $\alpha=\pi/4$，$3\pi/4$，$5\pi/4$，$7\pi/4$，…时，光的强度最大，视野最亮。如果晶体切面内的两振动方向与上下偏光镜的振动方向成45°角，即 $\alpha=45°$，此时晶体的亮度最大；当 $\alpha=0$，$\pi/2$，π，$3\pi/2$，…时，$I=0$，视野全黑；如果晶体切面内的振动方向与起偏镜（或检偏镜）的振动方向平行，即 $\alpha=0°$，则晶体全黑；当晶体的轴和起偏镜的振动方向一致时，也出现全黑现象。在正交偏光镜下，晶体切面上的光的振动方向将产生消光或近于消光，它们互相正交而构成黑十字，即 Maltase 干涉图，如图3－18所示。

用偏光显微镜观察聚合物球晶，在一定条件下，球晶呈现出更加复杂的环状图案，即在特征的黑十字消光图像上还重叠着明暗相间的消光同心圆环。这可能是晶片周期性扭转产生的，如图3－19所示。

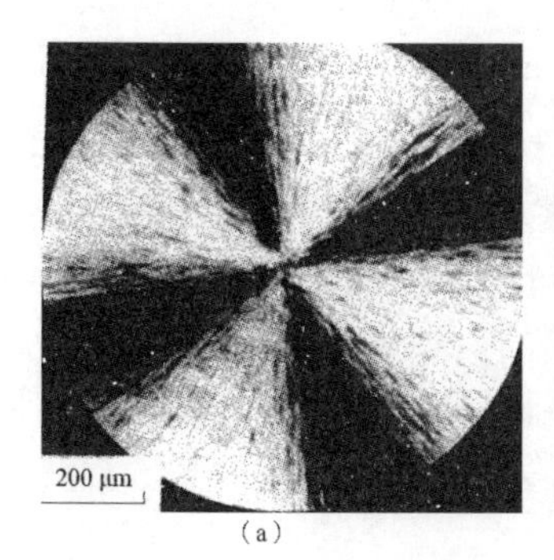

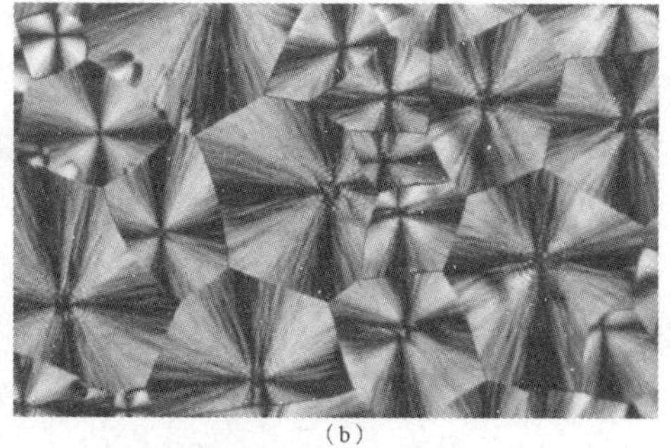

(a)　　　　　　　　　　(b)

图3-18　球晶偏光显微镜照片

(a) 全同立构聚苯乙烯；(b) 聚乙烯球晶

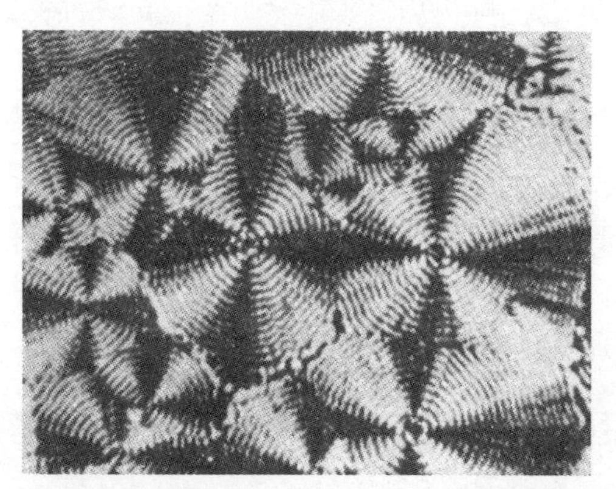

图3-19　带消光同心圆环的聚乙烯球晶偏光显微镜照片

三、仪器和试剂

实验仪器：偏光显微镜（图3-20）、热台、镊子、载玻片、盖玻片。

实验药品：聚乙烯粒料、聚丙烯。

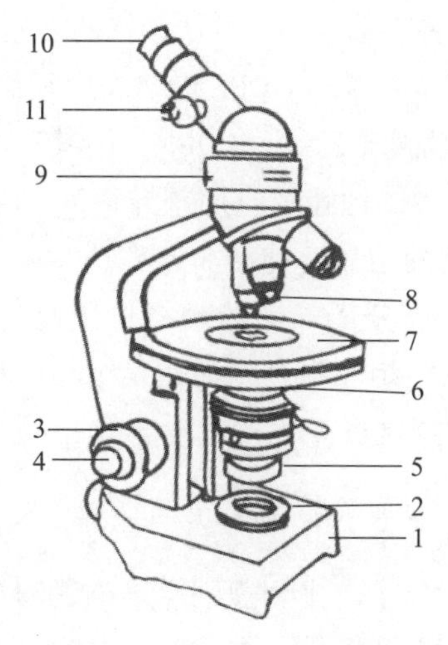

图3-20　偏光显微镜

1—仪器底座；2—视场光阑（内照明灯泡）；3—粗动调焦手轮；4—微动调焦手轮；5—起偏器；6—聚光镜；7—旋转工作台（载物台）；8—物镜；9—检偏器；10—目镜；11—勃氏镜调节手轮

四、实验步骤

（1）偏光显微镜准备：调节、检查偏光显微镜，熟悉观测的基本程序，完成正交偏光的校正，调节物镜中心。在显微镜上装上物镜和目镜，打开照明电源，推入检偏镜，调整起偏镜角度至正交位置。获得完全消光视野（视野尽可能暗，如不便观察，可去掉显微镜目镜，旋转底下的起偏镜，直至最暗的视野，此时表明两偏光镜角度恰好为正交位置）。

（2）聚合物球晶样品的制备及观察：将平板加热台温度调整到 200 ℃左右，在加热台上放上载玻片，放入少量聚乙烯试样在载玻片上，观察试样熔融成水滴状时盖上盖玻片。用镊子或砝码小心地将其压成薄膜状，尽量不要有气泡，恒温 5 min。

（3）开始降温，降至 140 ℃、126 ℃、34 ℃，观察样品的结晶过程。拉出显微镜检偏镜，调节样品位置使光线通过。调节焦距使视场清晰，推入检偏镜，观察降温过程中聚合物的结晶过程，以及球晶结晶完成后的形态、消光黑十字及同心圆环现象，并拍照保存。

（4）在照片上任选 5 个球晶，求取晶体半径，计算平均值。

五、思考题

（1）用偏光显微镜观察聚合物球晶形态的原理是什么？

（2）结晶温度对球晶尺寸有何影响？

（3）画出用偏光显微镜观察到的球晶形态示意图。

实验二十五　密度梯度管法测定聚合物的密度和结晶度

一、实验目的

（1）掌握用密度梯度法测定聚合物密度和结晶度的基本原理和方法。

（2）用密度梯度法测定部分结晶聚合物的密度，并计算其结晶度。

二、基本原理

聚合物的密度是聚合物的重要参数，同一分子结构的结晶聚合物和非晶聚合物的密度差距很大，如配位聚合制备的高密度聚乙烯（HDPE）结晶度较高，密度为 0.941 ~ 0.960 g/cm^3；高温高压下自由基聚合制备的低密度聚乙烯（LDPE）因其具有支链结构，结晶度低，密度为 0.910 ~ 0.925 g/cm^3。两种聚乙烯的性能及应用差异很大。通过测定聚合物的密度或结晶过程中密度的变化，可研究聚合物的结晶度和结晶速率。

由于高分子链的不均一性、高分子长链的缠结作用及高分子链之间的相互作用力的差异，聚合物的结晶总是不完善的，结晶聚合物通常是结晶区与非晶区共存的两相结构，用结晶度 f 来表征聚合物样品中晶区的含量，包括质量分数 f_w 或体积分数 f_V：

$$f_w = \frac{w_c}{w_c + w_a} \times 100\%\ ,\ f_V = \frac{V_c}{V_c + V_a} \times 100\%$$

在结晶聚合物中，晶区中高分子链排列规则、堆砌紧密，因而密度较大；而非晶区高分子链排列无序、堆砌松散，因而密度较小。在结晶聚合物中，晶区与非晶区以不同比例共存的结晶聚合物，其结晶度的不同就反映了密度的差别。因此，通过测定结晶聚合物样品的密度，便可求出结晶度。从密度的线性加和假定出发，密度和结晶度的关系为：

$$f_V = \frac{\rho - \rho_a}{\rho_c - \rho_a},\quad f_w = \frac{1/\rho_a - 1/\rho}{1/\rho_a - 1/\rho_c}$$

其中，ρ、ρ_a、ρ_c 分别是部分结晶聚合物的密度、完全非晶聚合物的密度、完全结晶聚合物的密度。

密度梯度法是测定聚合物密度的方法之一。将两种密度不同但能互相混溶的液体以不同的比例混溶，慢慢流入密度管（带盖量筒）中，达到扩散平衡后就形成密度从上到下逐渐增大并呈线性分布的液柱，俗称密度梯度管。将一组已知准确密度的玻璃小球（粒径约 3 mm）投入管中，玻璃小球在管中的相对高度反映了液体密度的梯度分布。如果以密度对高度作图，通常可以得到一条曲线（图 3－21），其中间一段呈直线，两端略弯曲。向管中投入被测试样后，稳定后测试样品在管中的高度，由密度－液柱高度的关系图查出试样的密度。

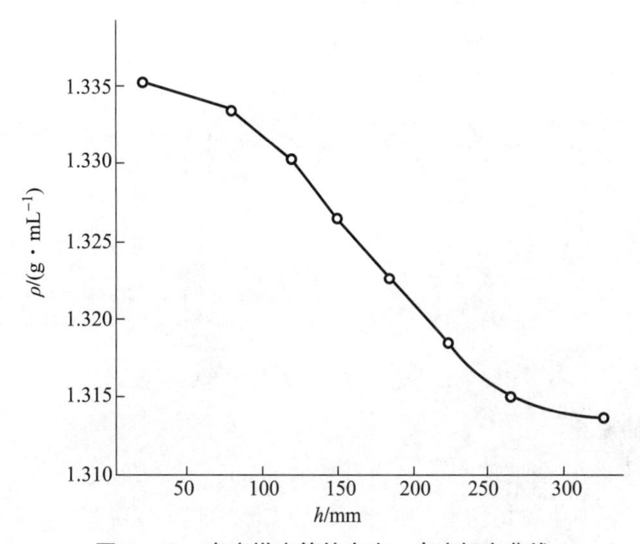

图 3－21　密度梯度管的密度－高度标定曲线

三、仪器与试剂

实验仪器：密度梯度管（带磨口塞的量筒）、恒温槽、测高仪、标准玻璃小球一组、密度计、磁力搅拌器。

实验试剂：水、乙醇（95%）、聚乙烯、聚丙烯（颗粒试样）。

四、实验步骤

1. 密度梯度管的制备

原则上任意两种密度不同、能以任何比例混溶且对被测定聚合物不溶解和不溶胀的液体，都可以用于配制密度管的轻液和重液。根据待测试样密度的大小和范围，选择两种合适的液体，使轻液密度等于上限，重液的密度等于下限。对于密度小于 1 g/cm^3 的聚乙烯、聚丙烯来说，可以选用乙醇－水体系。若被测试样密度较大，则可选用不同浓度的无机盐溶液。

密度梯度管的配制方法简单，有三种：

（1）两段扩散法：把重液倒入梯度管的下半段，再把轻液缓慢地沿管壁倒入重液上面，然后用一根长的搅拌棒插至界面，轻轻搅动至界面消失。恒温放置约 24 h 后即可应用。

（2）分段添加法：将选好的两种液体按不同比例配制成不同密度的溶液 4 ~6 份，再按照由重到轻的顺序依次轻轻倒入密度管中，放置几个小时即可形成密度梯度。

（3）连续注入法：如图 3 – 22 所示，A、B 是两个同样大小的玻璃容器，A 盛轻液，B 盛重液，它们的体积之和为密度梯度管的体积。B 容器内装有搅拌子，下面配磁力搅拌器。慢慢打开调节夹 C 和 D，使 A 液面下降的速度和 B 液面的基本相同，并控制 B 中液体的流速为 4 ~6 mL/min。初始流入梯度管的是重液，A 液开始流动后，B 管的密度就慢慢变化，显然梯度管中液体密度变化与 B 管的变化是一致的。

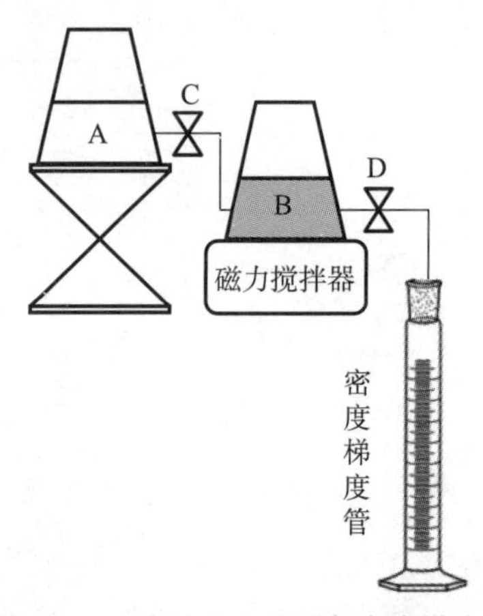

图 3 – 22　连续注入法制备密度梯度管

2. 密度梯度管的标定

将已确知密度的 4 ~6 个玻璃小球（直径约 3 mm），按密度大至小依次投入密度梯度管内，等玻璃小球在溶液中位置恒定后，用测高仪测定小球重心高度，然后作出小球密度对其高度的曲线。校验后梯度管中任一点的密度可以从标定曲线上查得。

3. 聚合物密度测定

把准备好的干燥的聚乙烯和聚丙烯样品先用轻液浸润，然后轻轻放入密度梯度管中，平衡后，测定试样在管中的高度，重复测定 3 次。

4. 结晶度的计算

根据查到的聚乙烯、聚丙烯完全结晶和完全非晶样品的密度计算二者的结晶度。

五、注意事项

（1）选择密度梯度管的液体，必须符合下列要求：能够满足所需的密度范围，不被试样吸收，不与试样发生任何物理、化学反应，两种液体能以任何比例相互混合，且混合时不发生化学反应，具有较低的黏度和挥发性，价廉、易得、毒性小或无毒。

（2）测定结晶聚合物密度的方法还有 X 射线衍射法、红外光谱法、核磁共振法、差热分析等，因各种方法涉及不同的有序状态，测定的结晶度差异较大。

六、思考题

（1）测定一个样品的密度，是否一定要用密度梯度管？还有什么方法？

（2）影响密度梯度管精确度的因素是什么？

七、实验拓展

直接用混合溶剂测定聚合物的密度：将干燥的试样预先浸渍在乙醇中，以免测试时表面附着气泡。在一个量筒中加入 15 mL 乙醇（95%），然后加入数粒聚乙烯试样，用滴管加入蒸馏水，同时搅拌，使液体混合均匀，直至样品不沉也不浮，悬浮在混合液中部，保持数分钟，此时混合液体的密度即为该聚合物样品的密度。取出试样，准确测量一定量该混合液的重量和体积，算出其密度，即为聚合物试样的密度。

实验二十六　扫描电子显微镜观察聚合物的微观结构

一、实验目的

（1）了解扫描电子显微镜的工作原理和结构。

（2）掌握扫描电子显微镜样品的制备方法和基本操作。

（3）使用扫描电镜观察聚合物的形态。

二、基本原理

扫描电子显微镜（SEM），简称扫描电镜，是一种电子显微镜，制造依据是电子与物质的相互作用。扫描电镜的原理就是利用聚焦得非常细的高能电子束在试样上扫描，激发出样品各种物理信息，通过对信息的接收、放大来产生样品表面的图像。

扫描电镜通常具有接收二次电子和背散射电子成像的功能，最常见的扫描电镜模式是检测二次电子成像。二次电子是入射到样品内的电子在透射和散射过程中，与原子的外层电子进行能量交换后被轰击射出的次级电子，它是从样品表面很薄的一层（约 5 nm）区域内激发出来的。二次电子的产生量随原子序数的变化不大，它主要取决于表面形貌。二次电子的分辨率较高，一般可达 5 ~ 10 nm，是扫描电镜应用的主要电子信息。而背散射电子是入射电子与试样原子的外层电子或原子核连续碰撞，发生弹性散射后重新从试样表面逸出的电子，主要反映试样表面较深处（10 nm ~ 1 μm）的情况，其分辨率较低，为 50 ~ 100 nm。背散射电子的产生量随原子序数的增加而增加，所以，利用背散射电子作为成像信号不仅能分析形貌特征，也可以用来显示原子序数衬度，定性进行成分分析。

扫描电镜的结构示意图如图 3 – 23 所示。带有一定能量的电子，经过第一、第二两个电子透镜会聚，再经物镜聚焦，成为一束很细的电子束（称为电子探针或一次电子）。在第二聚光镜和物镜之间有一组扫描线圈，控制电子探针在试样表面进行扫描，引起一系列的二次电子发射。这些二次电子信号被探测器依次接收，经信号放大处理系统输入显像管的控制栅极上调制显像管的亮度。由于显像管的偏转线圈和镜筒中的扫描线圈的扫描电流由同一扫描发生器严格控制同步，所以在显像管的屏幕上就可以得到与样品表面形貌相对应的图像。

现代电子扫描显微镜，一般通过计算机控制偏转线圈，同时把电子探头的信号转化为数字信号，由计算机生成和处理电子扫描图。

扫描电子显微镜在聚合物形态研究中的应用越来越广泛。因为其图像景深大，真实、清

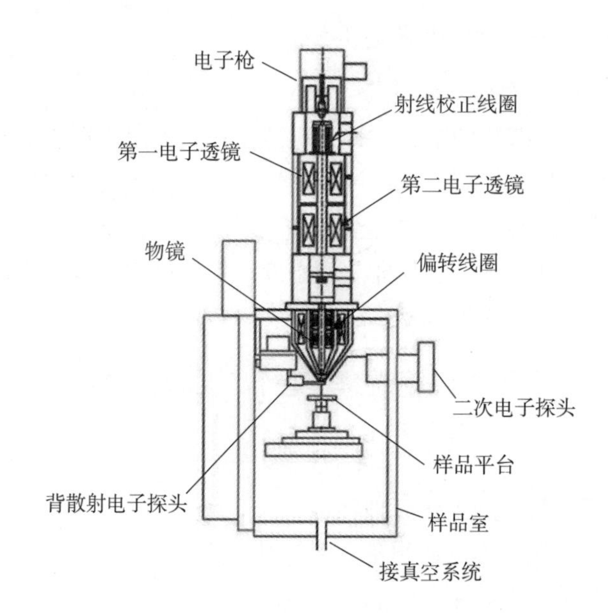

图 3－23　扫描电镜的结构示意图

晰，并富有立体感，目前主要用于研究聚合物自由表面和断面结构。例如，观察聚合物的粒度、表面和断面的形貌与结构，增强高分子材料中填料在聚合物中的分布、形状及黏结情况等。

三、仪器与样品

实验仪器：扫描电子显微镜、多功能表面处理机。

实验试剂：聚丙烯多晶体、一维取向聚丙烯膜。

四、实验步骤

1．样品的制备

对样品的基本要求：试样在真空中能保持稳定，样品要干净、干燥。有些试样的表面、断口需要进行适当的侵蚀，才能暴露某些结构细节。在侵蚀后应将表面或断口清洗干净，然后烘干。

对非导电材料，为防止样品表面形成电荷累积而影响图像效果，需要对样品进行导电处理，镀导电层的方法常用的有两种：①真空喷镀：一般在镀膜机中进行，在一定真空度条件下，将待喷金属加热熔化，蒸发喷涂在样品的表面。常用的喷涂材料有金、钼、钯、碳等。②离子溅射法镀膜：以金属靶材料和样品台分别作为阴极和阳极，在真空状态下辉光放电，带正电的离子轰击阴极表面，使阴极表面材料原子化，形成的中性原子从各个方向溅出，射落到试样的表面形成一层均匀的薄膜。

对于非导电材料，为了取得更好的效果，还可以采取下列措施：① 尽量将块状样品做小，甚至做成粉末，使样品与样品座的接触良好。② 用导电胶将镀导电层后的样品表面与样品座连接，以减少电子积累。③ 对于无法很好解决放电效应而对图像有影响的，可以加快扫描速度，以抑制电荷积累。④ 用扫描电镜的信号强度高的背散射探头采集图像，几乎不会有放电效应，不会有电荷干扰。

2. 电镜观察

按照扫描电镜使用说明书，并在教师指导下开机；样品室放气，将已处理好的待测样品放在样品支架上；抽真空，真空度达到要求后，在一定的加速电压下进行微观形貌的观察并拍摄；对感兴趣的区域，采取适当的放大倍数，通过调焦获取清晰的图像，拍摄完成后，在教师指导下关机。

3. 分析扫描的图像

五、思考题

（1）光学显微镜和扫描电子显微镜在高聚物结构研究中分别有什么作用和特点？

（2）如何制备扫描电子显微镜的样品？

（3）扫描电子显微镜采集图像前为什么要抽真空处理？

实验二十七　聚合物的热稳定性能测试

一、实验目的

（1）了解热重分析法在高分子领域中的应用。

（2）理解和掌握热重分析法的基本原理和操作。

（3）学会用热重分析法测定聚合物的热稳定性。

二、基本原理

热重分析（TG 或 TGA）是指在程序控制温度下测量待测样品的质量与温度变化关系的一种热分析技术，用来研究材料的热稳定性和组分。热重分析在高分子科学中有着广泛的应用，主要是研究聚合物在空气中或惰性气体中的热稳定性和热分解作用。此外，还可以研究固相反应，吸附、吸收和解吸，氧化降解，增塑剂的挥发性，缩聚物的固化程度，有填料聚合物的组成，测定水分、挥发物和残渣等。热重分析在实际的材料分析中经常与其他分析方法联用，可以全面、准确地分析材料。

热重分析仪一般由四部分组成：电子天平、加热炉、程序控温系统和数据处理系统（计算机）。现在的热重分析仪大多采用电磁式微量热天平，它不仅样品用量少，灵敏度很高，使用也方便可靠，还可以同时进行差示扫描量热法分析。

由热重法测得的记录为热重曲线（TG 曲线），它表示加热过程的失重累积量，属积分型。测定失重速率的是微分热重法，它采用热重曲线对时间或温度一阶微分的方法，记录为微分热重曲线（DTG 曲线）。TG 曲线横坐标是温度（℃或 K），有时也可用时间（t）；纵轴为质量或余重（实际称重（mg）或剩余百分数（%））。DTG 曲线用每分钟或每摄氏度产生的变化表示，如 mg/min、mg/℃等。

对于聚合物来说，TG 曲线一般有 2 ~ 3 个台阶，如图 3 – 24 所示。每次失重的百分数可由该失重平台所对应的纵坐标数值直接得到。第一个失重台阶多数发生在 100 ℃以下，是由于试样中残留小分子物质的分解或蒸发，出现少量的质量损失，损失率为（$100 - W_1$）。经过一段时间的加热后，温度升至 T_1，试样开始出现大量的质量损失，直至 T_2，损失率达

($W_1 - W_2$)，在 T_2 到 T_3 阶段，试样存在着其他的稳定相；然后，随着温度的继续升高，试样再进一步分解。图 3－24 中 T_1 称为分解温度，有时取 C 点的切线与 AB 延长线相交处的温度 T_1' 作为分解温度，后者数值偏高。聚合物纯化时，尽可能除去没有反应的单体或其他小分子物质，TG 测试前，尽可能除去溶剂，这样第一个失重平台可以避免，否则影响对聚合物热稳定性的判断。

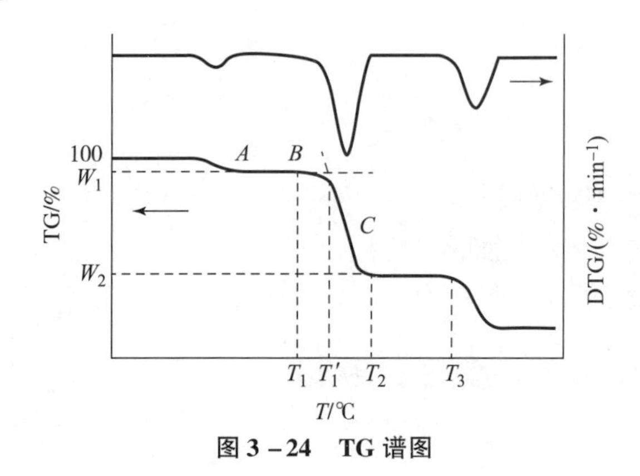

图 3－24　TG 谱图

本实验采用热重分析法来测定聚合物的热稳定性。图 3－25 是几种常见聚合物的热重曲线，由图可得知这几种聚合物的分解温度、分解快慢及分解的程序。如聚氯乙烯在 300 ℃左右失重 60% 后趋于稳定，当温度升至 400 ℃左右后又逐渐分解；聚甲基丙烯酸甲酯、聚乙烯、聚四氟乙烯分别在 400 ℃、500 ℃、600 ℃左右彻底分解，失重几乎 100%，而聚酰亚胺在 650 ℃以上分解，失重才 40% 左右。据此可见这几种材料的耐温性能差异很大，聚酰亚胺的热稳定性能最好。

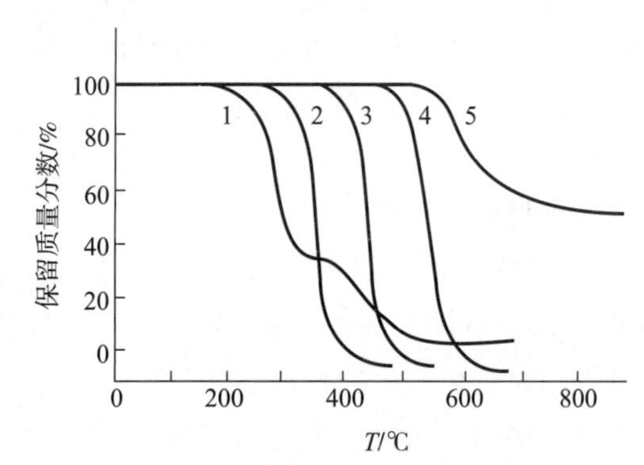

图 3－25　几种聚合物的 TG 谱图

1—聚氯乙烯；2—聚甲基丙烯酸甲酯；3—聚乙烯；4—聚四氟乙烯；5—聚酰亚胺

热重分析法的实验结果也受到一些因素的影响，加上温度的动态特性和天平的平衡特性，使影响 TG 曲线的因素更加复杂，但基本上可以分为仪器因素和样品因素两类。仪器因素有升温速率、气氛、支架、炉子的几何形状、电子天平的灵敏度及坩埚材料等。样品因素有样品量、反应放出的气体在样品中的溶解性、粒度、反应热、样品装填、导热性等。

三、仪器与样品

实验仪器：TGA－50 热重分析仪、标准氧化铝坩埚、高纯氮气等。

实验药品：聚苯乙烯、聚甲基丙烯酸甲酯、其他聚合物。

四、实验步骤

(1) 测试前，仔细阅读热重分析仪的使用说明及其安全注意事项。

(2) 按顺序依次打开显示器、电脑主机、仪器的电源开关，接通保护气体（一般为氮气），调节适合的输出压力和气体流速。

(3) 打开炉子，将一个空坩埚放到参照平台上（如果参比坩埚未被污染，可重复使用），另一个相同型号的空坩埚放到样品平台上。关闭炉子后，等待 10 s 以上，让天平平稳后，按下仪器触摸屏上的清零键，将空坩埚质量置为零。

(4) 取下样品坩埚，放在分析天平上，清零，将约 5 mg 样品加入坩埚内。将样品坩埚放置到样品平台上，尽量与空坩埚的放置位置一致。关闭炉子。

(5) 在电脑上打开控制软件，设置合适测量模式和升温程序。单击“开始”按钮，仪器开始按设定的方法进行实验并保存所采集的数据。在完成设定的实验程序后，仪器会自动结束实验，并开始自然降温。

(6) 导出实验数据。

五、图谱分析

(1) 根据导出的数据，作出样品的热重曲线。

(2) 处理热重曲线，确定聚合物的分解开始温度、中间温度、最终温度及失重比例。

(3) 根据热重曲线，分析聚合物样品的热稳定性和可能的热分解形式。

六、注意事项

(1) 试样一般需要研磨成 100 ~ 300 目的粉末，试样量一般不超过坩埚容积的 4/5；聚合物因分解剧烈，样品量不宜太多，可切成碎块或碎片，纤维状试样可截成小段或绕成小球，一般不超过坩埚容积的 1/2 或更少，或用氧化铝粉沫稀释，以防发泡时溢出坩埚，污染热电偶。

(2) 保持样品坩埚的清洁，应使用镊子夹取，避免用手触摸。

(3) 从仪器上取放坩埚的时候，应该轻拿轻放，防止损坏仪器。

(4) 仪器内置百万分之一精密天平，请勿移动仪器，防止震动。

(5) 进行测试之前，仔细阅读安全操作使用手册及注意事项。

七、思考题

(1) 热重分析实验结果的影响因素有哪些？

(2) 热重分析中升温速率过快或过缓对实验有什么影响？

(3) 讨论聚合物的热稳定及其结构之间的关系。

实验二十八　差示扫描量热法测定聚合物的热力学转变

一、实验目的

(1) 掌握差示扫描量热法的基本原理及其使用方法。

(2) 测定聚合物的玻璃化温度 T_g、熔点 T_m 和结晶温度 T_c。

二、实验原理

聚合物的热分析是用仪器检测聚合物在加热或冷却过程中热效应的一种物理化学分析技术。差热分析（DTA）是在恒定的升、降温速度下，测量在同一加热炉中参比材料（α-Al_2O_3）和测量样品之间因温度变化而产生的温差。利用DTA可以测定聚合物在加热和冷却过程中发生的物理化学变化而产生的热效应，如熔融、热分解、玻璃化转变、结晶、氧化分解反应、氧化还原反应、气体的吸附、脱结晶水等物理化学过程吸收或放出的热量。但是，DTA测量的是测试样品和参比材料的温度差，试样在转变时热传导的变化未知，温差与热量变化比例也未知，因此，其热量变化的定量性能不好。差示扫描量热法（DSC）是在DTA的基础上发展起来的热分析测量法，增加了一个补偿加热器。DSC测量在同一加热炉中为保持检测样品和参比材料之间相同温度所需的热流率 dH/dT，能够直接反映被测样品在转变时的热量变化，便于定量测定。所以DTA的测量是不定量的，而DSC可用于转变焓的定量测定。

聚合物中一些重要物理变化可以用DSC或DTA来测定，如玻璃化温度 T_g、结晶温度 T_c、结晶熔融温度 T_m、结晶度等，用DSC也可以测得这些变化的焓值，还可以测定一些含有热效应的化学变化，如聚合、固化、交联、氧化、分解等，此外，还可以测定反应热和反应动力学参数。

DSC的主要特点是试样和参比物各有独立的加热元件和测温元件，并由两个系统进行监控，其中一个用于控制升温速率，另一个用于补偿试样和惰性参比物之间的温差。图3-26和图3-27是DSC加热元件和常见功率补偿式DSC的原理示意图。

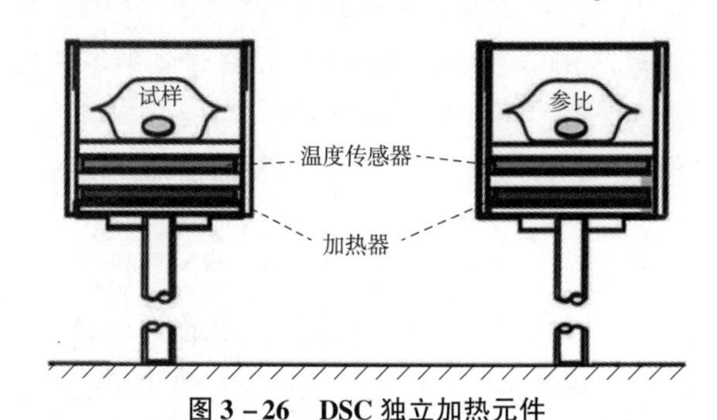

图3-26　DSC独立加热元件

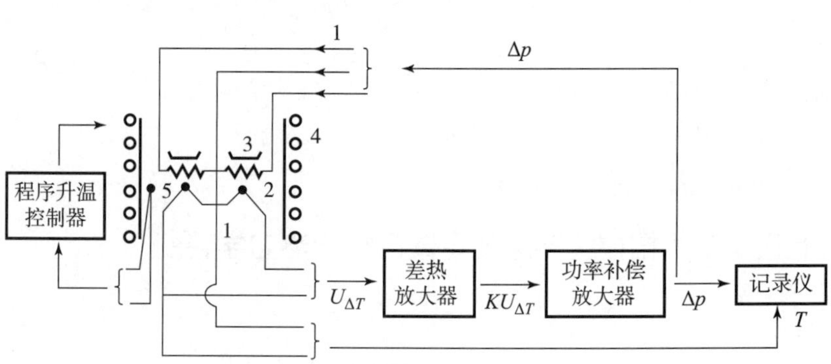

图3-27　功率补偿式DSC原理图

1—温差热电偶；2—补偿电热丝；3—坩埚，4—电炉；5—控温热电偶试样在加热过程中由于热效应与参比物之间出现温差 ΔT 时，通过差热放大电路和差动热量补偿放大器，使流入补偿电热丝的电流发生变化：当试样吸热时，补偿放大器使试样一边的电流立即增大；反之，当试样放热时，则使参比物一边的电流增大，直到两边热量平衡，温差 ΔT 消失为止。换句话说，试样在热反应时发生的热量变化由于及时输入电功率而得到补偿，所以实际记录的是试样和参比物下面两个电热补偿放大器的热功率之差 $\mathrm{d}H/\mathrm{d}t$ 随时间 t 的变化关系。如果升温速率恒定，记录的就是热功率之差 $\mathrm{d}H/\mathrm{d}t$ 随温度 T 的变化关系，如图 3－28 所示，其峰面积 S 正比于热焓的变化，即 $\Delta H_m = KS$，式中，K 是与温度无关的仪器常数。

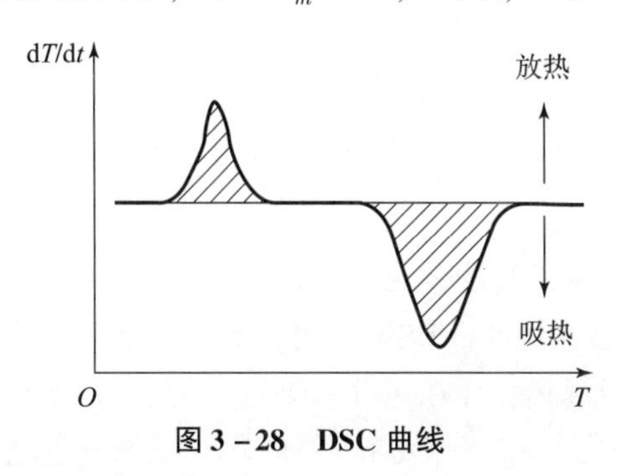

图 3－28　DSC 曲线

如果事先用已知相变热的试样标定仪器常数，再根据待测试样的峰面积，就可得到 ΔH 的绝对值。因此，DSC 法可以直接测量热量。DSC 另一个突出的优点是，因为试样的热量变化随时可得到补偿，试样与参比物的温度始终相等，避免了参比物与试样之间的热传递，仪器反应灵敏，分辨率高，重现性好。

聚合物在低于玻璃化温度时，链段运动的松弛时间非常长，因为链段运动实际上被冻结，只有较小的运动单元如侧基和支链等可以运动。这时，聚合物所表现出来的力学性能与低分子玻璃相似。聚合物所处的这种物理状态称为玻璃态。当聚合物处于 T_g 附近的温度时，由于链段开始运动，便出现了热容的变化，这时在热谱图上出现了一个转折。因此可以用 DSC 或 DTA 来测定聚合物的 T_g。测定 T_g 时，要求仪器灵敏度高，且基线稳定，否则在差热曲线上不易反映出转折现象。

当能结晶的聚合物处于 T_m 附近的温度时，其中的结晶结构熔化，转变为无定形态，这时在热谱图上就出现一个吸热峰。DSC 和 DTA 除能确定熔点与熔化热外，还能从熔化区的宽度来判断晶区的大小和结晶的完整情况。聚合物的结晶温度 T_c 比其熔点 T_m 低。当聚合物处于 T_c 温度附近时，便出现非晶相向晶相的转变。这个过程的发生，引起了能量的净释放，所以在热谱图上出现了一个放热峰。有的聚合物在 T_d 温度时要解聚或降聚。因此，在热谱图上还可以观察到由此而引起的放热或吸热现象。图 3－29 给出了聚合物热谱图的典型曲线。

聚合物的转变一般发生在某一温度范围内。这一温度范围与相对分子质量、相对分子质量分布及样品的热历史有关。又由于 DSC 和 DTA 都是在动态下测量的，其数值还与升、降温速率有关。待测的转变温度可以用斜率开始变化的温度外推起始温度、拐点温度及峰顶（或谷底）温度来确定。因此，在给出转变温度时，应标明测定方法和测试条件。

DSC 的原理及操作都比较简单，但要获得精确结果，必须考虑诸多的影响因素，下面介绍主要的仪器因素和样品的影响因素。

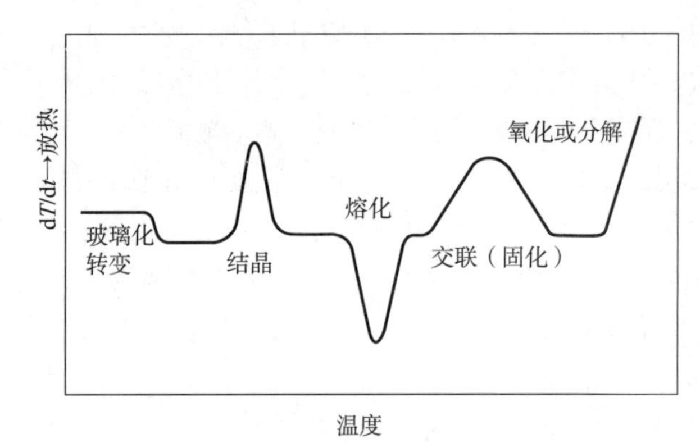

图 3－29　聚合物热图谱的典型曲线

1. 仪器影响

气氛的影响：气氛可以是惰性的，也可以是参加反应的，视实验要求而定。测定时所用的气氛不同，有时会得到完全不同的 DSC 曲线。例如，某一样品在氧气中加热，会产生氧化裂解反应——先放热，后吸热；如在氮气中进行，产生的是分解－吸热反应，二者的 DSC 曲线明显不同。气氛还可分为动态和静态两种形式，静态气氛通常是密闭系统，反应发生后，样品上空逐渐被分解出的气体所充满，这时由于平衡会导致反应速度减慢，致使反应温度移向高温，而炉内的对流作用使周围的气氛（浓度）不断变化，这些情况会造成传热情况的不稳定，导致实验结果不易重复；反之，在动态气氛中测定，所产生的气体不断地被动态气氛带走，对流作用反而保持相对的稳定，实验结果易重复。另外，气体的流量应严格控制一致，否则结果将不会重复。

程序升温速度：加热速度太快，峰温会偏高，峰面积偏大，甚至会降低两个相邻峰的分辨率。对聚合物的玻璃化转变来说，是一个分子链段运动状态的松弛过程，对升（降）温速度有强烈依赖性，升温速度较慢时，大分子链段就在较低的温度下吸热解冻，开始运动，使 T_g 偏低；当升温速度极慢时，则根本观察不到玻璃化转变，因此通常用 10 ℃/min 的升、降温速度，也需要根据实际测试结果进行调整。

2. 样品影响

试样量：试样量与参比物的量要匹配，以免两者热容相差太大而引起基线漂移。试样量少，峰小而尖锐，峰的分辨率高，重现性好，并有利于与周围控制气氛相接触，容易释放裂解产物，从而提高分析效果；试样量大，峰大而宽，峰温移向高温，但试样量大，对一些细小转变，可得到较好的定量效果；对均匀性差的样品，也可获得较好的重复结果。

试样的粒度及装填方式：试样粒度的大小对那些表面反应或受扩散控制的反应（例如氧化）影响较大。粒度小，峰移向低温方向，装填方式影响试样的传热情况，尤其对弹性体，因此，最好采用薄膜或细粉状试样，并使试样铺满盛器底部，加盖封紧，试样盛器底部尽可能平整，以保证和样品之间的紧密接触。

三、实验药品和仪器

实验仪器：DSC－60 型差热扫描量热仪。

实验药品：聚苯乙烯（实验五中制备的样品或市售样品），尼龙－66（实验十三中制备的样品或市售样品)。

四、实验步骤

(1) 测试之前，仔细阅读 DSC－60 差示扫描量热仪的安全操作使用说明及其注意事项。

(2) DSC－60 差示扫描量热仪的具体操作如下。

①开机：依次打开变压器、DSC－60 主机、计算机、TA－60WS 工作站及 FC－60A 气体控制器。

②开气：接好气体管路，接通气源，并在 FC－60A 气体控制器上调整气体流量。测定样品用“purge”入口加入，惰性气体 N_2 流量 30～50 mL/min；分析样品中用到液氮冷却的情况，使用“dry”入口通入气体，通常使用 N_2，流量控制在 200～500 mL/min；气体吹扫清理样品腔和检测器时使用“cleaning”入口，通常使用 N_2，流量控制在 200～300 mL/min。注意：将所使用入口之外的其他气体入口堵住。

③样品制备：称取聚合物样品 3～5 mg，装入测试用坩埚，置于压样机中，盖上坩埚盖，旋转压样机扳手，把坩埚样品封好。同时，不放样品，压制一个空白坩埚作为参比样品。压完后检查坩埚是否封好，且要保证坩埚底部清洁无污染。

滑开样品腔体盖，用镊子移开炉盖和盖片，把空白坩埚置于左边参比盘，把制备好的样品坩埚置于右边样品盘，盖上盖片和炉盖。

④设定测定参数：单击桌面上的“TA－60WS Collection Monitor”图标，打开 TA－60WS Acquisition 软件。在 detector 窗口中选择“DSC－60”。

单击“Measure”菜单下的“Measuring Parameters”命令，弹出“Setting Parameters”窗口。在“Temperature Program”一项中编辑起始温度、升温速率、结束温度及保温时间等温度程序，测试条件见表 3－2。

表 3－2 测试条件

序号	升温速率 /(℃·min^{-1})	起始温度/℃	目标温度/℃	保持时间 /min
一次升温	10	室温	280	2
一次降温	10	280	室温	2
二次升温	10	室温	280	

在“File Information”窗口中输入样品基本信息，包括样品名称、质量、坩埚材料、使用气体种类、气体流速、操作者、备注等。

单击“确定”按钮关闭“Setting Parameters”窗口，完成参数设定操作。

⑤样品测试：待仪器基线稳定后，单击“Start”按钮，在弹出的“Start”窗口中设定文件名称及储存路径，仪器会按照设定的参数运行，并按照设定的路径储存文件。

⑥关机：样品分析完成后，等待样品腔温度降到室温左右，取出样品，依次关机：DSC－60 主机、气体控制器 FC－60A、系统控制器 TA－60WS、变压器、电脑和气瓶。

⑦收集与处理数据，保存数据，根据一次降温和二次升温曲线给出各转变温度。

五、实验记录及谱图分析

1. 实验记录

（1）仪器型号：____________。

（2）样品名称：________________；样品质量：________________。

（3）保护气的流速：____________；吹扫气的流速：____________。

（4）结晶性聚合物样品实验数据（表 3 – 3）：

表 3 – 3　结晶性聚合物样品实验数据

循环	起始温度/℃	终止温度/℃	升温速率/(℃ · min^{-1})
第一次升温扫描			
第一次降温扫描			
第二次升温扫描			

2. 谱图分析结果

玻璃化温度 T_g：____________。

结晶温度 T_c：________________；结晶热 ΔH_c：________________。

熔点 T_m：________________；熔融热焓 ΔH_m：________________。

六、注意事项

（1）测样的最高温度不能超过样品的分解温度，否则会污染样品池。

（2）DSC 最高测定温度为 600 ℃，最低温度为 – 140 ℃。

（3）DSC 的升温速率范围为 0.01 ~ 99.9 ℃/min，常规使用的升降温速率一般为 10 ℃/min，不要以特快速率降温或升温，以延长仪器使用寿命。

七、思考题

（1）如果某聚合物在热转变时的热效应很小，采取什么方法可以增加这个转变的强度？

（2）哪些因素影响聚合物的 T_g、T_m？

（3）DSC 实验中哪些因素影响测得的各热力学转变温度？

【附注】 玻璃化温度 T_g 的标示：以玻璃化温度为界，高分子聚合物的物理性质随高分子链段运动自由度的变化而呈现显著的变化，其中，热容的变化使热分析方法成为测定高分子材料玻璃化温度的一种有效手段。目前用于玻璃化温度测定的热分析方法主要是热分析法（DTA、DSC、热机械法）。以 DSC 为例，当温度逐渐升高，达到高分子聚合物的玻璃化转变温度时，DSC 曲线上的基线向吸热方向移动，如图 3 – 30 所示。图中 A 点是开始偏离基线的点。将转变前后的基线延长，两线之间的垂直距离为阶差 ΔJ，在 $\Delta J/2$ 处可以找到 C 点，从 C 点作切线与前基线相交于 B 点，B 点所对应的温度值即为玻璃化转变温度 T_g。

热机械法直接记录玻璃化转变过程对应的温度，比较方便。

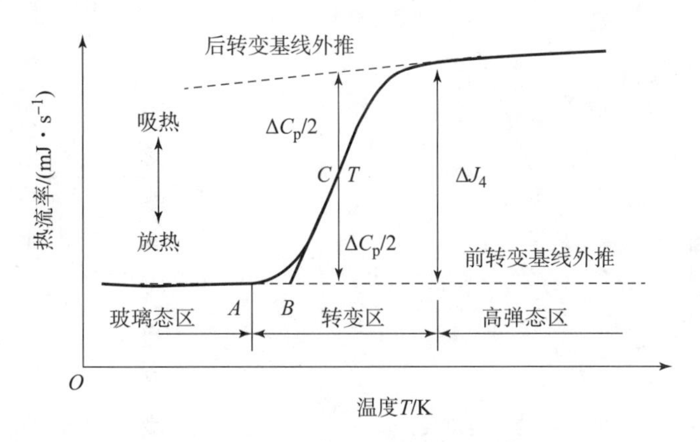

图 3－30　玻璃化转变温度的标示

实验二十九　膨胀计法测定聚合物的玻璃化温度

一、实验目的

(1) 掌握玻璃化转变的自由体积理论。

(2) 掌握膨胀计法测定聚合物玻璃化温度的方法。

(3) 了解升温速度对玻璃化转变温度的影响。

二、实验原理

玻璃化转变是聚合物从玻璃态向高弹态的转变，是一种普遍现象，即使是结晶聚合物，也有非晶区的存在。在聚合物发生玻璃化转变时，许多物理性能发生了急剧的变化，因此，可以通过测量这些物理性质的变化来确定玻璃化转变温度，如线膨胀系数、折光率、比热容、动态力学损耗等。聚合物的线膨胀系数是一个和高分子链段运动有关的物理量，它在玻璃化转变温度范围内有不连续的变化，即利用膨胀计测定聚合物体积随温度的变化时，在 T_g 处有一个转折，如聚苯乙烯比热容－温度曲线（图 3－31）。

聚合物的玻璃化转变是一个极为复杂的现象，关于玻璃化转变现象，主要有三种理论：自由体积理论、热力学理论和动力学理论。自由体积理论认为，聚合物的体积由两部分组成，高分子链在绝对零度的已占体积 V_0 和分子链间的自由体积 V_f。对于非晶态聚合物，分子无序排列，堆砌松散，所形成的孔穴为链段运动提供空间。在玻璃态下，由于链段运动被冻结，自由体积也被冻结，因而玻璃态可视为等自由体积状态。当温度上升至 T_g 时，分子运动能量升高，V_f 变大，链段获得足够运动能量和自由活动空间，由冻结状态转变为运动状态。在 T_g 以上，聚合物的体积膨胀包括高分子链自身的体积膨胀（由分子振动和键长变化引起的）及自由体积的膨胀。因此，高弹态的膨胀系数 α_r 比玻璃态的膨胀系数 α_g 大得多，如图 3－32 所示。

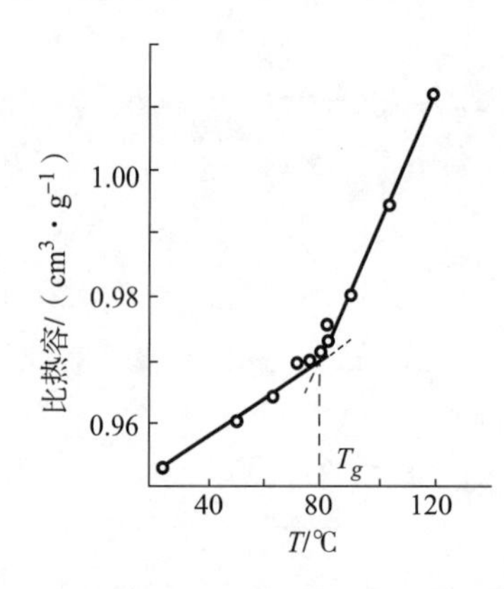

图 3-31　聚苯乙烯的比热容-温度曲线

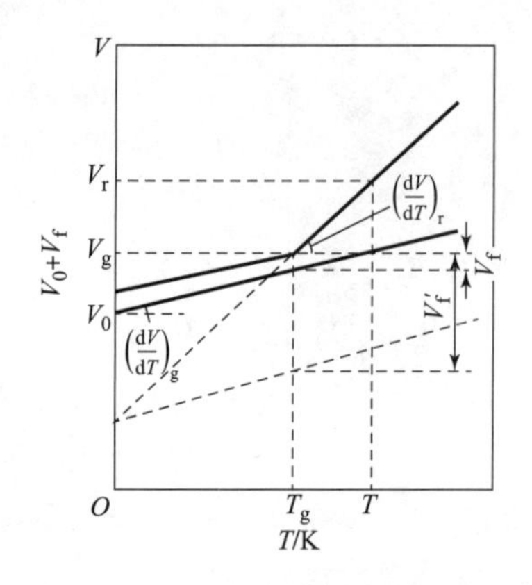

图 3-32　自由体积理论示意图

用 V_g 表示在玻璃化温度时聚合物的总体积，则

$$V_g = V_f + V_0 + \left(\frac{dV}{dT_g}\right)T_g$$

式中，V_0 是高分子链在绝对零度的已占体积；V_f 是自由体积。类似地，当 $T > T_g$ 时，聚合物的体积为

$$V_r = V_g + \left(\frac{dV}{dT}\right)_r (T - T_g)$$

而高弹态时，某温度 T 的自由体积则为

$$(V_f)_T = V_f + (T - T_g)\left[\left(\frac{dV}{dT}\right)_r - \left(\frac{dV}{dT}\right)_g\right] = V_r - V_0 - T\left(\frac{dV}{dT}\right)_g$$

所以，高弹态与玻璃态的膨胀率的差 $\left(\frac{dV}{dT}\right)_r - \left(\frac{dV}{dT}\right)_g$ 就是 T_g 以上自由体积的膨胀率。在 T_g 上下聚合物的膨胀系数为：

$$\alpha_r = \frac{1}{V_g}\left(\frac{dV}{dT}\right)_r, \qquad \alpha_g = \frac{1}{V_r}\left(\frac{dV}{dT}\right)_g$$

许多实验事实表明，玻璃化转变过程并没有真正达到热力学平衡，而是一个松弛过程，因此 T_g 的大小依赖于测试方法和升降温速度。如降温速度加快，T_g 向高温方向移动；降温速度慢，T_g 则降低。即链段运动适应外界变化的过程是一个速度的过程。在降温过程中，分子通过链段运动进行位置调整，并且在聚合物冷却、体积收缩时，自由体积也在减少。同时，黏度因降温而增大，这种位置调整不能及时进行，所以聚合物的实际体积总是大于该温度下的平衡体积，表现为比容-温度曲线上在 T_g 处发生拐折。降温速度越快，聚合物实际体积就比该温度下的平衡体积大得越多，比容-温度曲线转折得越早，T_g 偏高；反之，T_g 偏低，甚至难以测到。一般控制在 1~2 ℃/min 为宜。升温速度对 T_g 的影响情况也是如此。另外，T_g 的大小还和外力有关，单向的外力可促使链段运动，外力越大，T_g 降低越多；外力的作用频率增加时，玻璃化温度升高，所以膨胀计法比动态法所得的 T_g 要低一些。

三、仪器与药品

实验仪器：膨胀计。

实验药品：聚苯乙烯颗粒。

四、实验步骤

（1）洗净膨胀计、烘干，将聚苯乙烯颗粒装入膨胀计内，至膨胀管总体积的 4/5 左右。

（2）在膨胀计管内加入乙二醇作为介质，用细玻璃棒搅动（或抽气），使膨胀管内没有气泡。

（3）再加入乙二醇至膨胀管口，插入毛细管，使乙二醇的液面在毛细管下部，磨口接头用弹簧固定。

（4）将装好的膨胀计浸入水浴中，控制水浴升温速度为 1 ℃/min。

（5）读取水浴温度和毛细管内乙二醇液面的高度（每升高 5 ℃读一次数，在 55 ~ 80 ℃之间每升高 2 ℃或 1 ℃读一次），直到 90 ℃为止。

（6）将已装好样品的膨胀计经充分冷却至室温后，再在以 2 ℃/min 升温速度的热水浴中加热，用相同的方式读取温度和毛细管内液面高度。

（7）用毛细管内液面高度 h 对温度 T 的曲线图，从两直线段分别外延，由交点求得两种不同升温速度下聚苯乙烯的 T_g 值。

五、注意事项

（1）膨胀计管内要洁净、干燥。

（2）注意观察装上乙二醇后管内是否有气泡，如果发现管内留有气泡，可用洗耳球轻轻敲打排除气泡。若无法排净，必须重装。

（3）测量时，体积的变化通常通过填充液体（加热介质）的液面升高读出，因此，该液体不能和聚合物发生反应，也不能使聚合物溶解和溶胀。

六、思考题

（1）对比两种升温速度对测试结果的影响，解释其中的原因。

（2）本实验采用膨胀计法测定 T_g 值，再列举三种其他表征 T_g 的方法。

（3）用膨胀计法测聚合物的玻璃化温度，对膨胀计内介质有什么要求？

实验三十　聚合物温度 - 形变曲线的测定

一、实验目的

（1）掌握线形非晶态聚合物的三种力学状态及其分子运动特点。

（2）掌握非晶态、结晶聚合物力学状态及分子运动特点的异同。

（3）了解测定聚合物温度 - 形变曲线的方法。

二、实验原理

聚合物的温度 - 形变曲线，是指在恒定外力下，聚合物的形变随温度而变化的曲线，又称热机械曲线，是研究聚合物力学性质对温度依赖性的重要方法之一。

聚合物的分子运动具有运动单元多重性的特点，运动单元包括高分子链、链段、取代基、链节、支链等。受外力作用时，不同运动单元处于不同的分子运动形式，聚合物表现不同的力学状态，显示出不同的物理机械性能。因此，在研究分子链结构、聚集态的基础上，系统考察高分子链的分子运动状态，才能更好地建立起聚合物结构与性能间的构效关系，深入理解聚合物的物理机械性能及使用性能。温度－形变曲线是有效的研究方法之一，该曲线不仅能够给出非晶态聚合物的玻璃化温度 T_g 和黏流温度 T_f、结晶聚合物的熔融温度 T_m，对评价聚合物的物理机械性能、确定其使用温度和加工条件至关重要；而且还反映出聚合物的很多内部结构信息，如分子链结构特点、相对分子质量大小、结晶性、支化、交联、增塑等，成为聚合物结构、性能研究的重要手段之一。

线形非晶态聚合物随温度变化出现三种力学状态（图 3－33），这是内部分子处于不同运动状态的宏观表现。

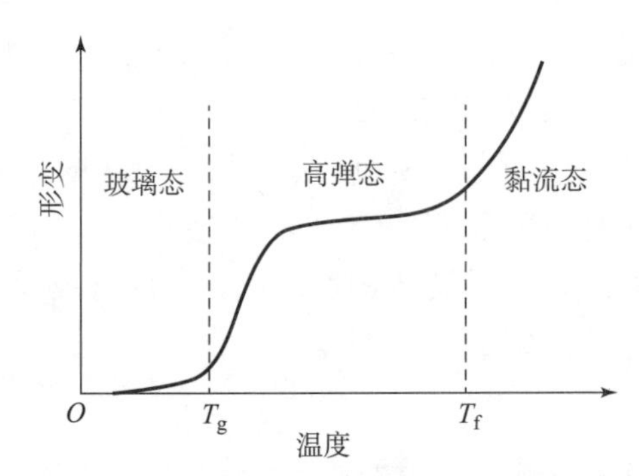

图 3－33　非晶态聚合物的温度－形变曲线

（1）玻璃态：温度较低，分子运动能量很低，不足以克服主链内旋转的位垒，因此链段处于冻结状态。外力的作用只能引起较小运动单元，如侧基、支链、键长和键角的改变，因此形变量很小，弹性模量大，形变与外力大小成正比；外力消除后，形变立刻回复，属于普弹形变。此形态下表现出硬而脆的物理机械性质，类似于小分子玻璃。

（2）高弹态：随着温度升高，分子热运动能量逐渐增加，高分子间作用力降低，到达某一温度后，所增加的运动能量使链段开始运动，但分子链仍处于冻结状态。外力作用时，分子链单键内旋转和链段运动改变构象，使高分子链从蜷曲变为伸展状态，产生很大形变，弹性模量骤降，宏观表现柔软而富有弹性。除去外力后，分子链恢复到原来蜷曲状态，发生高弹回缩，具有明显的松弛时间。高弹态的特点是小外力、大形变，形变可逆。

（3）黏流态。温度进一步升高，链段运动加剧，高分子链克服分子间作用力能够运动，分子链间产生滑移，分子链的重心发生改变，产生大的、不受限制的、不可逆的形变，宏观表现为可以流动的黏性液体。

温度－形变曲线上，从玻璃态向高弹态的转变温度为玻璃化温度 T_g，从高弹态向黏流态转变的温度为黏流温度 T_f，两个相转变温度可以用切线法求得。T_g 是塑料材料使用温度上限，橡胶材料使用温度下限；T_f 是加工成型温度的下限，橡胶材料使用温度上限。

结晶聚合物与非晶态聚合物的聚集状态不同，表现出不同的力学状态。对于完全结晶的聚合物，其力学状态转变只有结晶的熔融，没有玻璃化转变与高弹态。部分结晶聚合物，存在玻璃化转变与高弹态，但由于晶区链段不能运动，玻璃化温度后不再是具有很大弹性的高弹态，而是具有一定弹性、韧而硬的皮革态；继续升高温度，链段运动克服晶格束缚，晶区开始熔融，此时，相对分子质量较低的结晶聚合物直接转变为黏流态，相对分子质量较高时先转变为高弹态，再进入黏流态。结晶聚合物熔融过程也是相变过程，热力学函数在较宽的范围内（5 ~ 10 ℃）发生连续突变，称为熔程。晶区完全熔融的温度称为熔点 T_m（图3－34）。

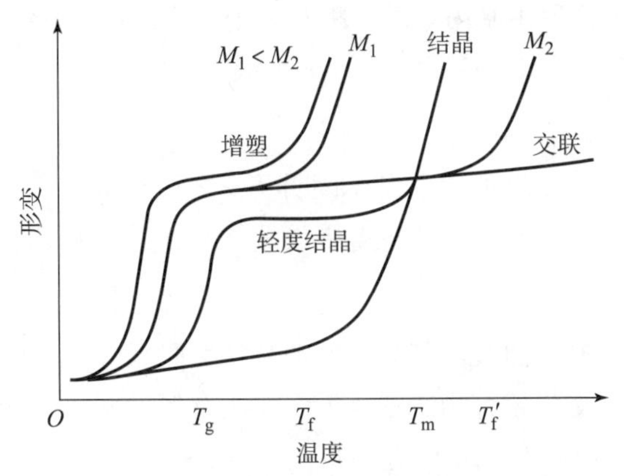

图3－34　不同类型聚合物的温度－形变曲线

交联聚合物因分子间化学键的束缚，分子间的相对运动无法进行，不出现黏流态，其高弹形变量随交联度增加而逐渐减小；增塑剂加入的同时，降低了聚合物的玻璃化温度和黏流温度（图3－34）。

在等速升温过程中，以一恒定负荷作用于聚合物试样，测定其相应形变，对温度作图，就可以得到温度－形变曲线。曲线形状除与聚合物的结构及聚集态有关外，测试条件，如升温速度、受力大小等，也会对曲线有明显影响。若升温速度快，T_g、T_f 偏高；应力大，T_f 会降低，高弹态会不明显。因此，进行测试时，根据要求选择合适的测定条件；不同聚合物材料进行对比时，要在相同条件下进行测试。

三、仪器与试样

实验仪器：XWJ－500B 热机分析仪。

实验试样：聚甲基丙烯酸甲酯、高密度聚乙烯。

四、实验步骤

（1）准备试样：圆柱形样品（$\phi(4.5 \pm 0.5)$ mm × (6.0 ± 1.0) mm），要求两面平行、表面光滑、无裂纹、无气泡。试样可直接从制件截取，若为粉末或颗粒，需用油压机压样。

（2）样品测试：测试前，仔细阅读热机分析仪的操作使用说明及安全注意事项，检查仪器运行状态是否良好。

①试样安装：取出压缩吊筒，将试样放入压缩试样架内，一同放入压缩吊筒内，从上部压上压缩压头；转动手轮，将压缩吊筒插入保温炉内。从升降架上部插入加载杆，压在压缩压头上，并加上适当的砝码；调整测位移装置，使数显千分表调零；从升降架上部插入测温热电偶。

②测试：打开计算机，进入系统管理界面。根据提示，在“试验方法”窗口中选择试验种类为“压缩”，并设定“试验尺寸”，在“载荷选配表”窗口中选择本次实验的砝码质量。随后依次选择“升温速率”“上限温度”“试样最大变形量”等参数；再单击“开始试验”按钮启动温控程序，以设定的升温速率加热试样，计算机实时测定试样的温度及形变量。

③完成后，停止实验，进入实验报告界面，保存本次实验曲线，记录相应的测试条件，退出应用程序，关闭仪器。使用升降手柄将吊筒从加热炉中取出，冷却后取出样品。

④根据测试结果，讨论聚甲基丙烯酸甲酯和高密聚乙烯两种聚合物的温度－形变曲线的差异及产生的原因。

五、注意事项

（1）测试前，仔细阅读仪器的使用操作说明及安全注意事项。

（2）根据样品测试需要及仪器的量程范围设置参数，进行测试。

六、思考题

（1）聚合物的温度－形变曲线与其分子运动有什么联系？

（2）非晶态、结晶、交联聚合物温度－形变曲线有何异同？为什么？

（3）影响 T_g 和 T_f 数值的测试条件有哪些？如何影响？

【附注】仪器操作参考北京恒奥德仪器仪表有限公司的 XWJ－500B 热机分析仪使用说明书。

实验三十一　动态黏弹谱法测定聚合物的动态力学性能

一、目的要求

（1）掌握聚合物的黏弹特性，从分子运动的角度解释聚合物的动态力学行为。

（2）了解动态黏弹谱法的实验原理和方法，了解用动态黏弹谱仪测定多频率下聚合物的动态力学温度谱。

二、基本原理

聚合物分子链运动具有运动单元多重性及时间依赖性，在受到外力作用时，形变随时间的变化既不同于理想弹性体，也有异于理想黏性体，而是介于两者之间，称为黏弹性。它既像弹性材料一样具有储存机械能而不消耗能量的特性，又像非牛顿流体静应力状态下的黏性，会损耗能量而不能储存能量。黏弹性是聚合物材料的另一个重要特征。

当聚合物受到交变应力作用时，因分子运动的时间依赖性，形变跟不上应力变化，称为滞后现象。若采用正弦的交变应力（应力 σ、频率为 ω、振幅为 σ_0），聚合物产生的应变也以正弦方式随时间变化，但应变 ε 与应力之间有一相位差 δ（图3－35），其交变应力和应变随时间的变化关系如下：

$$\sigma = \sigma_0\sin(\omega t + \delta)\ , \qquad \varepsilon = \varepsilon_0\sin\omega t$$

式中，σ_0 和 ε_0 分别为应力和应变的幅值；δ 是应变相位角。

将上述应力表达式展开：

$$\sigma = \sigma_0\cos\delta\sin(\omega t + \delta) + \sigma_0\sin\delta\cos\omega t$$

可见应力由两部分组成：一部分是与应变同相位的，幅值为 $\sigma_0\cos\delta$，是弹性形变的动力；另一部分是与应变相差90°的相位角，峰值为 $\sigma_0\sin\delta$，用于克服摩擦阻力。根据模量的定义，可得到两种不同意义的模量，即储能模量（E'），为同相位应力与应变的比值；损耗模量（E''），为相差90°相位角的应力与应变的比值，如下所示：

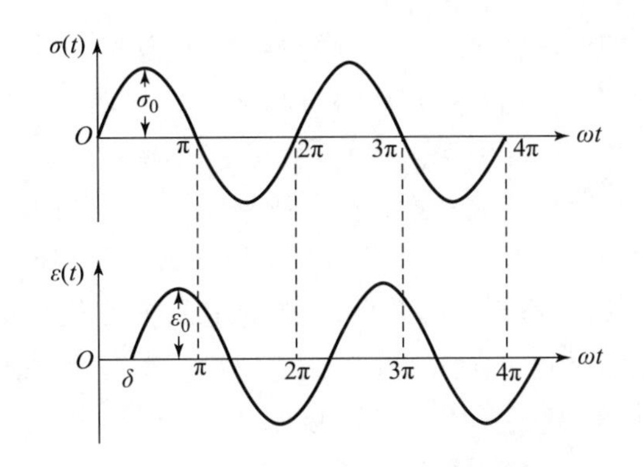

图 3－35　应力、应变和时间的关系

$$E' = (\sigma_0/\varepsilon_0)\cos\delta, \qquad E'' = (\sigma_0/\varepsilon_0)\sin\delta$$

复数模量可表示为：

$$E^* = E' + iE''$$

其绝对值为：

$$|E| = \sqrt{E'^2 + E''^2}$$

交变应力作用下，单位体积试样每一周期内所损耗的能量表示为：

$$\Delta W = \pi\sigma_0\varepsilon_0\sin\delta$$

将 E'' 代入上式，则机械能损失表示为：

$$\Delta W = \pi E''\varepsilon_0^2\sin\delta$$

ΔW 与 E'' 成正比，因此，聚合物机械能损耗的能力高低可以用 E'' 来衡量或用损耗角正切 $\tan\delta = \sin\delta/\cos\delta = E''/E'$（损耗因子）来表示。

内耗的大小与聚合物本身的结构有关，如顺丁橡胶分子链上没有侧基，链段运动的内摩擦力较小，所以内耗较小；相反，丁腈橡胶和丁苯橡胶内耗较大。聚合物的内耗与温度有关，在 T_g 以下，聚合物受外力作用很小，表现为普弹形变，形变很小，内耗也很小；温度升高，在玻璃态向高弹态转变时，由于链段开始运动，而体系黏度还很大，链段运动受到的阻力比较大，所以 δ 较大，内耗明显；当温度进一步升高时，虽然形变很大，但链段运动比较自由，受到的摩擦力减小，所以 δ 较小，内耗较小；因此，在玻璃化转变区域将出现一个内耗的极大值，即内耗峰。当温度升高到由高弹态向黏流态转变时，高分子链相对滑移，内耗急剧增加。聚合物的内耗还与作用频率有关，作用频率很低时，链段完全跟得上外力的变化，内耗很小，聚合物表现出高弹性；当外力作用频率很高时，链段完全跟不上外力的变化，内耗也很小，聚合物表现出玻璃态的力学性质；只有中间段，链段能够运动，又跟不上外力的变化，内耗会在一定频率时出现内耗峰（图 3－36）。

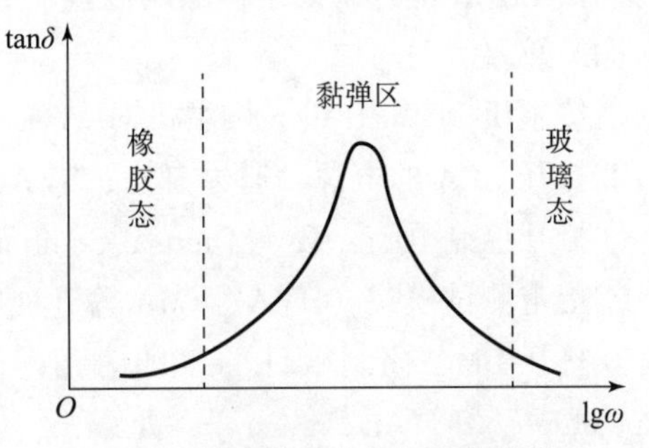

图 3－36　聚合物的内耗与频率的关系

聚合物的动态力学性能受温度和作用频率影响比较明显，因此需要在较宽的温度范围或较宽的频率范围或较宽时间范围内进行性能测定，简称温度谱、频率谱、时间谱。温度谱，采用的是温度扫描模式，是指在固定频率下测定动态模量及损耗随温度的变化，用于评价材料力学性能的温度依赖性。频率谱采用的是频率扫描模式，是指在恒温、恒应力下，测量动态力学参数随频率的变化，研究力学性能的频率依赖性。利用时温等效原理还可将不同温度下有限频率范围的频率谱组合成跨越几个甚至十几个数量级的频率主曲线，从而评价材料的超瞬间或超长时间的使用性能。时间谱采用的是时间扫描模式，是指在恒温、恒频率下测定材料的动态力学参数随时间的变化，主要用于研究动态力学性能的时间依赖性。

在线形非晶态聚合物的温度谱中，按温度从低到高顺序排列，有五种常见的转变。① δ 转变：侧基围绕聚合物分子链垂直轴运动。② γ 转变：主链上 2 ~ 4 个碳原子的短链运动 - 沙兹基曲轴效应。③ β 转变：主链旁较大侧基的内旋转运动或主链上的杂原子运动。④ α 转变：由 50 ~ 100 个主链碳原子的长链段运动。⑤ T_{11} 转变：液 - 液转变，从一种液态转变为另一种液态，属于高分子整链运动，膨胀系数发生转折。上述五种转变体现了聚合物运动单元的多重性及分子运动的多样性。在半结晶聚合物中，还有与晶体有关的转变，如 T_m 转变，结晶熔融；T_{cc} 转变，晶型之间转变；T_{ac} 转变，结晶预熔。

通常用动态力学仪器测量聚合物的形变对振动力的响应、动态模量和力学损耗，其原理是对聚合物施加周期性的力并测定其对力的各种响应，如形变、振幅、谐振波、波的传播速度、滞后角等，从而计算出动态模量、损耗模量和内耗等参数，分析这些参数变化与聚合物结构的关系。动态模量 E'、损耗模量 E''、力学损耗 $\tan\delta$ 是动态力学分析中最基本的参数。

三、仪器与药品

实验仪器：DMA2980 动态力学分析仪。

实验试样：聚甲基丙烯酸甲酯长方形样条，试样尺寸要求：长 35 ~ 40 mm、宽小于 15 mm、厚小于 5 mm，准确测量样品的宽度、长度和厚度，各取平均值。

四、实验步骤

（1）仪器校正：将夹具（包括运动部分和固体部分）全部卸下，关上炉体，进行位标校正，校正完成后，炉体会自动打开。

（2）夹具的安装与校正：按照软件菜单提示进行。

（3）样品安装：放松两个固定钳的中央锁螺，按 FLOAT 键，使夹具运动部分自由。用扳手起开可动钳，将试样插入在固定钳上并调整；上紧固定部位和运动部分的中央锁螺和螺丝钉。按 LOCK 键，以固定样品的位置。

（4）实验程序。

①按主机 POWER 键，按主机 HEATER 键。

②打开 GCA 的电源，通过自检，READY 灯亮。

③打开控制电脑，载入 Thermal Solution，与 DMA2980 连线。

④指定测试模式（DMA、TMA 等五项中的一项）和夹具。

⑤打开 DMA 控制软件的“即时信号”(Real Time Signal）视窗，确认最下面“Frame Temperature”和“Air Pressure”都已无误。若连接了 GCA，则会显示“GCA Liguid LevehXX% full”。

⑥按 Furnace 键打开炉体，检视是否需要安装或更换夹具。若需要，依照标准程序安装夹具。若有新换夹具，则重新设定夹具种类，并逐项完成夹具校正（MASS/ZERO/COM - PLIANCE）。若使用原有夹具，按 FLOAT 键，检视驱动轴漂动状况，以确定处于正常。

⑦安装好试样，确定位置正中没有歪斜。有些样品可能需要一些辅助工具，才能有效地安装在夹具上。

⑧编辑测试方法并存档，编辑频率表（多频扫描时）或振幅表（多变量扫描时）并存档。

⑨打开“Experiment Parameters”视窗，输入样品名称、样品尺寸、操作者姓名及必要的注释，指定空气轴承的气源及存档路径与文件名，然后载入实验方法和频率表或振幅表。

⑩打开“Instrument Parameters”视窗，逐项设定好各个参数。例如，数据取点间距、振幅、静荷力、Auto - strain、起始位移归零设定等。

⑪按下主机面板上的 Measure 键，打开“即时信号”视窗，视察各项信号的变化是否稳定（特别是振幅），必要时调整仪器参数的设定值，如“静荷力”和“Auto - strain”，使其达到稳定状态。

⑫完成“Pre - view”设置后，按 Furnace 键关闭炉体，然后按 START 键开始进行实验。结束后，实验数据自动保存在设定的路径下。

⑬实验结束后，炉体和夹具会依照设定的“END Conditions”恢复其状态。若设定为“GCA AUTO Fill”，则会继续进行液氮自动填充作业。

⑭将样品取出，若有污染，必须完全清除。

⑮拷贝数据后关机：按 Stop 键，以便保存 Position 校正值，5 s 后使驱动轴停止；依次按下 HEATER 键和 POWER 键使其关闭，再关闭其他周边设备，最后进行排水（Compressor 气压桶、空气滤清调压器、GCA）。

五、数据处理

打开数据处理软件 Thermal Analysis，进入数据分析界面，打开需要处理的数据文件，应用界面上各功能键从曲线上获得相关数据，例如动态模量、损耗模量、内耗 $\tan\delta$ 等，将数据记录在表 3 - 4 中。

表 3 - 4　数据记录

项目	动态模量 E'	损耗模量 E''	内耗 $\tan\delta$	玻璃化温度 T_g
选定频率 ω_1				
选定频率 ω_2				
选定温度 T_1				
选定温度 T_2				

六、注意事项

测试前，仔细阅读 DMA2980 动态力学分析仪的使用操作说明及安全注意事项。

七、思考题

（1）内耗产生的原因及其影响因素有哪些？为什么要研究聚合物的内耗？

（2）聚合物材料的内耗在玻璃态和高弹态时很小，而在玻璃化转变区出现极大值，解释其中的原因。

（3）聚合物从高弹态向黏流态转变时，内耗如何变化？为什么？

【附注】 DMA－2980 是由美国 TAINSTRUMENTS 公司生产的新一代动态力学分析仪。它采用非接触式线性驱动电动机直接对样品施加应力，以空气轴承减小其在运行过程中的摩擦力，并通过光学读数器来控制轴承位移，精确度达 1 nm；配制多种先进夹具，如三点弯曲、单悬臂、双悬臂、夹心剪切、压缩、拉伸等，可进行多样的操作模式，如共振、应力松弛、蠕变、固定频率温度扫描（频率范围为 0.01～210 Hz，温度范围为 150～600 ℃）、同时多个频率对温度扫描、自动张量补偿功能等。通过专业软件分析可获得高解析度的聚合物动态力学性能方面的数据。测量精度：负荷为 0.000 1 N，形变为 1 nm，$\tan\delta$ 为 0.000 1，模量为 1%。

第4章
综合实验

聚合物的结构复杂，聚合物的性质及其机械性能与聚合物的结构直接相关；采用不同的聚合机理、不同的聚合方法制备的聚合物，其微观结构、相对分子质量及其分布都会有显著的差异，也会直接影响聚合物的物理机械性能。因此，高分子化学实验和高分子物理实验在高分子研究领域一直都是密不可分的有机统一体。综合型实验则是在高分子合成实验、结构与性能表征的高分子物理实验基础上进一步扩展，系统地将聚合物的设计合成、提纯与结构表征、性能测试、聚合物结构与性能间构效关系的研究有机结合在一起，以便在有限的实验教学时间内得到比较全面、有效的训练效果。

综合型实验中包括对活性聚合机理研究的实验，如甲基丙烯酸丁酯的原子转移自由基聚合，通过实验设计制备系列不同转化率的聚合物，对每一种聚合物进行分离提纯，再结合相对分子质量及相对分子质量分布的测试，对活性自由基聚合的机理及动力学过程进行系统的探讨。还包括与日常生活息息相关的丙烯酸酯类压敏胶的制备及其性能检测、强酸型阳离子交换树脂的制备及其性能研究等，这些实验设计中既包括功能聚合物的合成及高分子化学反应，又涉及与生活相关的聚合物性能的测试与分析的实验内容，更容易引起学生的兴趣。综合型实验中还有科研转化的教学实验，如热致液晶共聚酯的制备与性能测试，实验内容中包含了具有不同柔性间隔基含量的共聚酯的制备、聚合物结构表征、液晶性能的测试分析及结构与性能构效关系的讨论等内容，实验报告即是一篇小型的学术论文。通过综合型实验训练，使学生能够得到较为系统的科学研究思路与素质的训练，基本具备独立进行科研工作的能力。

实验三十二　聚丙烯酰胺的制备及其相对分子质量测定

一、实验目的

（1）掌握丙烯酰胺水溶液聚合的方法，了解丙烯酰胺溶液聚合的特点。

（2）掌握测定溶液聚合所得聚丙烯酰胺的特性黏数的方法并计算平均相对分子质量。

（3）了解反相乳液聚合和反相微乳液聚合的原理和特点。

（4）掌握制备高相对分子质量聚丙烯酰胺的方法。

二、实验原理

聚丙烯酰胺（PAM）是一类水溶性高分子聚合物，是一种优良的絮凝剂，可以降低液体之间的摩擦阻力。聚丙烯酰胺用途十分广泛，主要应用于石油开采、水处理、纺织、造纸、选矿、医药、农业等行业中，有“百业助剂”之称。聚丙烯酰胺（PAM）易溶于水，几乎不溶于有机溶剂，较低浓度的聚丙烯酰胺溶液常表现出有网状结构，高分子链间的缠结作用和氢键作用共同形成网状节点；浓度较高时，由于溶液含有许多链间的接触点，聚丙烯酰胺溶液呈凝胶状。聚丙烯酰胺的水溶液与许多能和水互溶的有机物有很好的相容性，对电解质有很好的相容性。聚丙烯酰胺在中性和碱性介质中呈高聚物电解质的特征，对盐类电解质敏感，与高价金属离子能交联成不溶性的凝胶体，或吸附污水中悬浮的固体粒子，使之凝聚形成大的絮凝物。

聚丙烯酰胺的合成一般采用水溶液聚合和反相乳液聚合。水溶液聚合固含量仅为8% ~ 15%，作为水溶性单体，丙烯酰胺可以溶解在水中进行反相乳液聚合，其固含量可达30% ~ 50%。但反相乳液聚合胶乳的粒径分布较宽，并且稳定性较低，长期放置易发生分层现象，因此，在反相乳液聚合基础上发展了反相微乳液聚合，解决了反相乳液聚合不稳定的问题。此外，聚合胶粒中聚合物链较少，缠结较少，微乳液体系为热力学稳定体系，可以长期存放，可获得相对分子质量较高且溶解性较好的聚合物，有很好的发展潜力。本实验采用水溶液聚合和反相微乳液聚合制备聚丙烯酰胺，并采用黏度法测定相对分子质量。

（1）溶液聚合：溶液聚合是自由基聚合实施方法中重要的一种。常用于直接使用聚合物溶液的场合，如涂料、胶黏剂、浸渍剂、合成纤维纺丝液等。溶液聚合使用的溶剂并非完全惰性，选择溶剂时要注意其对引发剂分解的影响、链转移作用、对聚合物性能的影响，以及是否环境友好。丙烯酰胺为水溶性单体，聚丙烯酰胺也溶于水。与采用有机溶剂的溶液聚合相比，水溶液聚合的优点明显：廉价易得、链转移小、对单体和聚合物都具有良好的溶解性、环境友好等。

$$\underset{\text{(AM)}}{H_2C{=}CH{-}C({=}O){-}NH_2} \xrightarrow[H_2O]{(NH_4)_2S_2O_8} \underset{\text{(PAM)}}{\left[\!-CH_2{-}CH(C({=}O)NH_2)-\!\right]_n}$$

（2）反相微乳液聚合：反相乳液聚合使用水溶性单体，如丙烯酰胺、丙烯酸等，但它们通常是固体，需要溶解在水中，再分散在油相中聚合；有机溶剂采用二甲苯及烷烃类有机试剂；乳化剂一般用非离子型乳化剂，如脱水山梨糖单油酸酯，比离子型乳化剂更稳定。丙烯酰胺等单体反相乳液聚合产品已用作石油二次采油驱油剂及废水处理的絮凝剂等。

微乳液是油分散在水连续相，加入大量乳化剂和中等链长脂肪醇作共乳化剂，使水的表面张力降得很低，形成清亮透明、热力学稳定的乳液体系。微乳液聚合形成纳米级乳胶粒，粒径8 ~ 80 nm。但油溶性单体的水包油型微乳液不易形成，且需要助催化剂。而水溶性单体的反相微乳液容易形成，因为水溶性单体在体系中具有助乳化剂的作用，存在于油－水界面，加入单体后形成的微乳液相区变大。微乳液聚合具有很高的聚合速率，通常100 min内转化率可达90%以上，所生成的聚合物具有很高的相对分子质量，并且与引发剂浓度关系不大，相对分子质量分布比常规乳液聚合产物窄得多。

本次实验以span－20（失水山梨醇单月桂酸酯，亲水亲油平衡值为8.6）为乳化剂进行丙烯酰胺的反相微乳液聚合，合成相对分子质量大的聚丙烯酰胺。

三、丙烯酰胺的水溶液聚合

1. 主要仪器和试剂

实验仪器：三口烧瓶（250 mL）、球形冷凝管、温度计、量筒（100 mL、10 mL）、恒温水浴、布氏漏斗、抽滤瓶。

实验试剂：丙烯酰胺（重结晶精制）、过硫酸铵（精制）、乙醇、去离子水。

2. 实验步骤

（1）按图4－1所示装好聚合装置，将三口烧瓶置于恒温水浴上，并装好温度计、搅拌器和回流冷凝管。

（2）向三口烧瓶中加入5 g丙烯酰胺、90 mL去离子水，搅拌，在氮气保护下升温至30 ℃，使单体全部溶解，然后加入3 mL溶有0.025 g过硫酸铵的去离子水。缓慢加热升温至90 ℃（注意升温速度不要太快），继续搅拌反应1.5 h，聚合完毕后降温。

（3）将聚合液倒入盛有100 mL乙醇的250 mL烧杯中，边倒边快速搅拌，产生大量白色沉淀，即为聚丙烯酰胺。将此混合液静置5 min。

（4）用布氏漏斗抽滤，所得沉淀用少量乙醇洗涤2～3次，然后倒入表面皿中，在30 ℃真空烘箱中干燥至恒重，称重，计算产率。

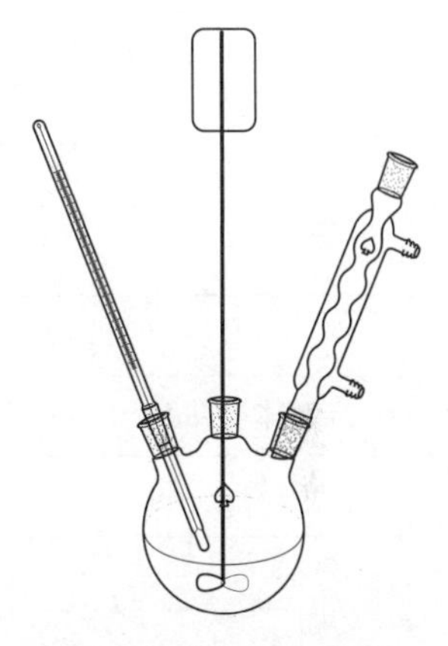

图4－1　聚合装置

四、丙烯酰胺的反相微乳液聚合

1. 实验仪器和试剂

实验仪器：三口烧瓶（250 mL）、球形冷凝管、恒温水浴、搅拌器、温度计、量筒。

实验试剂：丙烯酰胺（重结晶精制）、过硫酸钾、span－20、环己烷。

2. 实验步骤

（1）按图4－1装好聚合装置，将三口烧瓶置于恒温水浴上，并装好温度计、搅拌器和回流冷凝管。

（2）向烧瓶中加入100 mL环己烷和10 g乳化剂span－20，搅拌混合均匀。

（3）取10 g丙烯酰胺和50 mg过硫酸钾溶解于30 mL蒸馏水中，在氮气保护下，加入烧瓶内，搅拌形成乳液。升温至60 ℃，固定搅拌速度，反应1.5 h，得到透明稳定乳胶。继续维持搅拌速度不变，将乳液聚合体系降至室温，然后停止搅拌。

（4）固含量的测定：在已称好的铝箔中加入0.5 g左右试样，精确至0.000 1 g，放在平面电炉上烘烤至恒重，计算固含量(%) $=(W_2-W_0)/(W_1-W_0)$。其中，W_0为铝箔质量；W_1为干燥前试样质量＋铝箔质量；W_2为干燥后试样质量＋铝箔质量。

五、黏度法测定聚合物的相对分子质量

1. 实验仪器与试剂

实验仪器：乌氏黏度计、恒温水浴、分析天平、秒表、容量瓶（25 mL和200 mL）、锥

形瓶（50 mL）、移液管（5 mL、10 mL）、3 号砂芯漏斗。

实验试剂：氯化钠、氯化钠水溶液（1 mol/L）。

2. 黏度测定

（1）溶液配制：在 200 mL 容量瓶中配制 1 mol/L NaCl 溶液作为溶剂。

（2）聚丙烯酰胺溶液：称取一定量的溶液聚合所得的聚丙烯酰胺（或水溶液，预先测定其固含量），加入约 10 mL 溶剂，在烧杯中溶解完全后，移入 25 mL 容量瓶。配制浓度为 0.002 ~0.005 g/mL 左右的样品，注意样品要定量转移，需多次用少量溶剂把烧杯中的样品洗入容量瓶，然后稀释至刻度处，并混合均匀。

（3）使用乌氏黏度计测定聚丙烯酰胺的黏均相对分子质量，具体实验操作参看“实验二十　黏度法测定聚合物的相对分子质量”。

（4）实验记录与分析（表 4－1）。

表 4－1　实验记录与分析

序号		1	2	3	4	5	
溶剂体积/mL							
溶液浓度 $c/(g \cdot mL^{-1})$							
t/s	1						
	2						
	3						
	平均						
$\eta_r = \frac{\bar{t}}{\bar{t_0}}$							
$\ln\eta_r$							
$\ln\eta_r/c/(mL \cdot g^{-1})$							
η_{sp}							
$\eta_{sp}/c/(mL \cdot g^{-1})$							

以 η_{sp}/c 和 $\ln\eta_r/c$ 为纵坐标，c 为横坐标，根据上述数据作图，求出 $[\eta]$；根据公式 $[\eta] = KM^{\alpha}$ 计算聚丙烯酰胺的相对分子质量 M。

六、注意事项

（1）在排除氧气的情况下聚合，制备的聚丙烯酰胺具有更高的相对分子质量；加入引发剂过硫酸铵后，需缓慢升温至 90 ℃；将聚合液倒入乙醇中沉淀时，要边倒边快速搅拌，使聚合物充分沉淀。

（2）乌氏黏度计使用前必须洗清干净、干燥。黏度计为玻璃材质，容易破碎，操作要特别小心；所用溶剂必须与溶液在同一恒温槽中恒温，然后用移液管准确量取并混合均匀方可测定。

（3）30 ℃时，聚丙烯酰胺在氯化钠溶液（1 mol/L）中的参数 $K = 3.73 \times 10^{-2}$ mL/g，$\alpha = 0.66$。

七、思考题

（1）如何选择溶液聚合的溶剂？工业生产中，什么情况下采用溶液聚合？

（2）溶液聚合的特点及影响因素有哪些？

（3）为什么说黏度法是测定聚合物相对分子质量的相对方法？在手册中查阅选用 K、α 值时应注意什么？

实验三十三　丙烯酸酯乳液压敏胶的制备

一、实验目的

（1）理解乳液聚合的基本原理、乳液聚合体系的组成及其作用。

（2）掌握乳液型压敏胶的制备方法和配方设计原理。

（3）掌握丙烯酸丁酯单体精制的原理和方法。

（4）了解乳液压敏胶的性能的一般测试方法。

二、实验原理

压敏型胶黏剂，简称压敏胶，是指对压力敏感，只需施加一定压力就可以把两种不同的材料黏结在一起的胶黏剂；同时，又容易被揭掉，不污染被黏结表面。其特点是不需要借助溶剂或加热的配合，只要手指轻轻一按就能黏合，并且长期不干枯，俗称不干胶。广泛用于制作包装胶黏带、文具胶黏带、商标纸、标签，以及密封、绝热、表面保护、电子、医疗卫生等领域。

乳液聚合是制备压敏胶黏剂的常用方法，乳液压敏胶约占总产量的80%，占全部丙烯酸酯乳液聚合物的60%。压敏胶乳液的基本配方组成与常规乳液一样，包括非水溶性单体、水溶性引发剂、乳化剂和分散介质水。其中单体和乳化剂的选择是最重要的。

压敏胶中共聚物的玻璃化温度（T_g）是影响其力学性能的主要因素之一。压敏胶的玻璃化温度一般应保持在 -20 ~ -60 ℃较为合适。不同使用要求的压敏胶配方体系有不同的最佳 T_g 值。玻璃化温度的调节可以通过选择具有较低玻璃化温度的软单体与具有较高玻璃化温度的硬单体按一定比例共聚，这样可在保持一定内聚力的前提下有很好的初黏性和持黏性。硬单体包括苯乙烯、甲基丙烯酸甲酯、丙烯腈等，软单体包括丙烯酸丁酯、丙烯酸异辛酯、丙烯酸乙酯等。使用多种单体进行共聚时，共聚物的玻璃化温度 T_g 可以用下式来近似计算：

$$\frac{1}{T_g} = \frac{w_1}{T_{g1}} + \frac{w_2}{T_{g2}} + \cdots + \frac{w_i}{T_{gi}}$$

式中，T_g 是共聚物的玻璃化温度；w_i 是共聚物中组分 i 的质量分数；T_{gi} 是共聚单体 i 均聚物的玻璃化温度。

为了提高压敏胶的性能，单体配方中往往还需要加入其他的功能性单体，如丙烯酸、丙烯酸羟乙酯、N-羟基丙烯酰胺等。以丙烯酸为例，丙烯酸的加入可以提高乳液聚合的稳定性和乳液储存的稳定性，并且还带有能够与羟基交联的功能基团羧基，适度交联可以提高压敏胶的耐水性和黏结性。

乳液聚合体系中，乳化剂及其选择也十分重要。可用于乳液聚合的乳化剂种类很多，有阴离子型、阳离子型、非离子型及两性表面活性剂。在乳液聚合体系中，只选择使用阴离子或非离子乳化剂都难以得到稳定的乳液体系，主要因为离子型乳化剂对 pH 和离子非常敏感，单独使用离子型乳化剂对聚合过程很难控制，乳液体系稳定性不好。若单独使用非离子乳化剂，虽然能够合成稳定的乳液聚合体系，但是得到的乳液粒子很大，长期放置容易沉淀分离，储存稳定性不好。因此，乳液聚合一般采用阴离子和非离子乳化剂复配的复合乳化剂，能够制备稳定的乳液。此外，乳化剂的用量对乳液的稳定性有很大影响，乳化剂用量太少，乳液体系在聚合中稳定性差，容易破乳而沉淀，随着乳化利用量的增加，乳液逐步趋向稳定；但乳化剂用量过高时，因为乳化剂的亲水性使压敏胶的耐水性明显下降，一般乳化剂的用量为单体质量的3% ~5%。在实际应用时，乳液压敏胶配方中根据需要还会加入抗冻剂、消泡剂、防霉剂、色浆等。

乳液压敏胶在不同领域使用或采用不同使用方法时，对其性能要求也各异。但乳液压敏胶的基本性能包括乳液性能和压敏胶力学性能。乳液性能是指乳液本身的固含量、pH 及其稳定性、稀释稳定性、机械稳定性、黏度等；压敏胶力学性能主要是胶黏剂的使用性能，如初黏性、持黏性、180°剥离强度等。另外，还包括施工性能、着色性能等。

本实验中，丙烯酸酯乳液压敏胶是通过丙烯酸酯类单体的乳液聚合制备的，采用自由基聚合机理。自由基聚合对烯类单体的纯度要求较高，有时即使是很少量的杂质也会影响聚合反应进程和产品的质量，因此，聚合反应前必须对单体进行纯化处理。本实验制备压敏胶所用的单体有三种：丙烯酸丁酯、丙烯酸、丙烯酸羟丙酯，其中后两种单体的用量很少，只占单体总量的3%，所以只对丙烯酸丁酯进行纯化。丙烯酸丁酯为无色透明的液体，常压下沸点为145 ℃，丙烯酸丁酯中添加的阻聚剂是对苯二酚，可以先用氢氧化钠水溶液洗涤除去对苯二酚。因为丙烯酸丁酯的沸点较高，并且单体活性高，水洗干燥后的丙烯酸丁酯用减压蒸馏的方法精制。

本实验主要采用乳液聚合方法制备丙烯酸酯乳液压敏胶，涉及丙酸酯类单体的纯化、自由基乳液聚合制备乳液压敏胶，以及压敏胶的性能测试。

三、主要仪器和试剂

实验仪器：分液漏斗（250 mL）、减压蒸馏装置、恒温水浴、机械搅拌器、球形冷凝管、三口烧瓶（250 mL）、滴液漏斗（100 mL）、广谱 pH 试纸、培养皿、烘箱、旋转式黏度计、初黏性测试仪、WSM－20K 型万能材料实验机。

实验试剂：丙烯酸丁酯、丙烯酸、丙烯酸羟丙酯、氢氧化钠、无水硫酸钠、十二烷基磺酸钠、OP－10、过硫酸铵、碳酸氢钠、氨水、去离子水。

四、实验步骤

1. 丙烯酸丁酯的精制

在250 mL分液漏斗中加入100 mL丙烯酸丁酯，用5%的氢氧化钠溶液洗涤3 ~4 次至无色（每次用量20 ~30 mL），然后用去离子水洗至中性，放入试剂瓶中用无水硫酸钠干燥。按图4－2 所示安装好减压蒸馏装置，将干燥好的丙烯酸丁酯加入烧瓶中，抽真空，控制体

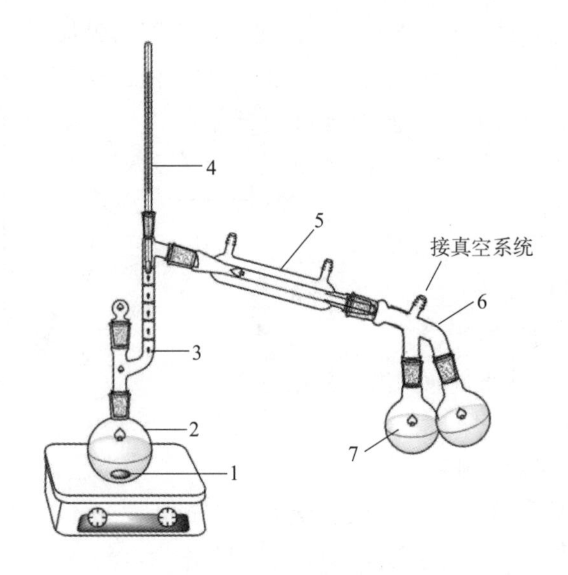

图 4－2　减压蒸馏装置

1—磁力搅拌子；2—圆底烧瓶；3—克氏蒸馏头；4—磨口温度计；5—直型冷凝管；6—真空接收管；7—接液瓶

系的压力为 30 mmHg，加热，收集 64 ℃左右的馏分。精制好的丙烯酸丁酯密封后低温避光保存待用。

2. 丙烯酸酯乳液压敏胶的制备

各组分原料用量见表 4－2。

表 4－2　乳液聚合配料表

试剂	组分	用量
丙烯酸丁酯		48 g
丙烯酸	单体	1.0 g
丙烯酸羟丙酯		0.5 g
十二烷基磺酸钠	乳化剂	0.25 g
OP－10		0.25 g
过硫酸铵	引发剂	0.3 g
碳酸氢钠	缓冲剂	0.25 g
氨水	pH 调节剂	适量
去离子水	分散介质	50 mL

（1）称取丙烯酸羟丙酯 0.5 g、丙烯酸 1.0 g、丙烯酸丁酯 48 g，置于一个干净、干燥的锥形瓶中，摇荡使之混合均匀；称取 0.3 g 过硫酸铵，溶于 3 mL 去离子水中备用。

（2）按图 4－3 所示装好聚合物反应装置。将 0.25 g 十二烷基硫酸钠、0.25 g 乳化剂 OP－10、0.25 g 碳酸氢钠及 50 mL 去离子水加入三口烧瓶中，水浴加热至 78 ℃，搅拌溶解；将上述单体混合物倒入恒压滴液漏斗中，往三口烧瓶内先加入约1/10量的混合单体，搅拌2 min，然后一次性加入1/3配制好的过硫酸铵水溶液，反应开始。

（3）至反应体系出现蓝光，乳液聚合反应开始启动，搅拌反应10 min后，再开始缓慢滴加剩余的混合单体，于2 h内加完；同时，逐步加入剩余的引发剂过硫酸铵溶液，每10 min加入一次，2 h加完；滴加结束后，保持78 ℃继续搅拌反应0.5 h，再升温到85 ℃反应0.5 h；然后继续搅拌冷却至室温。

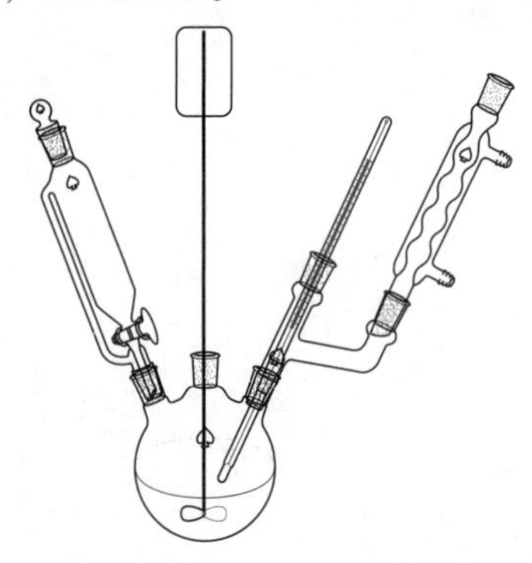

图4-3　聚合物反应装置

（4）将生成的乳液经纱布过滤倒出，并用氨水调节乳液的pH为7.0～8.0。

3. 丙烯酸酯乳液压敏胶性能测试

（1）pH测定：以玻璃棒蘸取压敏胶乳液滴于广谱pH试纸上，与标准色卡对比，测定乳液pH并记录。

（2）固含量测定：在培养皿（预先称重m_0）中倒入2 g左右的乳液并准确记录（m_1），与105 ℃烘箱内烘烤2 h，称量并计算干燥后的质量（m_2），测其固含量。固含量(%)＝$(m_2-m_0)/(m_1-m_0)$。

（3）黏度测试：用旋转式黏度计测试乳液黏度，测试温度为25 ℃。

（4）初黏性测定：初黏性是指物体与压敏胶带黏性面之间以微小压力发生短暂接触时，胶粘带对物体的黏附作用。测试方法采用国家标准GB 4852—1984（斜面滚球法），仪器为CZY-G型初黏性测试仪，倾斜角为30°，测试温度为25 ℃。

（5）持黏性测定：持黏性是指沿粘贴在被粘体上的压敏胶带长度方向悬挂一规定质量的砝码时，胶粘带抵抗位移的能力。一般用试片在实验板上移动一定距离的时间或者一定时间内移动的距离表示。测试方法采用国家标准GB 4851—1998。将25 mm宽胶带与不锈钢板相粘25 mm长，下挂500 g重物，在25 ℃下，测试胶带脱离钢板的时间。

（6）180°剥离强度测定：180°剥离强度是指用180°剥离方法施加应力，使压敏胶粘带对被粘材料黏结处产生特定的破裂速率所需的力。按照GB/T 2792—1998，采用电子剥离试验机测试，压敏胶带样条尺寸为250 mm×25 mm，滚轮来回滚压3次，剥离速率为300 mm/min。

五、注意事项

（1）减压蒸馏时，接液瓶必须用圆底瓶或茄形瓶。

（2）乳液聚合整个过程中，机械搅拌不能停顿，否则乳液体系会凝结成块析出。

（3）由于聚合反应放热较大，一次投料法难以获得高浓度的稳定乳液，因此一般采用分批加入单体或引发剂的方法。

（4）压敏胶力学性能的测试需要先将压敏胶乳液制成压敏胶带，压敏胶带的制备可以用专用的涂胶机；也可以采用比较粗糙的方法进行简单的力学性能评价：将乳液直接倒在双轴拉伸聚丙烯薄膜上，用玻璃棒涂匀，在烘箱内干燥后再进行测试。

六、思考题

(1) 本实验中，丙烯酸酯乳液压敏胶为什么需要加入丙烯酸和丙烯酸羟丙酯共聚？

(2) 如何提高丙烯酸酯乳液压敏胶的玻璃化转变温度？

实验三十四　强酸型阳离子交换树脂的制备及其性能研究

一、实验目的

(1) 掌握苯乙烯和二乙烯基苯的悬浮共聚合反应，了解分散均匀的交联聚乙烯微球的制备方法。

(2) 掌握交联聚合物进行非均相磺化反应的原理、方法与步骤。

(3) 了解离子交换树脂的结构表征方法及体积交换量的测定方法。

二、实验原理

离子交换树脂是一类带有离子基团的网状结构高分子化合物，一部分结构为树脂的基体骨架，另一部分为由固定离子和可交换离子组成的活性基团。离子交换树脂具有交换、选择、吸附和催化等功能，在工业高纯水制备、医药卫生、冶金行业、生物工程等领域都得到了广泛的应用。

离子交换树脂通常由三部分组成：交联的具有三维结构的网络骨架；连接在网络骨架上的功能基团；功能基团上吸附着的可交换离子。一定条件下可交换离子能够与同类型离子进行反复交换，达到浓缩、分离、提纯的目的。根据解离出的离子性质，离子交换树脂分为阳离子交换树脂和阴离子交换树脂；能离解出阳离子并能与外界阳离子进行交换的树脂称为阳离子交换树脂，而能离解出阴离子并能与外界阴离子进行交换的树脂称为阴离子交换树脂。例如，阳离子交换树脂能与溶液中的阳离子交换：

$$R—SO_3^- H^+ + Na^+ Cl^- \longrightarrow R—SO_3^- Na^+ + H^+ + Cl^-$$

式中，R 代表树脂基体，最常见的是苯乙烯和二乙烯基苯的交联共聚物。

根据酸性强弱，阳离子交换树脂又可分为强酸型及弱酸型树脂。一般把磺酸型离子交换树脂称为强酸型，羧酸型离子交换树脂称为弱酸型，磷酸型离子交换树脂介于两者之间。

离子交换树脂的合成一般采取先合成高分子骨架，再通过相应的化学反应引入活性基团，还可以用带有可离子交换基团的单体直接聚合制备。

自由基悬浮聚合是制备离子交换树脂的重要实施方法。悬浮聚合法中，影响颗粒大小的主要因素有分散介质（一般为水）、分散稳定剂的种类及其用量、搅拌速度。一般用水量与单体的比值介于 2～5，水量太少，单体难以充分分散；水量太多，反应容器必须增大，给生产和实验带来困难。分散稳定剂用量通常为单体的 0.2%～1%，量过多易产生乳化现象。离子交换树脂对颗粒粒度大小及其分布要求比较高，搅拌速度的控制是制备粒度均匀的球状聚合物极为重要的因素，所以，严格控制搅拌速度，制得粒度合格率较高的树脂，是实验中必须特别注意的问题。

本实验以苯乙烯和二乙烯基苯为单体，过氧化二苯甲酰为引发剂，聚乙烯醇或羟乙基纤维素为分散剂，水为分散介质，采用悬浮聚合法制备苯乙烯和二乙烯基苯的珠状交联聚合物，俗称白球。反应式如下：

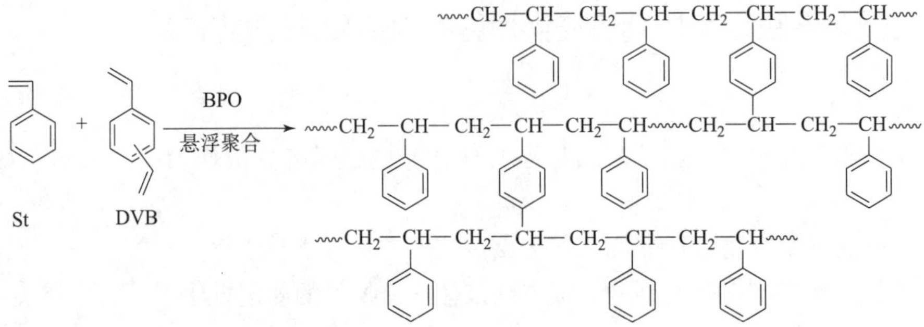

St + DVB $\xrightarrow[\text{悬浮聚合}]{\text{BPO}}$ 交联聚苯乙烯

上述交联聚苯乙烯白球洗涤干燥后，用浓硫酸磺化，在苯环上引入磺酸基，制得磺酸型阳离子交换树脂。磺化反应式如下：

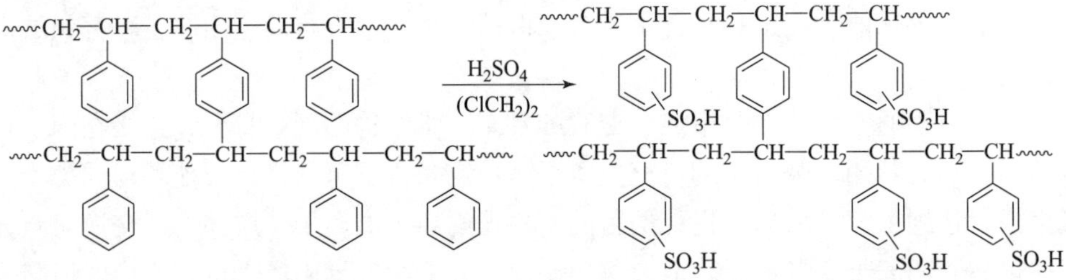

交联聚苯乙烯 $\xrightarrow[(ClCH_2)_2]{H_2SO_4}$ 磺化交联聚苯乙烯（苯环上带 SO_3H）

磺化后的树脂称为 H 型离子交换树脂，交换基团为—SO_3H，该树脂储存稳定性较差。通常采用 NaOH 处理，以提高其储存稳定性，NaOH 处理后，树脂的交换基团变为—SO_3Na。

离子交换树脂的性能指标中最重要的一项是交换容量，表示其与外界离子的交换能力。交换容量分为两种：质量交换容量（mmol/g），指每克干树脂可交换离子的毫摩尔数；体积交换容量（mmol/mL），指每毫升湿树脂可交换离子的毫摩尔数。

三、仪器与试剂

实验仪器：搅拌装置、控温装置、三口烧瓶（250 mL）、温度计、冷凝管、吸滤瓶、砂芯漏斗、树脂洗涤柱、交换柱。

实验试剂与药品：苯乙烯（纯化）、二乙烯基苯、过氧化苯甲酰（精制）、聚乙烯醇水溶液（5%）、浓 H_2SO_4、NaOH（5%）、HCl（5%）、NaCl、二氯乙烷、乙醇、酚酞 pH 试纸、次甲基蓝溶液（0.1%）。

四、实验步骤

1. 交联聚苯乙烯白球的制备

反应装置如图 4-4 所示，各原料用量见表 4-3。

表 4－3　交联聚苯乙烯悬浮聚合配料表

原料	用量	备注
苯乙烯	40 g	
二乙烯基苯	10 g	含量 40%
过氧化苯甲酰	0.25 g	
水	200 g	（水：单体＝4∶1）
聚乙烯醇水溶液	10 mL	浓度 5%
次甲基蓝	1.0 mL	

（1）在装有搅拌器、温度计和球形冷凝管的 250 mL 三口烧瓶中加入 100 mL 蒸馏水、5 mL聚乙烯醇水溶液（5%）、1 mL 次甲基蓝水溶液，开动搅拌并缓慢加热，升温至 40 ℃。

（2）停下搅拌，将事先在小烧杯中混合并溶有过氧化苯甲酰的苯乙烯、二乙烯苯混合液倒入三口烧瓶中，开始缓慢搅拌，再慢慢加速并控制搅拌速度，用吸管吸出少量油珠放到装有少量水的表面皿里，观察油珠大小，调整搅拌速度，使分散的油珠大小合适（颗粒的大小根据实际需要而定）。

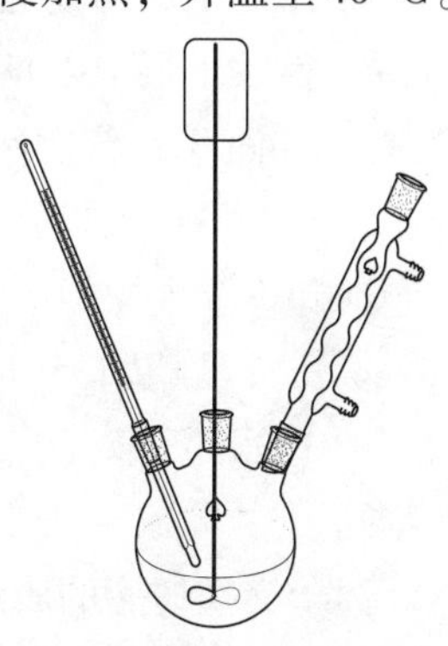

图 4－4　交联聚苯乙烯白球的制备装置

（3）待油珠大小符合要求后，快速升温到 80～85 ℃，维持恒定搅拌速度反应 2～3 h（注意，此阶段应避免搅拌速度的调整，以防聚合物颗粒结成块）。当小球定型固化后（用吸管取少量反应液放到表面皿中，得到的珠粒很快沉到底部，检查时不能停止搅拌，不能调节转速），升温到 95 ℃左右，继续搅拌反应 2 h，使珠粒进一步硬化，提高单体转化率，直至反应体系的淡蓝色褪去，停止加热，搅拌冷却至室温。

（4）减压过滤，用 85 ℃左右的热水洗涤 3 次，以除去聚乙烯醇，再用蒸馏水洗 2 次，置于 60 ℃烘箱中干燥 2 h，称重，计算产率，制得交联聚苯乙烯白球。白球用 30～70 目的筛子筛分。

2. 交联聚苯乙烯白球的磺化

（1）按图 4－5 所示装好反应装置。

（2）在三口烧瓶中加入筛分后大于 30～70 目的白球 20 g、20 mL 二氯乙烷，放置 10 min，使白球充分溶胀。慢慢升温至 70 ℃，加入 0.2 g 硫酸银，缓慢滴加 38 mL 浓硫酸（93%），20 min 内滴加完毕；随后升温至 80 ℃，继续反应 3～4 h，磺化反应结束。

（3）用冷水浴将反应物冷却至 35 ℃以下，向其中逐渐滴加 100 mL 硫酸溶液（25%～30%），并控制温度低于 35 ℃。滴加完毕取下反应瓶，静置 10 min，倾去

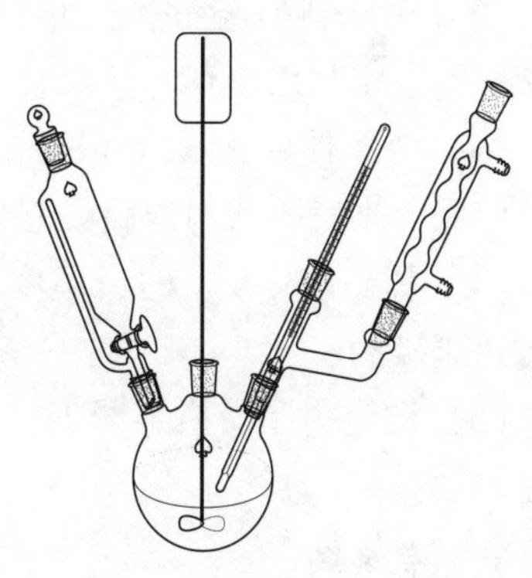

图 4－5　交联聚苯乙烯白球的磺化反应装置

上层酸液，将磺化产物转移至 500 mL 烧杯中，每次用250 mL 的水充分洗涤，重复3 次；再用10% 的 NaOH 溶液浸泡30 min，充分提取珠粒内部的酸；接着用20 mL 丙酮浸泡两次，除去珠粒内部的二氯乙烷。最后用大量蒸馏水反复洗涤小球，直至中性，过滤，将得到的磺化小球在 80 ℃下干燥至恒重，放在保干器中密闭储存。

3. 磺化聚苯乙烯的结构与性能测试

（1）结构分析：将交联聚苯乙烯白球和磺化聚苯乙烯熔融压膜，以空气为背景，测定其红外光谱，具体操作参看“实验二十二　红外光谱法测定聚合物的结构”。

对比磺化前后聚合物样品红外光谱的变化，尤其是聚苯乙烯中苯环 C—H 面内弯折振动出现在 1 018 cm^{-1}附近，磺化后，受 S ═O 的影响而分裂成的双重峰（1 030 cm^{-1}与 1 005 cm^{-1}附近）；1 175 cm^{-1}和 1 030 cm^{-1}处会分别出现磺酸基团 S ═O 反对称伸缩振动和对称伸缩振动吸收峰；磺化小球在 3 300 ~ 3 400 cm^{-1}处出现羟基的伸缩振动峰，等等。

（2）离子交换树脂交换容量的测定。

将 10 g 干燥的磺化聚苯乙烯小球放入烧杯中，加入适量 HCl 溶液（1 mol/L），搅拌约 5 min，倒去上层 HCl 溶液，用去离子水洗涤 3 次；再分别用 NaOH 溶液（1 mol/L）和 HCl 溶液（1 mol/L）依次洗涤；然后用去离子水洗涤，直至洗出液对甲基橙指示剂呈中性橙色为止，抽干。将树脂放入培养皿，于 105 ℃下干燥至恒重，再于干燥器中冷却至室温。

准确称取干燥的离子交换树脂 0. 5 g，放入 250 mL 的烧杯中，加入 100 mL 氯化钠溶液（1 mol/L），静置 1. 5 h 使树脂由 H 型转变为—SO_3Na 型。在烧杯中加入 3 滴酚酞指示剂，用 NaOH 标准溶液（0. 1 mol/L）滴定至终点。做平行实验，并计算离子交换树脂的质量交换容量。

离子交换树脂的质量交换容量的计算公式为：

$$E = NV/m$$

式中，E 是离子交换树脂的质量交换容量（mmol/g）；N 是 NaOH 标准溶液的浓度（mol/L）；V 是样品消耗 NaOH 标准溶液的体积（mL）；m 是离子交换树脂样品的质量（g）。

五、注意事项

（1）在制备白球过程中，搅拌速度始终需要保持稳定，避免任意调整搅拌速度和停止搅拌，防止小球粒径不均匀或发生黏结。

（2）白球制备过程中，加入的次甲基蓝为水溶性阻聚剂，其作用是防止体系内发生乳液聚合，若水相内出现乳液聚合，会影响产品外观。

（3）为了使磺化反应能够深入白球内部，采用二氯乙烷作溶胀剂，二氯乙烷能使白球充分溶胀而本身不会与浓硫酸起反应。

（4）树脂磺化反应时，温度不宜过高，反应后产物倒入冷水的速度不能太快，否则会导致树脂破裂。

（5）测定树脂交换容量时，树脂与氯化钠的反应时间要充分，否则会导致数据产生偏差。

六、思考题

（1）比较聚合物的磺化反应与小分子磺化反应的异同。

（2）磺化时，为何要加入二氯乙烷？

（3）如何提高产物的离子交换当量？白球的大小对离子交换当量有何影响？

实验三十五　甲基丙烯酸丁酯的原子转移自由基聚合

一、实验目的

（1）掌握原子转移自由基聚合的机理及其特征。

（2）掌握使用甲基丙烯酸丁酯进行原子转移自由基聚合的实验方法。

（3）掌握除氧、充氮及隔绝空气条件下的物料转移和聚合方法。

二、实验原理

原子转移自由基聚合（ATRP）属于“活性”/可控自由基聚合的一种。

1956年，Szwarc在无水、无氧条件下，以萘钠引发苯乙烯的阴离子聚合，发现不存在链转移和链终止，首次提出了“活性聚合”（living polymerization）的概念。活性聚合具有如下特征：

（1）聚合物的相对分子质量分布窄，接近于1。

（2）聚合动力学呈现一级动力学行为，即聚合速率与单体浓度呈线性关系。

（3）聚合物的相对分子质量正比于消耗的单体浓度与引发剂初始浓度之比，即数均相对分子质量与单体转化率呈线性关系。

（4）聚合物具有活性链端，具有再引发单体聚合的能力。据此，可以制备嵌段共聚物、接枝共聚物、星形聚合物、超支化聚合物和端官能聚合物等。

自由基聚合是工业上生产聚合物的重要方法，世界上约有70%的塑料源于自由基聚合。与离子聚合相比，自由基聚合具有单体来源广泛、反应条件温和、操作简便、容易实现工业化等优点，并且自由基聚合方法多样化，本体、溶液、悬浮、乳液聚合方法均适用，引发手段多样化，可采用光引发、热引发、引发剂引发等。因此，“活性”/可控自由基聚合的研究与开发更具有实际应用意义。但自由基聚合的慢引发、快增长、速终止的聚合反应机理决定了聚合产物呈现较宽的相对分子质量分布，相对分子质量和结构不可控，有时甚至会发生支化、交联等，从而严重影响了聚合物的性能。此外，传统自由基聚合也不能合成指定结构的规整聚合物。

实现“活性”自由基聚合的难点在于自由基活性高，易发生链转移反应，且自由基活性种之间易发生双基终止，因此，增长链难以持续保持活性，难以控制聚合物的相对分子质量。结合活性聚合特征和自由基聚合的机理分析，实现“活性”自由基聚合的关键是防止聚合过程中因链转移和链终止而产生无活性的聚合物链。人们发现通过可逆的链转移或链终止，使活性种和休眠种进行快速的可逆转换，降低聚合体系中自由基的浓度，双基终止得到最大限度的抑制，具有活性聚合的特征；但不是真正的活性聚合，称之为“活性”/可控自由基聚合。

20世纪90年代，“活性”自由基聚合成为高分子科学研究的一个热点，其中原子转移自由基聚合（ATRP）是研究最为活跃的一种可控自由基聚合。ATRP以简单的有机卤化物为引发剂、过渡金属卤化物为卤原子载体，通过氧化还原反应，在活性种与休眠种之间建立可逆动态平衡，实现了对聚合反应的控制，反应机理如图 4 - 6 所示：

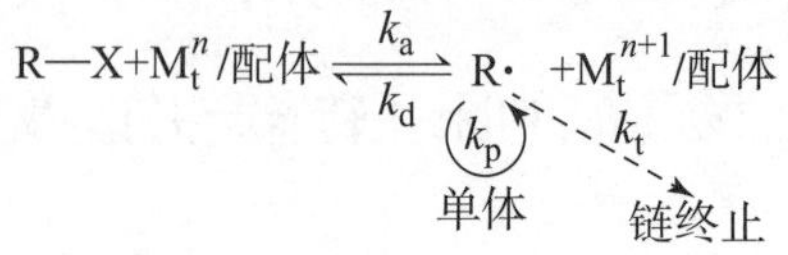

$$R\text{—}X + M_t^n/\text{配体} \underset{k_d}{\overset{k_a}{\rightleftharpoons}} R\cdot + M_t^{n+1}/\text{配体}$$

$R\cdot$（k_p）单体；$R\cdot \xrightarrow{k_t}$ 链终止

图 4 - 6　ATRP 反应机理

其中，R—X 为卤代烷；M_t^n、M_t^{n+1} 分别是还原态和氧化态的过渡金属，与配位剂（Ligand）结合；k_a 和 k_d 分别是活化和失活反应速率常数；k_p 和 k_t 分别为链增长速率常数和链终止速率常数。

发生聚合反应时，低价态过渡金属 M_t^n 首先从引发剂有机卤化物 R—X 上夺取一个卤原子，生成高价态的过渡金属化合物 M_t^{n+1}，同时生成初级自由基 R·，R·可以与单体加成反应，形成单体自由基 RM·，完成链引发反应，随后继续与单体加成进行链增长反应，但是初级自由基 R·、单体自由基 RM·及链自由基 $R(M)_n$·更易于与高价态金属化合物反应得到较稳定的卤化物 RMX（$R(M)_nX$），过渡金属化合物由高价态还原为低价态。需要注意的是，ATRP 反应中的自由基活化和失活是可逆平衡反应，并趋于休眠种方向，即自由基的失活速率远大于休眠种卤代烷的活化速率，因此体系中自由基的浓度很低，自由基之间的双基终止得到有效的控制。此外，通过选择合适的聚合体系组成（引发剂/过渡金属卤化物/配位剂/单体），可以使引发反应速率大于或至少等于链增长速率。同时，活化 - 失活可逆平衡的交换速率远大于链增长速率，保证了所有增长链同时进行引发，并且同时进行增长，使 ATRP 显示活性聚合的基本特征：聚合物的相对分子质量与单体转化率成正比，相对分子质量的实测值与理论值基本吻合，相对分子质量分布较窄；第一单体聚合完成后，加入第二种单体，可继续进行反应生成嵌段共聚物。图 4 - 7 为文献报道的原子转移自由基聚合反应的动力学曲线，以及所得聚合的相对分子质量与分布指数随转化率的变化曲线。

典型的 ATRP 体系：乙烯基单体、引发剂卤代烃、低价过渡金属化合物、可与金属离子络合的配体。本实验以 α - 溴代丙酸乙酯（α - BPE）、溴化亚铜/2,2′ - 联二吡啶作为引发体系，在环己酮中进行甲基丙烯酸丁酯的原子转移自由基聚合反应。

$$H_2C{=}C(CH_3)\text{—}O\text{—}C({=}O)\text{—}C_4H_9 \xrightarrow[\text{CuBr/2, 2'-联二吡啶}]{\alpha\text{-BPE}} \left[\!-H_2C\text{—}C(CH_3)(O\text{—}C({=}O)\text{—}C_4H_9)\text{—}\!\right]_n$$

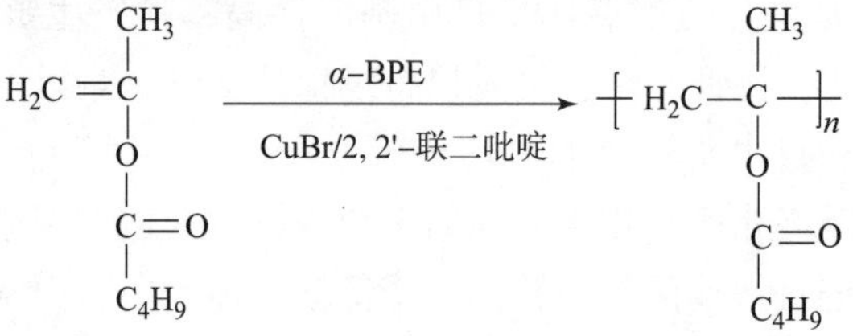

三、实验仪器与试剂

实验仪器：磁力搅拌器、加热控温油浴、无水无氧操作系统、聚合瓶（100 mL，两口烧瓶）、注射器（10 mL、30 mL）、高纯氩气、止血钳、医用厚壁乳胶管、烧杯（400 mL）。

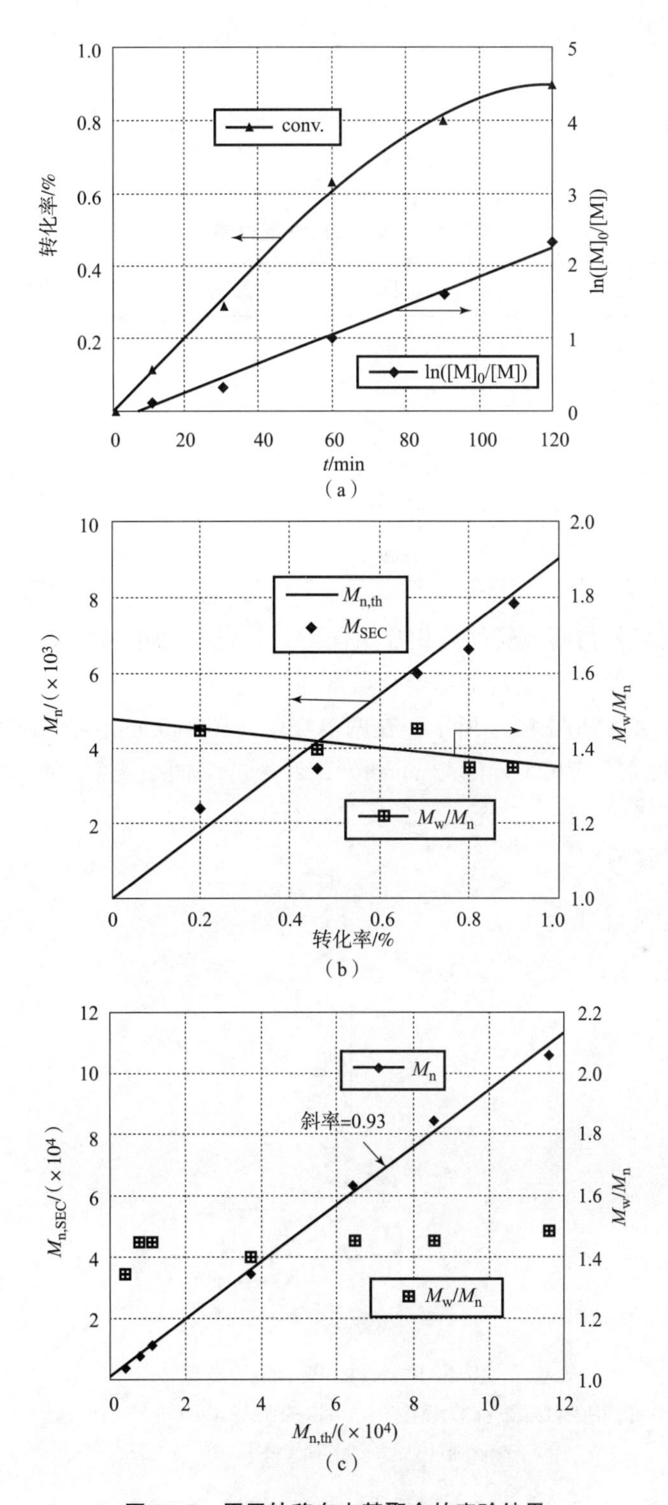

图 4－7　原子转移自由基聚合的实验结果

(a) 甲基丙烯酸甲酯进行原子转移自由基聚合的动力学曲线;

(b) 聚苯乙烯的相对分子质量及其分散度随转化率的变化;

(c) 实验所得和理论计算所得聚苯乙烯相对分子质量的相关性

实验试剂：甲基丙烯酸丁酯（精制）、α－溴代丙酸乙酯、溴化亚铜、2,2′－联二吡啶、环已酮、四氢呋喃、甲醇。

四、实验步骤

ATRP 配料表见表 4－4。

表 4－4　ATRP 配料表

试剂	名称	用量
甲基丙烯酸丁酯	单体	28.44 g（0.2 mol）
α－溴代丙酸乙酯	引发剂	0.362 g（0.002 mol）
溴化亚铜	催化剂	0.287 g（0.002 mol）
2,2′－联二吡啶	配位剂	0.625 g（0.004 mol）
环已酮	溶剂	30 mL

（1）用厚壁乳胶管与高纯氩气瓶相连，向溶剂环已酮和单体甲基丙烯酸丁酯中通入高纯氩气 30 min 进行除氧（氧是自由基聚合阻聚剂）。

（2）聚合实验装置如图 4－8 所示，在两口烧瓶（100 mL）中加入磁力搅拌子、0.287 g（2.0 mmol）溴化亚铜、0.625 g（4.0 mmol）2,2′－联二吡啶，盖上翻口塞，连接在无水无氧操作系统上，将体系抽真空、充氩气，反复进行 3 次。

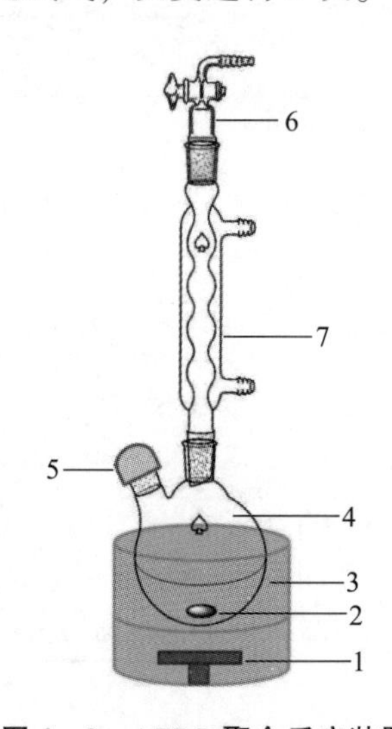

图 4－8　ATRP 聚合反应装置

1—磁力搅拌器；2—磁力搅拌子；3—恒温油浴；4—聚合瓶（两口烧瓶）；
5—橡胶翻口塞；6—90°抽气接头；7—冷凝管

（3）称取 0.326 g（2.0 mmol）引发剂 α－溴代丙酸乙酯、28.44 g（0.2 mol）单体、30 mL环已酮，混合均匀，用注射器注入聚合瓶中，将聚合瓶置于丙酮－液氮浴中，将聚合体系进行冷冻、抽真空、解冻、充氩气，循环反复 3 次。

（4）把聚合瓶置于预先恒温的 110 ℃油浴中，开始聚合反应，观察体系的颜色和黏度的变化。在不同的反应时间（间隔 2 h）用注射器取样，每次取 4 mL 聚合液，在烧杯中用 30 mL 甲醇沉淀聚合物，用布氏漏斗减压过滤，聚合物用甲醇洗涤，抽干后放入 50 ℃真空干燥箱中过夜，取出后称重，计算不同反应时间单体的转化率。

（5）用凝胶渗透色谱仪测定不同时间取样得到的聚合物的平均相对分子质量及其分布，具体操作参看“实验二十一　凝胶渗透色谱法测定聚合物的相对分子质量及相对分子质量分布”。

五、实验数据及处理

数据记录见表 4－5。

表 4－5　数据记录

样品	聚合时间	转化率	$\overline{M}_n$	$\overline{M}_w$	d
1					
2					
3					
4					
5					
…					

（1）根据聚合物的质量计算转化率，作出转化率随时间的变化曲线。在此基础上，进一步作出 ATRP 动力学曲线。

（2）根据凝胶渗透色谱仪的测定结果，作出数均相对分子质量及其分布指数 d 随单体转化率的变化曲线，讨论其活性聚合特征。

六、注意事项

（1）为了获得相对分子质量大及分布窄的聚甲基丙烯酸丁酯，必须将反应体系中的氧气和水分排除干净。

（2）反应后期，聚合液黏度较高，可以先用适量的四氢呋喃稀释，再用甲醇沉淀，但是要略微加大甲醇的用量。

七、思考题

（1）活性聚合反应的特征是什么？

（2）以 ATRP 为例，说明自由基聚合反应能够实现“活性”聚合的原因。

（3）要想获得窄分布的相对分子质量大的聚合物，实验操作应注意哪些事项？

实验三十六　聚苯乙烯－丁二烯－苯乙烯（SBS）热塑性弹性体的制备

一、实验目的

（1）掌握阴离子聚合法制备嵌段共聚物的基本原理。

（2）学习阴离子聚合法制备嵌段共聚物 SBS 的实验操作方法。

（3）掌握热塑性弹性体的概念及 SBS 的结构，了解 SBS 的性能及其影响因素。

二、实验原理

热塑性弹性体 SBS 是苯乙烯(S)－丁二烯(B)－苯乙烯(S)的三嵌段共聚物，其中聚苯乙烯段相对分子质量为1万~1.5万，聚丁二烯段相对分子质量为5万~10万。室温下，聚苯乙烯段与聚丁二烯段热力学不相容，发生相分离。其中，聚丁二烯段形成连续相，柔顺性好，具有橡胶高弹性；聚苯乙烯段聚集形成玻璃态区，形成物理交联点，使聚丁二烯嵌段得到充分的交联；物理交联可逆，SBS 加热超过聚苯乙烯的玻璃化转变温度（90~100 ℃）时，聚苯乙烯链段软化，聚合物变得流动，可以用热塑性聚合物加工设备模塑成型。SBS 这种在室温下为弹性体，具有硫化橡胶的力学性能及机械性能，加热可以塑化、成型和再加工的聚合物称为热塑性弹性体，无须化学交联。

$$-\!\!\left[H_2C-\underset{\substack{|\\ C_6H_5}}{CH}\right]_n\!\!-\!\!\left[CH_2-CH{=}CH-CH_2\right]_m\!\!-\!\!\left[H_2C-\underset{\substack{|\\ C_6H_5}}{CH}\right]_n\!\!-$$

SBS

SBS 是产量最大的热塑性弹性体之一，成本低、应用广，具有优良的拉伸强度、良好的耐低温性能和电性能、独特的抗滑性、加工性能好等特性，成为目前消费量最大的热塑性弹性体，被大量用于制鞋、塑料改性、沥青改性、黏合剂生产等领域。

嵌段共聚物是由两种或多种链段组成的线形聚合物，其制备方法有两大类：

（1）某单体在另一活性链上继续聚合，增长成新的活性链，最后终止成嵌段共聚物。活性阴离子聚合方法应用得最多。

$$A_n^{\bullet}\xrightarrow{B}A_nB^{\bullet}\xrightarrow{B}A_nB_2^{\bullet}\xrightarrow{B}\cdots\xrightarrow{B}A_nB_m^{\bullet}\xrightarrow{k_t}A_nB_m$$

（2）两种组成不同的活性链段键合在一起，包括自由基聚合、端基预聚物的缩合及缩聚中的交换反应。

$$A_n^{\bullet}+B_m^{\bullet}\xrightarrow{k_t}A_nB_m$$

三嵌段共聚物 SBS 可采用阴离子聚合方法制备。根据 SBS 的结构特点，可采用双功能引发剂的两步法制备，如以萘钠为引发剂，先引发丁二烯为双阴离子$^{\ominus}B^{\ominus}$，并聚合至预定的长度$^{\ominus}B_n^{\ominus}$，再加苯乙烯，从双阴离子继续聚合而形成$^{\ominus}S_mB_nS_m^{\ominus}$，最后终止形成 SBS 三嵌段共聚物。但是萘钠引发剂需要四氢呋喃作溶剂，定向能力差，很少形成顺式1,4－结构的聚丁二烯，玻璃化温度高，弹性差。

因此，工业上常采用顺序加单体的三步合成法。即采用丁基锂/烃类溶剂为聚合体系，依次加入苯乙烯、丁二烯、苯乙烯，相继聚合，形成三嵌段共聚物。苯乙烯和丁二烯的加入量按链段长度要求预先计算计量。丁二烯的活性虽然与苯乙烯的相当，但是苯乙烯阴离子转化为丁二烯阴离子时速度稍慢。

顺序加单体的三步法制备的是线形苯乙烯－丁二烯－苯乙烯嵌段共聚物，也可用偶联剂偶联来合成 SBS 共聚物，$S_mB_n^{\ominus}$ 经双官能团偶联剂（如二甲基二氯硅烷）可以偶联形成线形 SBS；经多官能团偶联剂（四氯化硅）偶联可合成星形 SBS。

本实验采用顺序加单体的三步法合成线形 SBS，再采用四氯化硅偶联制备星形 SBS，并对其相对分子质量及分布进行测试表征。

三、实验仪器与试剂

实验仪器：圆底烧瓶（500 mL、250 mL）、无水无氧操作系统、双向针头、50 mL 恒压滴液漏斗、回流冷凝管、温度计、注射器（1、2、5、10、50 mL）、翻口胶塞。

实验试剂：苯乙烯（精制）、丁二烯、金属锂、正氯丁烷、环己烷、四氯化硅－环己烷溶液（0.5 mol/L）、甲醇、2,6－二叔丁基－4－甲基苯酚（防老剂 264）。

四、实验步骤

（1）正丁基锂的制备：具体操作参看“实验十　苯乙烯的阴离子聚合”。

（2）线形 SBS 嵌段共聚物的制备：

①取一个干燥的 500 mL 单口圆底烧瓶，盖好翻口胶塞，接上无水无氧操作系统，抽真空、通氮气，反复 3 次（并需要加热烘干烧瓶内的水分）。在氮气保护下，用注射器依次且连续注入 120 mL 无水环己烷、12.5 g 纯化的干燥苯乙烯，用注射器吸取 7 mL 的正丁基锂/正己烷溶液，先缓缓注入 1～1.5 mL，轻轻摇动，以消除体系中的杂质，至体系略微出现橘黄色为止，然后将剩余的正丁基锂溶液注入烧瓶中，此时溶液颜色变为红色，在 50 ℃油浴中搅拌加热 30 min，红色不褪，为活性聚苯乙烯阴离子。

②另取一个干燥的 250 mL 单口圆底烧瓶，盖好翻口胶塞，接上无水无氧操作系统，抽真空、通氮气，反复 3 次（并需要加热烘干烧瓶内的水分）。在氮气保护下，注入无水环己烷 100 mL，根据称重法溶入 58.3 g 丁二烯（需精确称量），用注射器缓慢注入少量正丁基锂/正己烷溶液，轻轻摇动除去杂质，体系呈浅黄色为止，将丁二烯溶液用双向针头转移至活性聚苯乙烯溶液中，在 50 ℃油浴中搅拌反应 2 h。

③向上述活性聚丁二烯阴离子体系中再注入 12.5 g 苯乙烯，溶液又变成红色，在 50 ℃油浴中搅拌反应 30 min，降至室温。反应结束后，注入 0.4 mL 的甲醇终止反应，红色很快消失，再加入 0.5%（以聚合物质量计）的防老剂 264，减压蒸馏除去溶剂，趁热取出聚合物，自然晾干后，置于 50 ℃真空烘箱中干燥，即为线形 SBS 嵌段共聚物。干燥至恒重，计算产率。观察聚合物的状态并感受其弹性。

（3）星形 SBS 嵌段共聚物的制备。

用上述方法制取活性聚苯乙烯阴离子，再加入上述一半（29.2 g）的丁二烯制取活性聚丁二烯阴离子。用注射器注入四氯化硅－环己烷溶液 1.3 mL，搅拌均匀，在 50 ℃油浴中反应 30 min，再注入 0.5 mL，继续在 50 ℃油浴中反应 30 min。降至室温后注入 0.4 mL 的甲醇终止反应，再加入 0.5%（以聚合物质量计）的防老剂 264，减压蒸馏除去溶剂，趁热取出聚合物，自然晾干后，置于 50 ℃真空烘箱中干燥，即得星形 SBS 嵌段共聚物。干燥至恒重，计算产率。观察聚合物的状态并感受其弹性。

（4）用凝胶渗透色谱仪测定制备的线形和星形 SBS 嵌段共聚物的平均相对分子质量及其分布指数，并与理论计算的相对分子质量进行对比，同时对比两种嵌段共聚物 GPC 曲线的异同。相对分子质量及其分布的测定参看“实验二十一　凝胶渗透色谱法测定聚合物的相对分子质量及相对分子质量分布”。

五、注意事项

（1）所有的仪器必须洁净并绝对干燥，整个反应体系必须保持无水无氧，所有的操作需要隔绝空气和水。

（2）实验中所用的所有试剂必须预先进行严格的除水处理。

（3）在丁基锂制备过程中，滴加氯丁烷速度必须较慢，否则，反应剧烈放热，容易冲料或使反应瓶爆裂而发生危险。

（4）丁二烯的阴离子聚合开始时，先放置在室温下摇晃反应，避免反应过于剧烈，待反应没有明显放热后，再置于50 ℃油浴中反应。

（5）丁二烯为气体，易燃，操作时室内禁止明火，并保持通风状态。

（6）反应时注意安全防护。

六、思考题

（1）写出本实验中制备的线形和星形SBS嵌段共聚物的结构式。

（2）对比两种嵌段共聚物GPC曲线的异同，解释其中的原因。

（3）实验中是否会形成均聚物和两嵌段聚合物？为什么？如果三嵌段共聚物中混有均聚物或两嵌段共聚物，如何除去？

实验三十七　热致液晶共聚酯的制备及性能研究

一、实验目的

（1）通过界面缩聚的方法制备共聚酯，加深对缩聚反应的理解。

（2）通过红外光谱、核磁氢谱和凝胶渗透色谱对共聚酯的结构、组成、相对分子质量及分布进行表征，加深对聚合物微观结构及组成的理解。

（3）通过热台偏光显微镜、差示扫描量热法、X射线衍射法对液晶性能的表征，初步了解主链液晶聚合物的液晶性质及结构对性能的影响等。

二、实验原理

液晶（liquid crystal）是介于各向同性的液体与完全有序晶体之间的过渡态，又称介晶相，是一种取向有序的流体。液晶物质既具有液体的易流动性，又具有晶体的双折射等各向异性。

液晶有不同的分类方式，根据液晶基元在空间排列的有序性不同，分为向列相、近晶相和胆甾相，以及盘状分子的柱状相。向列相液晶（nematic liquid crystals）由长径比很大的棒状分子组成，液晶分子沿长轴方向排列，呈现一维有序、重心位置无序，富于流动性，这种分子长轴彼此相互平行的自发取向过程使液晶产生高度的双折射性。近晶相液晶（smectic liquid crystals）是由棒状或条状分子组成的，液晶分子排列成层，层内分子长轴互相平行，垂直于层片平面，或与层面成倾斜排列，分子排列整齐，二维有序，其规整性近似晶体，有流动性，但黏度很大。胆甾型液晶（cholesteric liquid crystal）也称为手性向列相，液晶分子排列成层，层内分子排列成向列型；分子长轴平行于层的平面，层与层间分子长轴逐渐偏转，呈螺旋状，这种螺旋结构使胆甾相液晶具有旋光性、选择性光散射及圆偏振光二色性等光学性质。

按液晶形成条件，可分为溶致液晶、热致液晶、兼具热致与溶致的液晶，以及因其他外场（压力、电场、磁场、光照等）作用而诱发产生的场致液晶相。溶致液晶是在溶解过程中液晶分子达到一定浓度（临界浓度）时所形成的有序排列，产生各种异性。热致液晶是指各相态间的转变是由温度变化引起的，在加热熔融过程中呈现出一定有序性的三维各向异性的流动晶体。相转变温度是表征热致液晶态的重要物理量，熔点（T_m）是从晶体到液晶态的转变温度，清亮点（T_i）是由液晶态转变为各向同性的温度。

根据相对分子质量的大小，液晶可分为小分子液晶和高分子液晶；根据来源，可分为天然液晶和合成液晶。

高分子液晶（liquid crystalline polymers，LCPs）是在一定的条件下能以液晶态存在的高分子。与一般的高分子相比，它有液晶相所特有的分子取向序和位置序，与其他的液晶化合物相比，它有高相对分子质量和高分子化合物的特征。高相对分子质量和液晶相取向有序的有机结合赋予液晶高分子鲜明的特色。如具有很大的强度和模量、比较小的膨胀系数、优异的光电性能等。

根据液晶基元在高分子链中所处的位置不同，液晶高分子可分为主链型和侧链型（图4-9）。液晶基元位于聚合物主链上时，为主链液晶聚合物；侧链液晶聚合物的液晶基元位于聚合物的侧链上；此外，还有树枝状、星形、超支化的液晶聚合物。液晶基元既有刚棒状的，也有盘状的、星形的等。

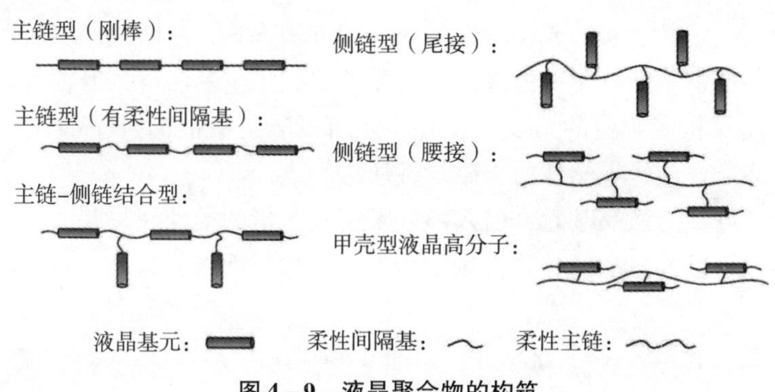

图4-9 液晶聚合物的构筑

液晶共聚酯属于主链型液晶聚合物，刚性液晶基元位于主链之中，即主链（或链段）沿液晶指向矢择优取向的高分子。因为主链液晶聚合物多为刚棒状结构，因此溶解性较差，出现液晶相的温度高。为了降低液晶相的温度范围，便于加工处理，大多数的主链液晶高分子是由液晶基元和柔性间隔基交替聚合而成的，称为刚柔相嵌液晶高分子模型。表征其特征的有如下几个相互作用和几个几何参数：刚棒状液晶基元之间的相互作用、刚棒状液晶基元与间隔基间的相互作用、间隔基之间的相互作用常数、液晶基元的长度 a、柔性间隔基的总长 b 和构象保持长度 l，以上这些相互作用之间的竞争及与各项几何尺寸之间平衡的结果决定了含柔性间隔基液晶高分子的相变（N-I）及构象特点等。因此，柔性间隔基的引入，大大改变了液晶高分子的性质，不仅柔性间隔基的化学组成会影响液晶高分子的性质，柔性间隔基中碳原子的数目也会改变液晶高分子的性质，如奇-偶效应，即液晶高分子的相变温度随着碳原子奇偶的不同而呈上下交替变化。

主链液晶聚合物的液晶基元包括偶氮苯、苯酯苯、氧化偶氮苯、苄联氮等（图4-10）；柔性间隔基一般为烷基$\left(CH_2\right)_n$、烷氧基$\left(OCH_2\right)_n$或硅氧烷链$\left(Si(CH_3)_2—O\right)_n$。

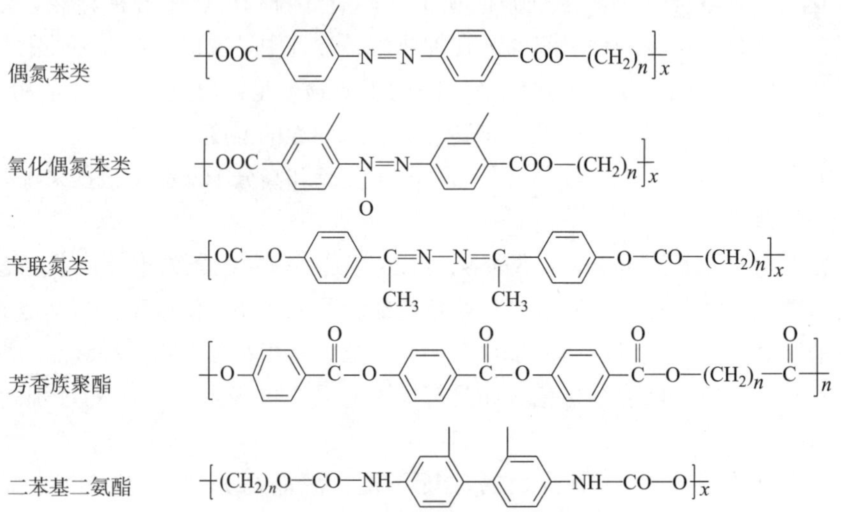

偶氮苯类　$\left[OOC—C_6H_3(CH_3)—N=N—C_6H_4—COO—(CH_2)_n\right]_x$

氧化偶氮苯类　$\left[OOC—C_6H_3(CH_3)—N(\rightarrow O)=N—C_6H_3(CH_3)—COO—(CH_2)_n\right]_x$

苄联氮类　$\left[OC—O—C_6H_4—C(CH_3)=N—N=C(CH_3)—C_6H_4—O—CO—(CH_2)_n\right]_x$

芳香族聚酯　$\left[O—C_6H_4—C(=O)—O—C_6H_4—C(=O)—O—C_6H_4—C(=O)—O—(CH_2)_n—C(=O)\right]_n$

二苯基二氨酯　$\left[(CH_2)_nO—CO—NH—C_6H_3(CH_3)—C_6H_3(CH_3)—NH—CO—O\right]_x$

图4-10　几种主链液晶聚合物

液晶相的研究方法有以下几种：用偏光显微镜和电子显微镜可以研究不同尺寸微区的织态结构（图4-11），并可以初步推测是哪一种液晶态；用液晶聚合物在液晶态时的X射线衍射图谱可以分析测定高分子链或链段在空间排列堆积方式，判断液晶织构的类别，分析液晶相态的归属，并能够测定分子链的取向；采用差热扫描量热法（DSC）可以给出液晶材料各相态变化的温度及相变对应的焓变。此外，还可以表征液晶高分子的流变性质、力学松弛、介电松弛、光学性质、电学性质、磁学性质等。

本实验将以苄联氮为液晶基元，引入不同长度及含量的柔性间隔基，采用界面缩聚的方法制备一系列热致液晶共聚酯，并分析测试聚酯的结构与性能，以及二者之间的构效关系。

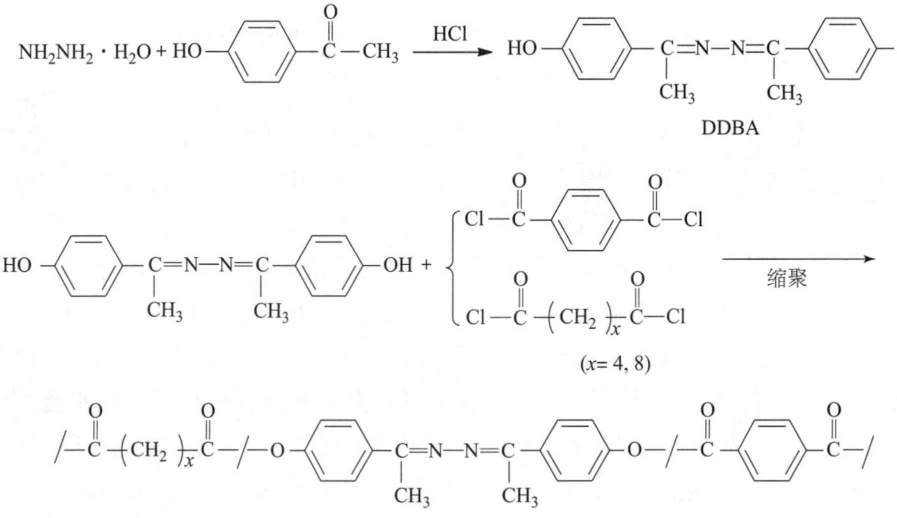

$NH_2NH_2 \cdot H_2O + HO—C_6H_4—C(=O)—CH_3 \xrightarrow{HCl} HO—C_6H_4—C(CH_3)=N—N=C(CH_3)—C_6H_4—OH$

DDBA

$HO—C_6H_4—C(CH_3)=N—N=C(CH_3)—C_6H_4—OH + \begin{cases} Cl—C(=O)—C_6H_4—C(=O)—Cl \\ Cl—C(=O)—(CH_2)_x—C(=O)—Cl \end{cases} \xrightarrow{缩聚}$

(x= 4, 8)

$/—C(=O)—(CH_2)_x—C(=O)—/—O—C_6H_4—C(CH_3)=N—N=C(CH_3)—C_6H_4—O—/—C(=O)—C_6H_4—C(=O)—/$

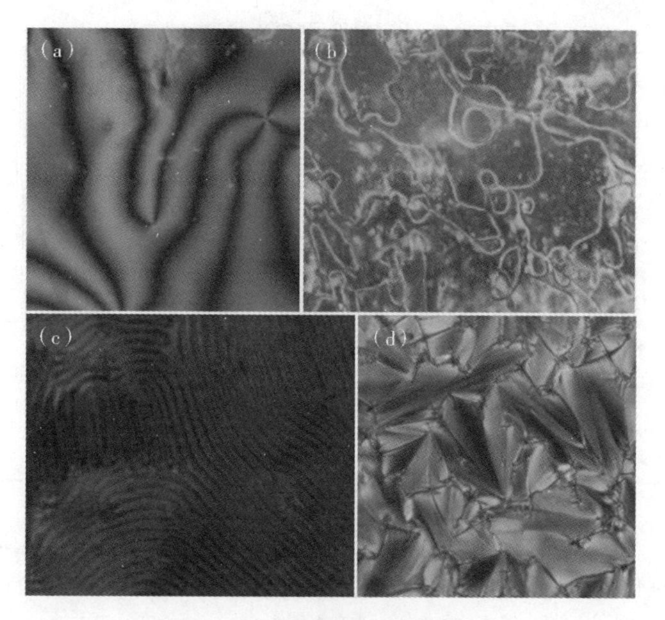

图4-11　液晶像织态结构

（a）向列相纹影织构；（b）向列相丝状织构；

（c）胆甾相指纹织构；（d）近晶相焦锥织构

界面缩聚是将两种单体分别溶解于互不相溶的两种溶剂（通常一种为水）中，在两相界面上聚合反应。界面缩聚单体活性高，反应快，可在室温下进行，制备高相对分子质量的聚合物常不需要严格的等当量比，可连续获得聚合物。

三、仪器和试剂

实验仪器：三口烧瓶（250 mL）、机械搅拌器、量筒（100 mL）、小烧杯（100 mL）、布氏漏斗、抽滤瓶。

实验试剂：水合肼、对羟基苯乙酮、无水乙醇、盐酸、对苯二甲酰氯、癸二酰氯、己二酰氯、三甲基苄基氯化铵、NaOH、去离子水、三氯甲烷、甲醇。

四、实验步骤

1. 4,4′-二羟基-α,α′-二甲基苄联氮（DDBA）的制备

将28 g对羟基苯乙酮加入一个100 mL单口烧瓶中，然后将11 mL水合肼溶于25 mL无水乙醇中，混合均匀后加入上述单口烧瓶中，再加少量浓盐酸催化，加热回流反应7~8 h，降温析出黄色针状结晶（先放置在空气中降温，再用冰水浴降温，使产品充分沉淀）；用布氏漏斗减压过滤，固体物质用乙醇重结晶，产品于真空烘箱中干燥4 h，得浅黄色结晶，即为DDBA。

2. 液晶共聚酯的制备

采用界面聚合方法，原料的投料比见表4-6。

表 4-6　液晶共聚酯配料表

聚合物	DDBA /mmol	对苯二甲酰氯 (A)/mmol	癸二酰氯 (B_1)/mmol	己二酰氯 (B_2)/mmol	A(mol)/B(mol)
P1	2.5	0.25	2.25	—	1/9
P2	2.5	0.5	2.0	—	2/8
P3	2.5	1.0	1.5	—	4/6
P4	2.5	0.25	—	2.25	1/9
P5	2.5	0.5	—	2.0	2/8
P6	2.5	1.0	—	1.5	4/6

（1）水相溶液：在一个装有机械搅拌的 250 mL 三口烧瓶中，加入 0.67 g（2.5 mmol）DDBA、30 mg 氢氧化钠、60 mg 三甲基苄基氯化铵及 40 mL 去离子水，搅拌使之溶解。

（2）有机相溶液：将 2.5 mmol 对苯二甲酰氯和癸二酰氯（或己二酰氯）的混合物（摩尔比投料表）溶于 25 mL 三氯甲烷中。

（3）将有机相迅速倒入缓慢搅拌的水相中，随后快速搅拌，反应 10 min，体系产生大量白色沉淀；结束后将反应液倒入 100 mL 甲醇中沉淀，用布氏漏斗减压过滤，固体分别用甲醇、甲醇/水（$V/V=1/1$）混合物、水洗涤，直到洗液澄清为止，然后置于 60～70 ℃真空干燥至恒重，称重，分别计算产率。

3. 液晶共聚酯的结构表征

（1）用凝胶渗透色谱仪测定液晶共聚酯的平均相对分子质量（数均相对分子质量 $\overline{M}_n$）及其分布指数。具体操作参看“实验二十一　凝胶渗透色谱法测定聚合物的相对分子质量及其分布”。

（2）用傅里叶红外光谱仪测定液晶共聚酯样品的红外光谱。在红外光谱中，与苯环相连的 C═O 的伸缩振动峰与和烷基链相连的 C═O 的伸缩振动峰明显不同，根据两个吸收峰的积分面积估算对苯二甲酰和癸二酰（或己二酰）在共聚酯中的摩尔比例。具体操作参“实验二十二　红外光谱法测定聚合物的结构”。

（3）测试液晶共聚酯样品的核磁氢谱图（400 MHz 或以上，氘代氯仿为溶剂），根据苄联氮上—CH_3 的化学位移峰（2～3 ppm）及与癸二酰（或己二酰）中酯键相连的亚甲基的化学位移峰（3～4 ppm）的积分比，估算对苯二甲酰和癸二酰（或己二酰）在共聚酯中的摩尔比例，并与红外光谱法进行对比。

4. 液晶共聚酯的性能表征

（1）用偏光显微镜观察所制备的液晶共聚酯在升降温过程中出现的液晶相织构，并据此初步判断液晶相类型，具体操作参看“实验二十四　偏光显微镜法观察聚合物结晶形态”。

（2）用差示扫描量热仪（DSC）测定液晶共聚酯的热力学曲线，给出聚合物样品在升降温过程中的相转变温度：熔点（T_m）、清亮点（T_i）、玻璃化转变温度（T_g）。具体操作参看“实验二十八　差示扫描量热法测定聚合物的热力学转变”。

（3）用粉末 X 射线衍射测试液晶态时聚合物样品的 X 射线衍射图谱，分析聚合物分子链在空间的排列堆积方式，判断液晶织构的种类及其液晶相态。具体操作参看“实验二十三　X 射线衍射法测定聚合物的晶体结构”。

五、实验数据及处理

将数据记录于表 4－7 中。

表 4－7　数据记录

聚酯	产率	$\overline{M}_n$	PDI	T_g	T_m	T_i	ΔT
P1							
P2							
P3							
P4							
P5							
P6							

注：ΔT 为液晶相温度范围，$\Delta T = T_i - T_g$ 或 $\Delta T = T_i - T_m$。

（1）根据 DSC 曲线，给出各相转变温度，并计算液晶聚酯的液晶相温度范围；结合偏光显微镜观察的织构特点及 X 射线衍射结果，判断液晶相态类型。

（2）根据凝胶渗透色谱的结果，给出数均相对分子质量 $\overline{M}_n$ 及其分布指数，讨论缩聚反应对相对分子质量及其分布的控制能力。

六、注意事项

（1）界面缩聚制备液晶共聚酯时，两相混合后要迅速提高机械搅拌的转速，搅拌速度过慢，会影响聚合物的聚合度。

（2）快速搅拌易于打碎烧瓶，可将烧瓶换成不锈钢材质的反应容器，保证平稳、快速地搅拌，以得到相对分子质量较高的液晶共聚酯。

（3）本实验采用的对苯二甲酰氯、癸二酰氯、己二酰氯都具有刺激性气味，对皮肤、眼睛和呼吸道（尤其是眼结膜、呼吸道黏膜）具有强烈的刺激性；经皮、眼睛和呼吸道吸入后，可引起支气管的痉挛，以及咳嗽、气短、喘息、头痛、恶心和呕吐等现象。遇水或水蒸气发生剧烈反应，放热并产生有毒的腐蚀性 HCl 气体。实验必须在通风橱内进行，并小心取用各种酰氯衍生物。

七、思考题

（1）界面缩聚制备共聚酯时，为什么需要快速搅拌？

（2）共聚酯中引入癸二酰（己二酰）后，对液晶共聚酯的相转变温度有何影响？为什么？

（3）任选两个聚合物，对比分析两者结构与性能的不同，讨论其构效关系。

八、背景知识

热致液晶聚合物是一种新型的高分子材料，这类材料凭借着其高强度、高刚性、耐高温、电绝缘性等优异性能，应用于电子电气、光导纤维、汽车及航空航天等众多领域。在液晶态下，纺丝可使大分子链高度取向，成为制取超高模纤维的重要途径，尤其是20世纪70年代初，杜邦公司通过芳族聚酰胺液晶合成了高模量、高强度、性能优异的Kevlar纤维后，液晶聚合物更是备受关注。目前人们不仅开发出了具有高强度、高模量的高性能液晶结构材料，还合成了具有信息储存功能的功能型高分子液晶材料。因此作为新型高分子材料，液晶聚合物在功能材料和高性能结构材料领域展现出巨大的应用潜能。

实验三十八　双酚A环氧树脂的合成及性能测定

一、实验目的

（1）掌握双酚A型环氧树脂的实验室制法及固化方法。

（2）学习并掌握环氧树脂环氧值的测定方法。

（3）掌握环氧树脂的结构，了解双酚A环氧树脂的应用。

二、实验原理

环氧树脂是指分子中至少含有两个环氧基团的聚合物，是一种热塑性的线形聚合物，通过环氧基团与固化剂的反应交联固化后使用。固化后的环氧树脂具有优异的性能，如对各种材料具有杰出的黏结力，有卓越的抗化学腐蚀性、优异的力学性能及良好的电绝缘性等。并且环氧树脂的固化温度范围很宽，固化体积收缩很小。这些优异性能使环氧树脂具有非常重要的用途，广泛用于黏结剂、涂料、复合材料等方面。

环氧树脂的种类繁多，如由2,2－二酚基丙烷（双酚A）和环氧氯丙烷聚合制得的双酚A环氧树脂、由甘油和环氧氯丙烷反应制备的甘油环氧树脂、由酚醛缩合物和环氧氯丙烷反应制备的酚醛环氧树脂，还有双酚S环氧树脂、聚丁二烯环氧树脂、聚异戊二烯环氧树脂等。根据环氧值的不同，同一类型环氧树脂也被分成不同的牌号，性能和用途也有所差异。

双酚A环氧树脂在环氧树脂中产量最大，应用最为广泛，它是由双酚A和环氧氯丙烷在氢氧化钠催化下反应制备的，通过改变二者的投料比、加料次序、操作条件来控制环氧树脂相对分子质量的大小；环氧氯丙烷总要过量，因此环氧树脂的相对分子质量不高，使用时再交联固化，对双酚A纯度的要求不像其他缩聚反应那么严格。环氧树脂的合成原理是环氧基团的开环和再成环的反复过程，在碱催化下，双酚A先形成烷氧负离子，然后与环氧环亲核加成而开环，再与分子内氯原子反应而关环。如此反复，聚合度不断增加。

$$\text{(epoxy)}-CH_2Cl + HO-C_6H_4-C(CH_3)_2-C_6H_4-OH \xrightarrow{NaOH}$$

$$\text{(epoxy)}-CH_2-\left[O-C_6H_4-C(CH_3)_2-C_6H_4-O-CH_2-CH(OH)-CH_2\right]_n-O-C_6H_4-C(CH_3)_2-C_6H_4-O-CH_2-\text{(epoxy)}$$

线形环氧树脂的聚合度 $n=0\sim25$，原料配比不同、反应条件不同，可制得不同相对分子质量、不同软化点的环氧树脂。平均聚合度 n 小于2、软化点低于50 ℃的环氧树脂称为低相对分子质量环氧树脂；中等相对分子质量环氧树脂的 $n=2\sim5$、软化点在50～95 ℃之间；而 n 大于5的树脂软化点在100 ℃以上，称为高相对分子质量树脂。

线形环氧树脂相对分子质量不高，结构比较明确，属于结构预聚物。使用时，必须加入固化剂，通过固化剂与环氧基的反应形成空间交联的网状结构，成为不溶、不熔的热固性成品，呈现良好的机械性能和尺寸稳定性。环氧树脂的固化剂主要是多元胺和多元酸酐，固化剂分子中都含有活泼氢原子，易于与环氧基团发生化学反应而交联。固化剂应用最多的是多元胺类，如乙二胺和二亚乙基三胺等含有伯胺的化合物可使环氧基直接开环交联，属于室温固化催化剂，且—NH_2 的官能度为2，可按化学计量来估算二胺的用量。此外，叔胺（如三乙胺）可促进开环，也可做交联剂，固化温度60～70 ℃；酸酐（如马来酸酐、邻苯二甲酸酐）也可作为环氧树脂的交联剂，可定量计算，但是因为活性较低，需要在较高的温度（150～160 ℃）下固化。

乙二胺室温固化环氧树脂的反应如下：

$$2\ \sim\sim HC\underset{O}{\diagdown\!\diagup}CH_2 + H_2N-R-NH_2 + 2\ H_2C\underset{O}{\diagdown\!\diagup}CH\sim\sim \longrightarrow \begin{matrix}\sim\sim \underset{|}{\overset{OH}{C}}H-H_2C \\ \sim\sim \underset{OH}{\overset{|}{C}}H-H_2C\end{matrix}\!\!\!>N-R-N<\!\!\!\begin{matrix}CH_2-\overset{OH}{\overset{|}{C}}H\sim\sim \\ CH_2-\underset{OH}{\underset{|}{C}}H\sim\sim\end{matrix}$$

乙二胺的用量按下式计算：

$$m=\frac{M}{H_n}E=15E$$

其中，m 为每100 g环氧树脂所需乙二胺的质量（g）；M 为乙二胺的相对分子质量（60）；H_n 为乙二胺的活泼氢总数（4）；E 为环氧值。固化剂的实际用量一般比理论值要多10%。固化剂用量对成品的机械性能影响很大，必须控制适当。

环氧树脂含有大量的羟基、氨基和极为活泼的环氧基团，这些极性基团使环氧树脂分子与胶接材料的界面上产生了较强的分子间作用力（包括氢键、范德华力等），环氧基团还与介质表面，特别是金属表面上的游离键发生反应形成化学键；树脂固化后，胶层内聚力很大，以致应力断裂往往出现在被黏物而不在胶层内或黏结界面上。因而环氧树脂具有很高的黏结力，对金属、塑料、陶瓷、玻璃都有很强的黏附力，且力学强度高，耐化学腐蚀性强，耐潮湿和溶剂，对潮气不敏感，还可耐高温，用途很广，有“万能胶”之称。此外，环氧树脂还可用于涂料、层压材料、浇铸、浸渍及模具等，如涂料可用作汽车、仪器设备的底漆；结构材料可用于导弹外套、飞机的舵机折翼及油、气及化学品输送管道；层压制品用于电器和电子行业。

本实验以双酚A和环氧氯丙烷为原料制备环氧树脂。

三、实验仪器与药品

实验仪器：三口烧瓶（250 mL）、回流冷凝管、搅拌器、减压蒸馏装置、滴定管。

实验药品：双酚 A、环氧氯丙烷、氢氧化钠、甲苯、盐酸－丙酮溶液（0.2 mol/L）、乙二胺、酚酞溶液、氢氧化钠标准溶液（0.1 mol/L）、蒸馏水。

四、实验步骤

1. 双酚 A 环氧树脂的制备

（1）将机械搅拌器、回流冷凝管、恒压滴液漏斗装在 250 mL 三口烧瓶上，如图 4－12 所示。在烧瓶内加入 11.4 g（0.05 mol）双酚 A、46.5 g（0.5 mol）环氧氯丙烷（双酚A∶环氧氯丙烷物质的量比为 1∶10），水浴加热到 75 ℃，搅拌使双酚 A 溶解。

（2）称取 6 g NaOH 溶于 20 mL 蒸馏水中，将碱液加入滴液漏斗中，缓慢滴加（控制滴加速度为 1～2 滴/s，环氧氯丙烷开环反应放热，温度会自动上升），维持反应温度在 70 ℃，1～1.5 h 滴完。继续反应 1 h 后结束反应，降至室温，产物为浅黄色。

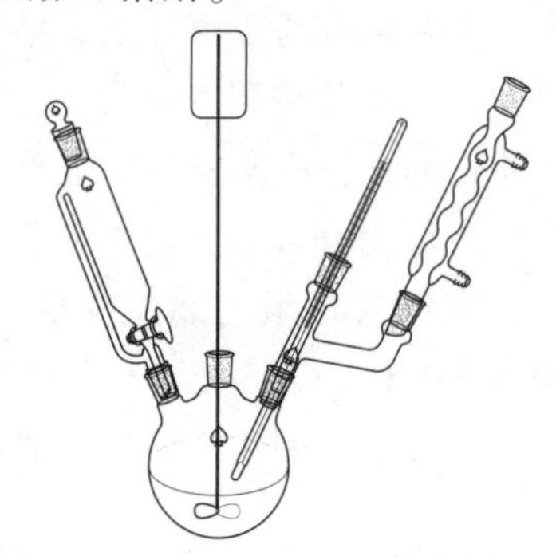

图 4－12 双酚 A 环氧树脂的制备装置

（3）向反应液内加入 30 mL 蒸馏水和 60 mL 甲苯，充分搅拌后置于分液漏斗静置，分层，除去水相，将有机相用蒸馏水洗涤，直至水相为中性，减压蒸馏除去甲苯和没有反应的氯丙烷。停止蒸馏，将剩余物趁热倒入小烧杯中，得到淡黄色、透明、黏稠的双酚 A 环氧树脂（1∶10），称重，计算产率。

（4）采用相同的聚合方法，改变双酚 A 和环氧氯丙烷的投料比：双酚 A 11.4 g（0.05 mol）、环氧氯丙烷 23.3 g（0.25 mol），合成第二批双酚 A 环氧树脂（物质的量比为 1∶5）。

2. 环氧值的测定

采用盐酸－丙酮法测定环氧树脂的环氧值。精确称取 0.4～0.5 g 环氧树脂放在锥形瓶中，准确吸取 25 mL 盐酸－丙酮溶液（0.2 mol/L），静置 1 h，然后加入两滴酚酞指示剂，用 0.1 mol/L 的 NaOH 标准溶液滴定至红色（15～30 s 内不褪色），消耗 NaOH 的体积 V_2（mL），做平行实验，求平均值；同时进行空白实验，消耗 NaOH 的体积 V_1（mL），则环氧值为：

$$E = \frac{(V_1 - V_2)c(\mathrm{NaOH})}{10m}$$

式中，$c(\mathrm{NaOH})$ 是氢氧化钠标准溶液的浓度，mol/L；m 是环氧树脂的质量，g。

测定环氧树脂（1∶10 和 1∶5）的环氧值并进行对比。

3. 环氧树脂的固化

准确称取本实验合成的两批次的环氧树脂各 4～5 g，分别放入不同的 50 mL 小烧杯中，估算固化需要的乙二胺的量，称取相应质量的乙二胺加入上述小烧杯中，边加边搅拌均匀。取出 2.5 g 树脂倒入一干燥的小试管或其他小容器（如瓶子的内盖）中，在 40 ℃水浴下放置 2 h，观察结果。

4. 环氧树脂黏结力测试

准备两张尺寸为 1 cm×5 cm 的薄纸板，用玻璃棒将环氧树脂均匀涂于纸板一端，面积约 2 cm^2，将另一纸板轻轻贴上，小心固定，室温放置 48 h 后观测实验结果。

五、注意事项

（1）在双酚 A 环氧树脂的制备过程中，开始滴加碱液时要慢些，环氧氯丙烷开环是放热反应，反应液温度会自动升高。

（2）萃取时轻轻摇动分液漏斗，防止乳化；萃取的有机相是甲苯，需要在通风橱内操作。

（3）盐酸 - 丙酮法是测定环氧值最常用方法之一。用吸液管（或移液枪）将 1.6 mL 浓盐酸（密度为 1.19 g/cm）转入 100 mL 的容量瓶中，用丙酮稀释到刻度，配成 0.2 mol/L 的盐酸 - 丙酮溶液。

（4）环氧氯丙烷为无色液体，有似氯仿气味，易挥发，不稳定，易燃，中等毒，有潜在致癌作用。实验过程中要小心取用，并在通风橱中进行操作。

六、思考题

（1）在环氧树脂的制备过程中，NaOH 起什么作用？如果不足，会有什么影响？

（2）在环氧树脂的制备过程中，NaOH 溶液需要缓慢滴加到反应瓶中，解释其原因。

（3）写出以二元酸、二异氰酸酯及酚醛树脂为固化剂时环氧树脂的固化反应。

实验三十九　聚酰亚胺类高分子薄膜的制备及性能测试

一、实验目的

（1）掌握聚酰亚胺材料的制备原理和方法。

（2）通过缩聚和热酰亚胺化反应制备聚酰亚胺，加深对缩聚反应的认识。

（3）通过对聚酰亚胺类聚合物的结构与性能的表征，了解聚酰胺的相对分子质量及其分布、热稳定性等性质，以及结构对性质的影响。

二、实验原理

聚酰亚胺是一类以酰亚胺环为结构特征的聚合物材料，高分子链刚性大，熔点高，耐高温，可在 250 ~ 300 ℃以上长期使用，并且化学稳定性好、耐辐射、力学性能与介电性能优异，在电子工业、薄膜、塑料、黏结剂、涂料和光刻胶等领域得到广泛应用；作为一种耐高温的高性能聚合物，多用于宇航、军事等一些特殊场合。

聚酰亚胺不溶、不熔，一般聚酰亚胺的薄膜制备分两步进行。即以二酐和二胺为单体，先通过缩聚反应生成前驱体聚酰胺酸，再通过亚胺化处理生成聚酰亚胺。两步法的优点是所生成的聚酰亚胺前体聚酰胺酸具有良好的溶解性，可以溶解在大多数极性非质子溶剂中，如 N - 甲基吡咯烷酮、N,N - 二甲基甲酰胺、N,N - 二甲基乙酰胺、二甲基亚砜等，便于加工成型。本实验采用两步法合成聚酰亚胺薄膜。首先将双酚 A 二酐和二胺溶解在溶剂中，配成溶液，室温进行开环聚合反应，制备聚酰胺酸溶液；然后溶液涂膜，加热到 200 ℃以上，高温下脱水，得到聚亚胺薄膜。反应式如下：

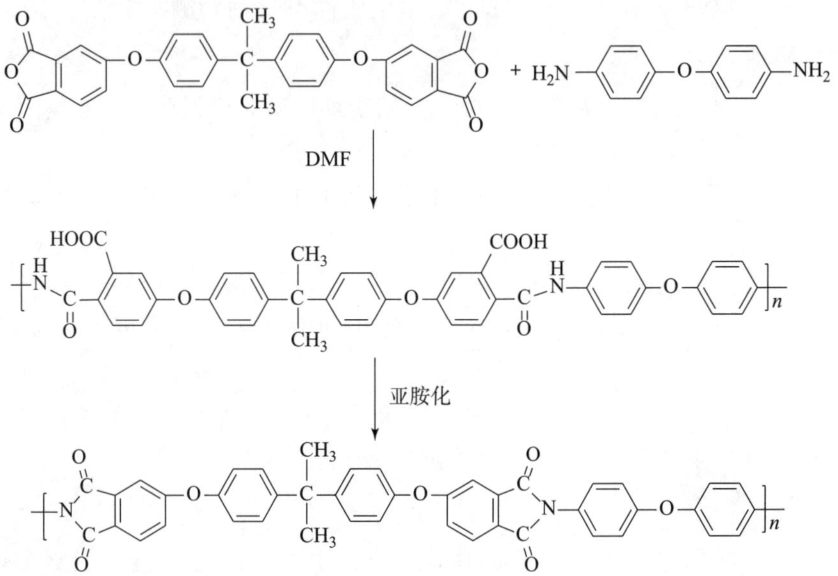

DMF

亚胺化

三、仪器与药品

实验仪器：磁力搅拌器、圆底烧瓶（100 mL）、恒压滴液漏斗、回流冷凝管、分水器、烧杯（20 mL、400 mL）、量筒、布氏漏斗、吸滤瓶、特制水平玻璃片。

实验试剂：双酚 A 二酐（BPA－diAD）、均苯四甲酸酐（PMDA）、4,4′－二氨基二苯醚（二胺，ODA）、N,N－二甲基甲酰胺（DMF，使用前重新蒸馏）、二甲苯、甲醇、盐酸。

四、实验步骤

（1）可溶性聚酰胺酸的合成。

在一个干燥洁净的 100 mL 的圆底烧瓶中，将研细干燥的 4,4′－二氨基二苯醚（ODA）（2.46 g，6 mmol）溶于适量干燥的 DMF 中形成饱和溶液；同时，在一个干燥洁净的锥形瓶中，将研细干燥的等摩尔双酚 A 二酐（BPA－diAD）(2.30 g，6 mmol）溶解于适量干燥的 DMF 中形成饱和溶液；随后室温下将二酐溶液慢慢滴加到二胺的溶液中，电磁搅拌，室温下反应 24 h，生成聚酰胺酸溶液。

（2）聚酰亚胺的制备。

向第（1）步制备出的聚酰胺酸溶液中加入 16 mL 干燥的二甲苯，装上回流冷凝管及分水器，将聚酰胺酸溶液在 160 ℃左右热环化 6 h，热环化产生的水和二甲苯以共沸物蒸出。反应结束后，将溶液滴到 200 mL 甲醇/水（$V/V=1/1$）及 2 mL HCl（2 mol/L）的混合溶液中，有沉淀析出，减压过滤，将固体产物置于 50 ℃下真空干燥 2 h，得到浅黄色聚酰亚胺粉料。

（3）聚酰亚胺薄膜的制备。

采用流延法将第（1）步制备出的聚酰胺酸溶液涂覆在特制水平玻璃片上，放在烘箱中，升温至 80 ℃保持 2 h，使溶剂全部挥发；再采用阶梯法升温法进行处理：在 120 ℃、165 ℃、200 ℃、250 ℃、300 ℃分别恒温 30 min、2 h、30 min、20 min、10 min，然后冷却至室温，制备出浅黄色聚酰亚胺薄膜。

（4）将双酚 A 二酐（BPA－diAD）换成均苯四甲酸酐（PMDA），按照同样的方法制备均苯四甲酸酐和二胺（ODA）的聚酰亚胺薄膜，并将两种薄膜及其制备过程进行比较。

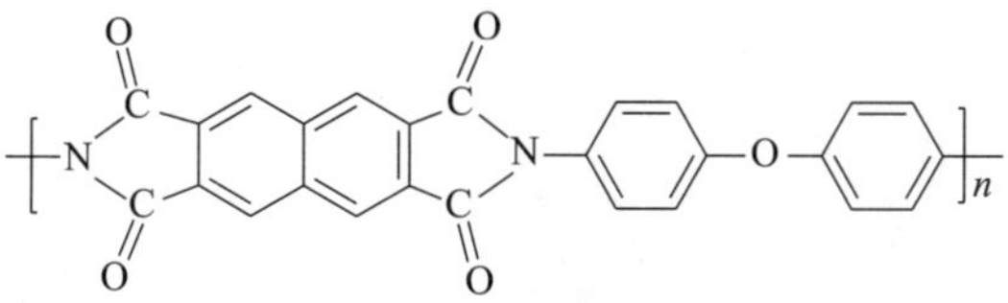

（5）聚酰亚胺的表征。

①利用凝胶渗透色谱法测量本实验制备的两批结构不同聚酰亚胺的数均相对分子质量、质均相对分子质量及多分布指数。具体方法参见“实验二十一　凝胶渗透色谱法测定聚合物的相对分子质量及相对分子质量分布”。

②利用热重分析法和差示扫描量热法测量本实验制备的两批结构不同聚酰亚胺的热分解温度和玻璃化转变温度，具体方法参见“实验二十八　差示扫描量热法测定聚合物的热力学转变”和“实验二十七　聚合物的热稳定性能测试”。

③利用X射线衍射法测量本制备的两批结构不同聚酰亚胺薄膜的无定形结构，具体方法参看“实验二十三　X射线衍射法测定聚合物的晶体结构”。

五、注意事项

（1）使用前，二酐和二胺原料需要用研钵研细，置于干燥箱中在100 ℃左右的温度下烘焙1 h，备用。

（2）二酐单体极易水解，在称量、加料、溶解过程中应防潮，保持干燥；所用溶剂需要用干燥剂干燥后重新蒸馏提纯，溶剂还可以选用N′,N－二甲基乙酰胺（DMAc）或吡咯烷酮（NMP）。

（3）二酐和二胺反应合成聚酰胺酸是一个放热反应，降低温度有利于反应的进行，一般在室温或低于室温下进行。

六、思考题

（1）制备聚酰亚胺所采用的一步法和两步法各有什么特点？

（2）简述由二酐和二胺单体通过缩聚反应制备聚酰胺酸的反应机理。合成聚酰胺酸时，为什么反应体系必须保持干燥？

（3）讨论不同结构对聚酰亚胺溶解性、耐热性的影响。

（4）聚酰亚胺薄膜是否透明？为什么？

七、背景知识

聚酰亚胺是杜邦公司20世纪60年代初工业化的产品，是芳杂环耐高温聚合物中最早工业化的品种。聚酰亚胺综合性能好，在－200～260 ℃具有很好力学性能，可在250～300 ℃以上长期使用。聚酰亚胺具有优良的电绝缘性，介电强度高，随频率变化小；化学稳定性好，耐油、耐有机溶剂、耐酸，但在强氧化剂作用下发生氧化降解，且不耐强碱，过热水蒸气作用下发生水解；聚酰亚胺具有很高的耐辐照性能，其薄膜在5×10^{9} rad剂量辐照后，强度仍保持86%；聚酰亚胺为自熄性聚合物，发烟率低。此外，聚酰亚胺无毒，可用来制造餐具和医用器具，并经得起数千次消毒；某些聚酰亚胺还具有很好的生物相容性，如血液相容性实验为非溶血性、体外细胞毒性实验为无毒。

附　录

附录1　常见聚合物的英文名称及缩写

中文名称	英文名称	简写
聚乙烯	Polyethylene	PE
聚丙烯	Polypropylene	PP
聚苯乙烯	Polystyrene	PSt（PS）
聚异丁烯	Poly（isobutylene）	PIB
聚氯乙烯	Poly（vinyl chloride）	PVC
聚丙烯酸甲酯	Poly（methyl acrylate）	PMA
聚丙烯酸	Poly（acrylic acid）	PAA
聚甲基丙烯酸甲酯	Poly（methyl methacrylate）	PMMA
聚丙烯酰胺	Polyacrylamide	PAAm
聚乙酸乙烯酯	Poly（vinyl acetate）	PVAc
聚乙烯醇	Poly（vinyl alcohol）	PVA
聚丙烯腈	Poly（acrylonitrile）	PAN
聚丁二烯	Poly（butadiene）	PB
聚甲醛	Poly（oxymethylene）	POM
聚环氧乙烷	Poly（ethylene oxide）	PEO
聚环氧丙烷	Poly（propylene oxide）	PPO
聚苯醚	Poly（phenylene oxide）	PPO
聚四氢呋喃	Poly（tetrahydrofuran）	PTHF
尼龙-6	Polycaprolactam/Nylon-6	PA6
聚丙交酯	Polylactide	PLA
聚己内酯	Poly（caprolactone）	PCL

续表

中文名称	英文名称	简写
涤纶	Poly（ethylene terephthalate）	PET
尼龙 - 66	Nylon - 66	PA66
聚碳酸酯	Polycarbonate	PC
聚砜	Polysulfone	PS
聚氨酯	Polyurethane	PU
丙烯腈 - 丁二烯 - 苯乙烯共聚物	Acrylonitrile - butadiene - styrene copolymer	ABS
乙烯 - 醋酸乙烯酯共聚物	Ethylene - vinyl acetate copolymer	EVA
聚二甲基硅氧烷	Polydimethylsiloxane	PDMS
酚醛树脂	Phenol - formaldehyde polymer（resin）	PF
不饱和树脂	Unsaturated polyester	UP
脲醛树脂	Urea formaldehyde polymer（resin）	UF
乙丙橡胶	Ethylene - propylene rubber	EPR
丁苯橡胶	Styrene - butadiene rubber	SBR
热塑弹性体	Thermoplastic elastomer	TPE
聚酰亚胺	Polyimide	PI

附录 2　常用引发剂的半衰期

引发剂	反应温度 /℃	溶剂	分解速率常数 k_d/s^{-1}	半衰期 $t_{1/2}/h$	分解活化能 $E_d/(kJ \cdot mol^{-1})$
偶氮二异丁腈	70	甲苯	3.78×10^{-5}	5.1	128.4
	80		1.55×10^{-4}	1.2	
	90		4.86×10^{-4}	0.4	
	100		1.60×10^{-3}	0.1	
偶氮二异庚腈	57.9	甲苯	8.05×10^{-5}	2.4	121.3
	69.8		1.98×10^{-4}	0.97	
	80.2		7.10×10^{-4}	0.27	

续表

引发剂	反应温度/℃	溶剂	分解速率常数 k_d/s^{-1}	半衰期 $t_{1/2}/h$	分解活化能 $E_d/(kJ\cdot mol^{-1})$
过氧化二苯甲酰	60.0	苯	2.00×10^{-6}	96.0	124.3
	80.0		2.50×10^{-5}	7.7	
	85.0		8.90×10^{-5}	2.20	
过氧化十二酰	50.0	苯	2.19×10^{-6}	88	127.2
	60.0		9.17×10^{-6}	21	
	80.0		2.86×10^{-5}	6.7	
异丙苯过氧化氢	125	甲苯	9.0×10^{-6}	21.4	170
	139		3.0×10^{-5}	6.4	
过硫酸钾	50.0	KOH (0.1 mol·L⁻¹)	9.50×10^{-7}	212	140.2
	60.0		3.16×10^{-6}	61	
	70.0		2.33×10^{-6}	8.3	

附录3　常见单体的链转移常数

(1) 向单体的链转移常数

单体	温度/℃	链转移常数 $C_M/(\times10^4)$	单体	温度/℃	链转移常数 $C_M/(\times10^4)$
苯乙烯	30	0.32	甲基丙烯酸甲酯	50	0.15
	50	0.62		60	0.18
	60	0.85		70	0.23
	70	1.16		80	0.25
	90	1.47		100	0.38
乙酸乙烯酯	50	1.29	丙烯腈	60	0.30
	60	1.91	氯乙烯	60	20.2

(2) 向引发剂的链转移常数

引发剂	单体	温度/℃	链转移常数 C_I
过氧化二苯甲酰	苯乙烯	60	0.048
		70	0.12
		80	0.13
	甲基丙烯酸甲酯	60	0.02
	顺丁烯二酸酐	60	2.63
		75	0.09
偶氮二异丁腈	苯乙烯	50	0
		60	0.012
	甲基丙烯酸甲酯	60	0
异丙苯过氧化氢	苯乙烯	60	0.063
	甲基丙烯酸甲酯	60	0.33
叔丁基过氧化氢	苯乙烯	60	0.035
	甲基丙烯酸甲酯	60	1.27

(3) 向溶剂或相对分子质量调节剂的链转移常数 C_S (60 ℃)

$\times 10^4$

溶剂或相对分子质量调节剂	苯乙烯	甲基丙烯酸甲酯	乙酸乙烯酯
苯	0.018	0.04	1.07
甲苯	0.125	0.17	20.9
乙苯	0.67	1.35 (80 ℃)	55.2
异丙苯	0.82	1.90 (80 ℃)	89.9
环己烷	0.024	0.10 (80 ℃)	7.0
二氯甲烷	0.15	0.76 (80 ℃)	4.0
三氯甲烷	0.5	0.45	125
四氯化碳	92	5	9 600
四溴化碳	22 000	3 300	28 700 (70 ℃)
正丁硫醇	220 000	6 700	约 500 000
叔丁硫醇	37 000		

附录4　自由基共聚合竞聚率

单体1	单体2	r_1	r_2	$r_1 \times r_2$	T/℃
苯乙烯	乙基乙烯基醚	80	0	0	80
	异戊二烯	0.80	1.68	1.344	50
	乙酸乙烯酯	55	0.01	0.55	60
	氯乙烯	17	0.02	0.34	60
	偏二氯乙烯	1.85	0.085	0.157	60
	丙烯腈	0.4	0.04	0.001 6	60
	甲基丙烯酸甲酯	0.52	0.46	0.24	60
	丙烯酸甲酯	0.75	0.20	0.15	60
丁二烯	异戊二烯	0.75	0.85	0.60	5
	苯乙烯	1.35	0.58	0.78	50
	氯乙烯	8.8	0.035	0.31	50
	丙烯腈	0.3	0.02	0.006	40
	甲基丙烯酸甲酯	0.75	0.25	0.188	90
	丙烯酸甲酯	0.76	0.05	0.038	5
丙烯腈	丙烯酸	0.35	1.15	0.401	50
	乙酸乙烯酯	4.2	0.05	0.21	50
	异丁烯	0.02	1.8	0.036	50
	氯乙烯	2.7	0.04	0.11	60
甲基丙烯酸甲酯	丙烯酸甲酯	1.91	0.504	0.96	130
	丙烯腈	1.22	0.150	0.184	80
	氯乙烯	10	0.10	1.0	68
	偏二氯乙烯	0.3	3.2	0.96	60
顺丁烯二酸酐	苯乙烯	0.015	0.04	0.006	50
	丙烯腈	0	6	0	60
	甲基丙烯酸甲酯	0.02	6.7	0.134	75
	丙烯酸甲酯	0.02	2.8	0.056	75
	乙酸乙烯酯	0.055	0.003	0.001 65	75
氯乙烯	乙酸乙烯酯	1.68	0.23	0.39	60
	偏二氯乙烯	0.1	6	0.6	68
四氟乙烯	三氟氯乙烯	1.0	1.0	1.0	60
	异丁烯	0.3	0	0	80

附录 5　常用加热液体介质的沸点

名称	沸点/℃	名称	沸点/℃
水	100	甲基萘	242
甲苯	111	一缩二乙二醇	245
正丁醇	117	联苯	255
氯苯	133	二苯基甲烷	265
间二甲苯	139	甲基萘基醚	275
环己酮	156	二缩三乙二醇	282
乙基苯基醚	160	邻苯二甲酸二甲酯	283
对异丙基甲苯	176	邻羟基联苯	285
邻二氯苯	179	二苯酮	305
苯酚	181	对羟基联苯	308
十氢化萘	190	六氯苯	310
乙二醇	197	邻联三苯	330
间甲酚	202	蒽	340
四氢化萘	206	邻苯二甲酸异辛酯	370
萘	218	蒽醌	380
正癸醇	231		

附录 6　常用冷却剂的配制及适用温度

组成及配比	冷却温度/℃
冰 + 水混合物	0
冰（100 份）+氯化铵（25 份）	–15
冰（100 份）+硝酸钠（50 份）	–18
冰（100 份）+氯化钠（33 份）	–21
冰（100 份）+氯化钠（40 份）+氯化铵（20 份）	–25
冰（100 份）+六水氯化钙（100 份）	–29
冰（100 份）+碳酸钾（33 份）	–46
冰（100 份）+六水氯化钙（143 份〉	–55

续表

组成及配比	冷却温度/℃
干冰 + 乙醇	-72
干冰 + 丙酮	-78
液氮 + 丙酮	-95
液氮	-196
液氦	-269

附录 7　聚合物分级用的溶剂及沉淀剂

聚合物	溶剂	沉淀剂
聚己内酰胺	含水甲酚	水
	甲酚	环己烷
	甲酚 + 苯	汽油
尼龙 - 66	甲酸	水
	甲酚	甲醇
聚乙烯	甲苯	正丙醇
	二甲苯	丙二醇
	二甲苯	正丙醇
	α - 氯代萘	邻苯二甲酸二丁酯
聚氯乙烯	环己烷	丙酮
	硝基苯	甲醇
	四氢呋喃	甲醇、丙醇
	环己酮	正丁醇、甲醇
聚苯乙烯	苯	乙醇、甲醇
	甲苯	甲醇
	丁酮	正丁醇
	三氯甲烷	甲醇
聚乙烯醇	水	丙醇
	乙醇	苯
聚丙烯腈	羟乙腈	苯 - 乙醇
	二甲基甲酰胺	庚烷
	二甲基甲酰胺	庚烷 - 乙醚
聚三氟氯乙烯	1 - 三氟甲基 - 2,5 - 氯代苯	邻苯二甲酸二乙酯
聚乙酸乙烯酯	丙酮	水
	苯	石油醚、异丙醇

续表

聚合物	溶剂	沉淀剂
聚甲基丙烯酸甲酯	丙酮	甲醇、水、己烷
	苯	甲醇
	氯仿	石油醚
	丁酮	甲醇
丁苯橡胶	苯	甲醇、水
丁基橡胶	苯	甲醇
天然橡胶	苯	甲醇
硝化纤维素	丙酮	水
	丙酮	石油醚
	乙酸乙酯	正庚烷
醋酸纤维素	丙酮	乙醇
	丙酮	水
	丙酮	乙酸丁酯
乙基纤维素	乙酸甲酯	丙酮－水（1∶3）
	苯－甲醇	庚烷

附录 8　常用干燥剂的性质

干燥剂	分子式	酸碱性	应用范围及使用注意事项
五氧化二磷	P_2O_5	酸性	脱水效率高，适用于干燥中性和酸性气体 H_2、O_2、N_2、CO、CO_2、SO_2、CH_4，以及烃、卤代烃、醚类及腈中痕量水。不适用于碱、酮及易聚物质
硫酸	H_2SO_4	酸性	脱水效率高，用于干燥 H_2、O_2、N_2、CO、SO_2、Cl_2、HCl、CH_4 等多种气体。不适用于干燥 NH_3、H_2S、HBr、HI 等碱性气体；适用于烷基卤化物和脂肪烃；不能用于碱性化合物，即使是弱碱性的烯和醚，也不适用
氢化钙	CaH_2	碱性	效率高，作用慢，适用于碱性、中性和弱酸性化合物，不能用于对碱敏感的化合物
氢化钙	CaH_2	碱性	作用慢，效率高，适用于碱性、中性和弱酸性化合物，不能用于对碱敏感的化合物
钠	Na	碱性	作用慢，效率高，不可用于卤代烃、醇、胺等敏感物的干燥，应注意过量干燥剂的分解和安全

续表

干燥剂	分子式	酸碱性	应用范围及使用注意事项
氧化钙 氧化钡	CaO BaO	碱性	作用慢，效率高，适用于醇和胺，不适用于对碱敏感的化合物
氢氧化钾 氢氧化钠	KOH NaOH	碱性	快速有效，几乎限于干燥胺类化合物
碳酸钾	K_2CO_3	碱性	脱水量及效率一般，适用于酯类、腈类和酮类，但不可用于酸性有机物
氯化钙	$CaCl_2$	中性	脱水量大，作用快，易分离，效率不高；不可用于干燥醇、胺、酚、酯类等
硫酸钠	Na_2SO_4	中性	脱水量大，价格低廉，使用慢，效率低，需要过滤分离
硫酸镁	$MgSO_4$	中性	比硫酸钠作用快，效率高，是良好的干燥剂，常用于干燥卤代物、醇、醛、酮、羧酸、酯、酚、硝基化合物等
硫酸钙	$CaSO_4$	中性	作用快，效率高，脱水量小，易失水
硫酸铜	$CuSO_4$	中性	效率高，但是价格较高
3A 或 4A 分子筛		中性	快速高效，需经初步干燥，3A 或 4A 分子筛允许水分子及其他小分子加氢进入，水由于水化而被牢固吸着，分子筛可在常压或减压下 300 ~ 320 ℃加热活化

附录 9 常用的密度梯度管溶液体系

溶液体系	密度范围/($g \cdot cm^{-3}$)	溶液体系	密度范围/($g \cdot cm^{-3}$)
甲醇 – 苯甲醇	0.80 ~ 0.92	水 – 溴化钠水溶液	1.00 ~ 1.41
异丙醇 – 水	0.79 ~ 1.00	水 – 硝酸钙水溶液	1.00 ~ 1.60
乙醇 – 水	0.79 ~ 1.00	四氯化碳 – 二溴丙烷	1.60 ~ 1.99
异丙醇 – 一缩乙二醇	0.79 ~ 1.11	二溴丙烷 – 二溴乙烷	1.99 ~ 2.18
乙醇 – 四氯化碳	0.79 ~ 1.59	1,2 – 二溴乙烷 – 溴仿	2.18 ~ 2.29
甲苯 – 四氯化碳	0.87 ~ 1.59		

附录 10　结晶聚合物的密度

聚合物名称	密度/（g·cm^{-3}）			聚合物名称	密度/（g·cm^{-3}）		
	ρ_c	ρ_a	ρ_c/ρ_a		ρ_c	ρ_a	ρ_c/ρ_a
聚乙烯	1.0	0.85	1.18	聚四氟乙烯	2.25	2.00	1.17
聚丙烯	0.95	0.85	1.12	聚三氟氯乙烯	2.19	1.92	1.14
聚丁烯	0.95	0.86	1.10	尼龙－66	1.24	1.07	1.16
聚异丁烯	0.94	0.86	1.09	尼龙－6	1.23	1.08	1.14
聚丁二烯	1.01	0.89	1.14	尼龙－610	1.19	1.04	1.14
顺－聚异戊二烯	1.00	0.91	1.10	聚甲醛	1.54	1.25	1.25
反－聚异戊二烯	0.51	0.90	1.16	聚氧化乙烯	1.33	1.12	1.19
聚苯乙烯	1.13	1.05	1.08	聚碳酸酯	1.31	1.20	1.09
聚氯乙烯	1.52	1.39	1.10	聚乙烯醇	1.35	1.26	1.07
聚偏氟乙烯	2.00	1.74	1.15	聚甲基丙烯酸	1.23	1.17	1.05
聚对苯二甲酸乙二醇酯	1.50	1.33	1.10	聚乙炔	1.15	1.0	1.15

附录 11　聚合物的玻璃化温度和熔点

聚合物	T_g/℃	T_m/℃	聚合物	T_g/℃	T_m/℃
聚乙烯	－168（－120）	146	聚 1,4－丁二烯（顺式）	－108（－95）	11.5
聚丙烯（全同）	－10	200	聚 1,4－丁二烯（反式）	－83（－18）	142
聚丙烯（无规）	－20		聚 1,2－丁二烯（全同）	－4	124.3
聚异丁烯	－70（－73）	128	聚氯代丁二烯	－45	43
聚 1－丁烯	－25	138	聚异戊二烯（顺式）	－73	28
聚 1－戊烯	－40	130	聚异戊二烯（反式）	－60（－58）	74
聚 1－己烯	－50		聚甲基乙烯基醚	－13（－20）	150
聚 1－辛烯	－65	55	聚乙基乙烯基醚	－25（－42）	
聚 1－十二烯	－25		聚异丁基乙烯基醚	－27（－18）	
聚 4－甲基－1－戊烯	29	250	聚正丁基乙烯基醚	－52（－55）	
聚甲醛	－83（－50）	180	聚乙烯基叔丁基醚	88	
聚甲基硅氧烷	－123		聚丙烯酸甲酯	3（6）	
聚苯乙烯（无规）	100（105）		聚丙烯酸乙酯	－24	

续表

聚合物	T_g/℃	T_m/℃	聚合物	T_g/℃	T_m/℃
聚苯乙烯（无规）	100	243	聚丙烯酸丁酯	-56	
聚 α - 甲基苯乙烯	192（180）		聚丙烯酸	106（97）	
聚邻甲基苯乙烯	119（125）		聚丙烯锌	>300	
聚间甲基苯乙烯	72（82）		聚甲基丙烯酸甲酯 无规	105	
聚对甲基苯乙烯	110（126）		间同	115（105）	>200
聚对氯苯乙烯	128		全同	45（55）	160
聚联苯乙烯	138（145）		聚甲基丙烯酸乙酯	65	
聚 2,5 - 二氯苯乙烯	130（115）		聚甲基丙烯酸正丙酯	35	
聚 α - 乙烯基萘	162		聚甲基丙烯酸正丁酯	21	
聚氟乙烯	-40（-20）	190	聚甲基丙烯酸正己酯	-5	
聚氯乙烯	87（81）	212	聚甲基丙烯酸正辛酯	-20	
聚偏二氟乙烯	-40（-46）	210	聚乙酸乙烯酯	28	
聚偏二氯乙烯	-10（-17）	198	聚乙烯醇	85（99）	258
聚 1,2 - 二氯乙烯	145		聚乙烯基甲醛	105	
聚氯丁二烯	50		聚乙烯基丁醛	45（59）	
聚三氟氯乙烯	45	220	聚丙烯腈（间同）	104（130）	317（分解）
聚四氟乙烯	-120（-65）	327	聚乙烯基咔唑	208（150）	
聚全氟丙烯	11		聚乙烯基吡啶	8	
尼龙 - 6	50（40）	270（228）	乙基纤维素	43	
尼龙 - 10	42	177（192）	三硝基纤维素	53	
尼龙 - 11	43（45）	198	聚碳酸酯	150	295
尼龙 - 12	42（37）	179	聚己二酸乙二酯	-70	
尼龙 - 66	50	280	聚辛二酸丁二酯	-57	
尼龙 - 610	40	165（215）	聚 2,6 - 对苯醚	220（210）	338
聚环氧乙烷	-67	66	聚对苯二甲酸乙二酯	69	280
聚氯醚	10		聚对苯二甲酸丁二酯	40	230

附录12　1836稀释型乌氏黏度计毛细管内径与适用溶剂（20 ℃）

毛细管内径/mm	适用溶剂
0.37	二氯甲烷
0.38	三氯甲烷
0.39	丙酮
0.41	乙酸乙酯、丁酮
0.46	乙酸乙酯/丙酮（1/1）
0.47	四氢呋喃
0.48	正庚烷
0.49	二氯乙烷、甲苯
0.54	氯苯、苯、甲醇、对二甲苯、正辛烷
0.55	乙酸乙酯
0.57	二甲基甲酰胺、水
0.59	二甲基乙酰胺
0.61	环己烷、二氧六环
0.64	乙醇
0.66	硝基苯
0.705	环己酮
0.78	邻氯苯酚、正丁醇
0.80	苯酚/四氯乙烷（1∶1）
1.07	96%硫酸、93%硫酸、间甲酚

附录13　聚合物特性黏数－相对分子质量关系参数

聚合物	溶剂	温度/℃	$K/(\times10^3\ mL\cdot g^{-1})$	α	$M/(\times10^{-4})$	测定方法
聚乙烯（高压）	十氢萘	135	46	0.73	2.5～64	L
	二甲苯	105	17.6	0.83	1.1～18	O
聚乙烯（低压）	α－低氯萘	125	43	0.67	4.8～95	L
	十氢萘	135	67.7	0.77	3～100	L

续表

聚合物	溶剂	温度/℃	$K/(\times10^3$ mL·g$^{-1})$	α	$M/(\times10^{-4})$	测定方法
聚丙烯（无规）	十氢萘	135	10.0	0.8	2~62	L
聚丙烯（等规）	十氢萘	135	11.0	0.8	2~62	L
聚丙烯（间同）	庚烷	135	10.0	0.8	10~100	L
聚异丁烯	环己烷	30	27.6	0.69	3.8~70	O
聚丁二烯	甲苯	30	30.5	0.725	5.3~49	O
聚氯乙烯	四氢呋喃	30	63.8	0.65	3~32	L
聚苯乙烯	甲苯	30	9.2	0.72	4~146	L
聚苯乙烯（全同）	甲苯	30	11.0	0.725	3~37	O
聚氯乙烯	环己酮	25	2.04	0.56	1.9~15	O
	四氢呋喃	30	63.8	0.65	3~32	L
聚甲基丙烯酸甲酯	丙酮	25	7.5	0.7	2~740	L, S, D
	氯仿	25	4.8	0.8	8~140	L
聚丙烯酸甲酯	丙酮	25	19.8	0.66	30~250	L
聚丙烯酰胺	水	30	6.31	0.80	2~50	S, D
聚乙烯醇	水	25	459.5	0.63	3~12	L
聚乙酸乙烯酯	丙酮	25	21.4	0.68	4~34	O
	氯仿	25	20.3	0.72	4~34	O
	甲醇	25	38.0	0.59	4~22	O
聚丙烯腈	二甲基甲酰胺	25	24.3	0.75	3~25	L
丁苯橡胶	甲苯	30	16.5	0.78	3~35	O
天然橡胶	甲苯	25	50.2	0.667	7~100	O
醋酸纤维素	丙酮	25	14.9	0.82	2.1~39	O
聚碳酸酯	二氯甲烷	25	11.1	0.82	1~7	L
聚二甲基硅氧烷	甲苯	25	21.5	0.65	2~130	O
尼龙-66	甲酸（90%）	25	35.3	0.786	0.6~6.5	L, E
尼龙-6	甲酸（85%）	25	22.6	0.82	0.7~12	L
聚甲醛	二甲基甲酰胺	150	44	0.66	8.9~28.5	L
L：光散射；O：渗透压；S：超速离心沉淀；D：扩散法光散射；E：端基分析法。						

参 考 文 献

[1] 北京大学化学与分子工程学院实验室安全技术教学组．化学实验室安全知识教程［M］．北京：北京大学出版社，2015.

[2] 蔡乐，曹秋娥，罗茂斌，刘碧清．高等学校化学实验室安全基础［M］．北京：化学工业出版社，2018.

[3] 周其凤，胡汉杰．高分子化学［M］．北京：化学工业出版社，2001.

[4] 潘祖仁．高分子化学（第五版）［M］．北京：化学工业出版社，2013.

[5] 余学海，陆云．高分子化学［M］．南京：南京大学出版社，1994.

[6] Moad G，Solomon D H．The Chemistry of Radical Polymerization［M］．北京：北京科技出版社，2007.

[7] 何曼君，张红东，陈维孝，董西侠．高分子物理［M］．上海：复旦大学出版社，2006.

[8] 刘凤岐，汤心颐．高分子物理（第2版）［M］．北京：高等教育出版社，2004.

[9] 黄丽．高分子材料（第二版）［M］．北京：化学工业出版社，2017.

[10] 董建华，张希，王利祥．高分子科学学科前沿与进展［M］．北京：科学出版社，2011.

[11] 宋荣君，李佳民．高分子化学综合实验［M］．北京：科学出版社，2017.

[12] 孙尔康，张剑荣，郭玲香，宁春花，等．高分子化学与物理实验［M］．南京：南京大学出版社，2014.

[13] 郑震，郭晓霞，高分子科学实验［M］．北京：化学工业出版社，2016.

[14] 周智敏，米远祝．高分子化学与物理实验［M］．北京：化学工业出版社，2011.

[15] 张春庆，李战胜，唐萍．高分子化学与物理实验［M］．大连：大连理工大学出版社，2014.

[16] 刘长生，喻湘华．高分子化学与高分子物理综合实验教程［M］．北京：中国地质大学出版社，2008.

[17] 复旦大学高分子系高分子科学研究室．高分子实验技术（修订版）［M］．上海：复旦大学出版社，1996.

[18] 中国科学技术大学高分子物理教研室．高聚物的结构与性能［M］．北京：科学出版社，1981.

[19] 马德柱，何平笙，徐种德，周漪琴．高聚物的结构与性能（第2版）［M］．北京：科学出版社，1995.

[20] 何平笙．新编高聚物的结构与性能［M］．北京：科学出版社，2009.

[21] 谢小莉，曾纺，童真．聚（N－异丙基丙烯酰胺）的分级和表征［J］．华南理工大学学报自然科学版，1998（26）：64－67.

[22] 闫红强，程捷，金玉顺．高分子物理实验［M］．北京：化学工业出版社，2012.
[23] 张兴英，李奇芳．高分子科学实验［M］．北京：化学工业出版社，2004.
[24] 吴人洁．现代分析技术——在高聚物中的应用［M］．上海：上海科技出版社，1987.
[25] 王成国，肖汉文．高分子物理实验［M］．北京：化学工业出版社，2017.
[26] 冯开才，李谷，符若文，刘振兴．高分子物理实验［M］．北京：化学工业出版社，2004.
[27] 杨海洋，朱平平，何平笙．高分子物理实验［M］．合肥：中国科学技术大学出版社，2008.
[28] 杨睿，周啸，罗传秋，汪昆华．聚合物近代仪器分析（第3版）［M］．北京：清华大学出版社，2010.
[29] 焦剑，雷渭缓．高聚物结构、性能与测试［M］．北京：化学工业出版社，2003.
[30] 张俐娜，薛奇，莫志深，金熹高．高分子物理近代研究方法［M］．武汉：武汉大学出版社，2003.
[31] 董炎明．高分子材料使用剖析技术［M］．北京：中国石化出版社，2005.
[32] 过梅丽，陈金凤．美国热分析仪器公司动态力学分析仪［J］．现代科学仪器，1996(3)：55－58.
[33] 狄海燕，吴世臻，杨中兴，戴鹏杰，高国民．各种因素对动态热机械分析结果的影响［J］．高分子材料科学与工程，2007（23）：188－191.
[34] 吴清华，彭网大．五元共聚丙烯酸醋乳液压敏胶黏剂的研制［J］．中国胶粘剂，1999(8)：10－12.
[35] 熊联明，沈震，李璐，覃毅，曹端庆．丙烯酸酯乳液压敏胶改性研究新进展［J］．现代化工，2006（26）：122－125.
[36] 孔宪志，孙东洲，祝铁军，徐晓沐，孙禹．丙烯酸酯乳液压敏胶的研制［J］．化学与黏合，2004（1）：46－48.
[37] 徐凌云，谢静薇，唐德宪，凌天衙，王荣海．SBS热塑性弹性体的研究——星型SBS嵌段共聚物［J］．复旦学报（自然科学版），1981（20）：139－147.
[38] Wang J S, Matyjaszewski K. Controlled living Radical Polymerization. Halogen Atom Transfer Radical Polymerization Promoted by Cu（Ⅰ）/Cu（Ⅱ）Redox process［J］. Macromolecules, 1995, 28（28）：7901－7910.
[39] Wang J S, Matyjaszewski K. Controlled Living Radical Polymerization－Atom Transfer Radical Polymerization in the Presence of Transition－Metal Complexes［J］. J. Am. Chem. Soc., 1995, 117（20）：5614－5615.
[40] 周其凤，王新久．液晶高分子［M］．北京：科学出版社，1994.
[41] Wang X J, Zhou Q F. Liquid Crystalline Polymers［M］. Singapore, World Scientific Publishing Co., 2004.
[42] Zhi J G, Zhang B Y, Wu Y Y, Feng Z L. Study on a Series of Main－Chain Liquid－Crystalline Ionomers Containing Sulfonate Groups［J］. J. Appl. Poly. Sci., 2001（81）：

2210 - 2218.

[43] 张海良，谭松庭，朱志强，王霞瑜. 含柔性间隔基液晶聚酯合成的新途径 [J]. 高等学校化学学报，1997 (18)：1893 - 1896.

[44] 支俊格，张宝砚，张爱玲，史国华. 具有热致/溶致液晶性能主链液晶聚合物的合成 [J]. 东北大学学报 (自然科学版)，2001 (22)：457 - 460.

[45] 杜宏伟，孔瑛. 一种可溶性聚酰亚胺的合成与性能研究 [J]. 高分子学报，2003 (4)：476 - 479.

[46] 尹大学，李彦锋，张树江，王晓龙. 胡爱军，范琳，杨士勇. 聚酰亚胺材料溶解性能的研究进展 [J]，化学通报，2005 (8)：579 - 587.

[47] 印杰，徐宏杰，张娇，曹鸣，王蕾，李庆华，朱子康. 共缩聚型可溶性聚酰亚胺的合成与性能研究 [J]. 高分子材料科学与工程，1999 (15)：18 - 20.

[48] 徐克勤. 精细有机化工原料及中间体手册 [M]. 北京：化学工业出版社，1998.